新工科建设·网络工程系列教材

网络测试和故障诊断
（第2版）

/ 潘凯恩 孙国强 / 主编

电子工业出版社

Publishing House of Electronics Industry

北京·BEIJING

内 容 简 介

本书内容体现了实际网络测试工程中的三个要素：测试环境、测试方法和测试工具。本书讲解了当网络出现故障时，如何借助系统的测试方法对网络环境进行测试与分析，并针对不同的网络故障运用合适的工具进行诊断。

全书分 8 章，内容包括网络测试和故障诊断概述、网络测试和故障诊断工具、物理层测试和故障诊断、数据链路层测试和故障诊断、网络层测试和故障诊断、传输层测试和故障诊断、应用层测试和故障诊断、网络测试和故障诊断综合应用。

本书案例全部使用实际网络工程中的真实测试数据和结果，为学习者提供了一个真实的学习场景，这有助于与理论教学相结合，帮助学习者更有效地了解和掌握网络测试与故障诊断中的相关知识。

本书提供电子课件，读者登录华信教育资源网（www.hxedu.com.cn）注册后可免费下载。扫描书中的二维码可以查看相应的彩图效果。

本书观点新颖、内容实用，适合作为高等学校网络测试与性能分析、网络运维技术等课程的教材，也可以作为专业技术人员的参考和培训资料。

图书在版编目（CIP）数据

网络测试和故障诊断 / 潘凯恩，孙国强主编. —2 版. —北京：电子工业出版社，2022.1
ISBN 978-7-121-42869-2

Ⅰ. ①网⋯　Ⅱ. ①潘⋯ ②孙⋯　Ⅲ. ①计算机网络－测试－高等学校－教材②计算机网络－故障诊断－高等学校－教材　Ⅳ. ①TP393

中国版本图书馆 CIP 数据核字（2022）第 025411 号

责任编辑：冉　哲
印　　刷：北京天宇星印刷厂
装　　订：北京天宇星印刷厂
出版发行：电子工业出版社
　　　　　北京市海淀区万寿路 173 信箱　邮编　100036
开　　本：787×1 092　1/16　印张：16.25　字数：434 千字
版　　次：2014 年 8 月第 1 版
　　　　　2022 年 1 月第 2 版
印　　次：2024 年 12 月第 7 次印刷
定　　价：56.00 元

凡所购买电子工业出版社图书有缺损问题，请向购买书店调换。若书店售缺，请与本社发行部联系，联系及邮购电话：（010）88254888，88258888。

质量投诉请发邮件至 zlts@phei.com.cn，盗版侵权举报请发邮件至 dbqq@phei.com.cn。

本书咨询联系方式：ran@phei.com.cn。

前　言

技术的发展使计算机网络成为现代社会的基础设施，我国高等学校的网络工程专业也有了迅猛的发展，但是缺乏讲授网络整体测试和故障诊断的教材，特别是在无线网络（Wi-Fi）方面。为此，作者编写了本书。

本书建立了网络测试和故障诊断系统级分层式的分析方法，并结合了实际工程中的三个要素：测试环境、测试方法和测试工具。本书将网络故障分析、排查工作按照理论架构细化为 5 个部分：物理层测试和故障诊断、数据链路层测试和故障诊断、网络层测试和故障诊断、传输层测试和故障诊断、应用层测试和故障诊断。本书将测试场景分为故障分析与排除、监控网络运行、性能评估三类应用场景。这样，便于学习者形成横向（三类应用场景）和纵向（自物理层到应用层）的分析问题视野。本书内容尽量贴近现实工作的需求，对专业人员提供指导性建议，并供开拓思路之用。

全书分 8 章，内容包括网络测试和故障诊断概述、网络测试和故障诊断工具、物理层测试和故障诊断、数据链路层测试和故障诊断、网络层测试和故障诊断、传输层测试和故障诊断、应用层测试和故障诊断、网络测试和故障诊断综合应用。

本书采用案例式教学方法组织内容，加入知识小贴士穿插于不同的内容中，为学习者及时答疑。通过工程实践模型或案例的形式将理论和实践进行融合，并将案例涉及的内容通过专门章节"网络测试和故障诊断综合应用"串联起来，强调实用性。

本书案例全部使用实际网络工程中的真实测试数据和结果，为学习者提供了一个真实的学习场景，这有助于与理论教学相结合，帮助学习者更有效地了解和掌握网络测试与故障诊断中的相关知识。

本书提供电子课件，读者登录华信教育资源网（www.hxedu.com.cn）注册后可免费下载。扫描书中的二维码可以查看相应的彩图效果。

本书观点新颖、内容实用，适合作为高等学校网络测试与性能分析、网络运维技术等课程的教材，也可以作为专业技术人员的参考和培训资料。

在本书出版之际，特别感谢上海朗坤信息系统有限公司的工程师包和义、王福兵，上海天旦科技发展有限公司的技术顾问王炳，以及业内人士刘彬等提供的支持与帮助。

本书的出版同时得到了福禄克网络公司、NetAlly 网络公司等的大力支持，在此一并表示感谢。

因时间仓促且作者水平有限，书中肯定还存在一些不足和缺点，欢迎读者批评指正。联系方式：pankaien@163.com。

作者

目　　录

第1章 网络测试和故障诊断概述

1.1 网络测试和故障诊断的发展及趋势

信息产业的快速发展，使得网络与人们的日常工作和生活越来越紧密地结合在一起。网络的发展在带给人们便利的同时，也带来了新的问题和挑战。在通信、交通、能源、金融和制造等各个行业中，一旦网络出现重大故障，人们社会生活的方方面面可能都会受到影响，甚至造成损失，而且这种损失难以估计。即便是中小规模的网络，一旦出现故障，也会造成诸多不便。这都使得网络的日常监控和故障排除变得尤为重要。网络的发展也使得网络测试变得越发复杂，从物理层的连通性测试到应用层的连通性测试，从共享环境的测试到分布式交换环境的测试，从单个广播域分析到多 VLAN 环境的故障诊断，从简单的捕包解码到应用数据的还原回放，从点到点设备间的分析到多层服务架构的分析，从局域网链路分析到广域网链路分析，从有线介质分析到无线介质分析，我们看到的是不断变化的网络世界，而目前可以说没有一种设备或者软件能够完全覆盖网络测试和故障诊断的方方面面，于是管理和维护网络变成了一个系统性的学科，从业人员需要掌握功能测试、性能测试、应用测试等更为全面的网络测试和故障诊断知识与技能。

本章将围绕网络测试和故障诊断的发展及趋势展开，有助于初步了解网络测试技术和故障诊断分类。

1.1.1 网络测试和故障诊断的发展

计算机网络出现后，网络测试也随之孕育而生，网络测试的发展历程是计算机网络发展历程中不可分割的一部分。

以时间进行划分，网络测试和故障诊断的发展可分为 4 个阶段。

1. 1990 年以前

在这个阶段，计算机网络尚未普及，网络本身承载的应用业务比较少，专业专用性强。在 20 世纪 70 年代互联网的前身 ARPAnet 诞生初期，就已经开始了 ARPAnet 性能测试实验计划，有 Internet（因特网，也称互联网）之父之称的 Vinton G. Cerf 组织了 NMG（Network Measurement Group，网络测量小组）对网络的各项性能进行测试研究。1974 年，Kleinrock 和 Naylor 发表了第一篇关于网络测试的文章 On Measured Behavior of the ARPA Network。在 1980 年前后，ARPAnet 的所有主机都转为使用 TCP/IP 协议。到了 20 世纪 80 年代中期，美国国家科学基金会（National Science Foundation，NSF）在全美建立了 6 个超级计算机中心并进行了互连，允许研究人员对互联网进行访问，以共享研究成果并查找信息。NSFnet 于 1990 年彻底取代了 ARPAnet 而成为互联网的主干网。这一时期，相对可用的测试设备和工具较少，测试以功能性测试为主，专业性能的测试系统和设备比较少。

2. 1990—2002 年

当 NSFnet 成为互联网中枢后，ARPAnet 逐渐退出。而 NSFnet 和各国网络互连后形成了真正的互联网，随着电子邮件和 WWW（万维网）等网络应用的开发与运用，互联网开始得到迅猛发展。1995 年，IEEE 正式通过了 IEEE 802.3u 快速以太网标准。1998 年，IEEE 802.3z 千兆（1000M）以太网标准正式发布，为计算机网络的商业化铺平道路。在这个阶段，集线器（Hub）成本不断降低，使组网更易于实现，逐渐被大量运用到网络中，推动了网络用户数量不断增多。

在网络基础架构的建设中，10M 到桌面成为可能，级联主干为 100M 的网络架构成为标准，这极大地推动了综合布线市场的逐步繁荣。双绞线标准在这一阶段快速发展，从 CAT3、CAT5 到 CAT5e 直至 CAT6，而网络也逐步完成交换式网络的蜕变，网络应用也由 10Base-T 经历了 100Base-TX 阶段提升到 1000Base-T。

网络技术的迅速发展也造就了测试设备的一个黄金发展时期，现今较为成功的专业网络测试仪器生产厂商，如 Fluke Networks（福禄克网络）、思博伦和 Ixia（2017 年被 Keysight 公司收购）等专业公司在网络测试领域不断发展壮大。由于介质的快速发展和更替，使得网络的下三层连通、匹配和性能问题成为网络维护中故障的主要来源。综合布线市场的快速发展与验收标准的不同步，导致综合布线工程质量参差不齐。1995 年，诞生了第一台数据线缆认证测试仪。同时，应用的发展又催生出新型网络性能测试仪表，如协议综合网络分析仪 Fluke F683。另外，协议分析工具和一致性测试工具等新的测试技术及设备使得基于 SNMP 架构的网络管理系统开始出现。

3．2002—2016 年

这个时期，网络中传输的内容开始由前一阶段单纯的数据变成了实时的和多媒体的应用，特别是在线音频和视频对网络带宽提出了更高的要求。2002 年 7 月，IEEE 通过了 IEEE 802.3ae 万兆（10G）以太网标准，它包括 10GBase-R、10GBase-W 和 10GBADW-LX4 三种物理接口标准。2004 年 3 月，IEEE 批准了 IEEE 802.3ak 铜缆万兆以太网标准，新标准作为 10GBase-CX4 实施，提供双绞线的万兆传输。

高带宽使得万兆主干链路成为现实，而节点和桌面的千兆化也随着端口成本的降低而逐渐加速，使网络上承载高带宽应用成为可能。于是，网络用户数量急剧增多，应用种类层出不穷，办公自动化、移动通信、三网融合、物联网与云计算变成新的趋势。网络测试领域又迎来了繁荣：在基础建设中，光纤被大量采用，促进了光测试设备的发展；网络终端数量的不断扩容使无线技术得到迅猛发展，带动了无线测试设备的发展；应用服务的不断更新，催生了数据中心复杂化，推动了网络测试平台系统的发展，如 HP OpenView 系统和 NetScout Sniffer 系统等。

4．2016 年至今

2016 年以后，以太网业界出现了新应用标准的井喷，如图 1.1 所示为以太网速率发展趋势。电接口的 2.5GBase-T、5GBase-T、25GBase-T 和 40GBase-T 等 4 个基于交换机或服务器端口的标准，以及 10G/40G/100G/200G/400G 光纤信道基础架构的应用标准，为太比特（Terabit）以太网、大数据和云分析铺平了道路。另外，Wi-Fi 联盟和 IEEE 也对无线局域网不断赋能，IEEE 802.11ac wav2 和 IEEE 802.11ax 的发布，使得 Wi-Fi 突破了 1Gb/s 的传统有线速率瓶颈，借助 Wi-Fi 并结合有线多千兆技术可以真正面向大容量，为移动终端流媒体应用流量的爆发式增长奠定基础。

而网络测试领域也出现了云测试、探针网络化的趋势，可实现大数据分析、网络性能监测与诊断（NPMD）和业务性能监控（BPM），实时了解网络运行质量。网络测试架构也逐步呈现两极化趋势，现场测试分析工具不断轻量化，更偏重于采集定位，而后端处理云分析化，更偏重于分析展示。

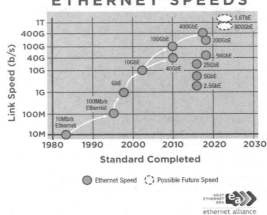

图 1.1　以太网速率发展趋势（图片来自以太网联盟）

1.1.2　网络测试和故障诊断的趋势

经历了 4 个发展阶段，网络测试和故障诊断逐步成为一门复杂且综合的学科。网络流量日益增大与高层应用数据加密等给测试中的实时监测、解密和统计提出了新的挑战。应用的多样性带来的海量数据不仅需要系统具有线速捕获数据的能力，还需要进行海量数据的存储。伴随应用数量的爆炸式增加，许多无法通过人工学习的应用，可以通过系统或设备进行还原和回放。监测设备还需要具有数据分析过滤能力（硬件过滤和软件过滤）。这些都是分析关键流量时不可或缺的。

从目前情况来看，网络测试和故障诊断领域发展趋势可分为以下 5 个方面。

1．网络化

由于业务网络化、生产网络化和管理网络化是 IT 业界的一个趋势，因此网络测试和管理的网络化也是大势所趋。网络应用人员和分支机构数量的增加要求在网络监控时必须多点、同时、同步进行测试统计，这必将使网络测试具备网络化能力。

2．综合化

虽然网络测试不断网络化，但如同城市交通系统一样，即便部署了各类监控系统，还是需要交警现场处理事务。现场排除网络故障的工作不可避免，今后网络的规模还将继续扩大，应用的流量也会越来越大，新型网络故障会不断涌现，单纯依靠增加测试人员和测试次数的方式，显然不能满足日常网络维护的需要。而且，随着网络复杂程度的提高，测试人员需要具备的技能要求也非常高。网络测试还需要具备多层次测试的能力，从底层硬件到协议层面，都要求现场测试设备具备高集成度和便携的特点。

3．智能化

网络技术的更新使得测试标准和参数不断变化。自网络诞生起，业界主流的标准也一直处于不断更新和修订中。对于测试人员来说，首先，要跟进学习变化的技术标准，并具有一定的市场前瞻性。其次，由于标准的增加，同一测试设备在不同标准的网络中进行测试时需考虑兼容性和完整性。这必然会促使网络测试的各类仪器平台不断发展，以支持各类测试标准、自动测试、自动告警，并结合标准进行评估等诸多智能化需求，从而减少测试过程中人为主观因素的影响。

4．高性能

新一代数据中心的发展使得 10Gb/s、40Gb/s、100Gb/s 和 200Gb/s 等高速率的物理端口大量涌现，这要求必须能在超高速率环境中进行测试分析，对数据捕获完整性、实时性和可过滤性等提出了更高层次的要求。

5．定制化

目前，各类测试仪器平台基本具备了测试数据采集、存储、分析和统计等功能。但在实际使用环境中，测试仪器平台还需要满足随时更新的测试要求，以便及时升级来支持新出现的标准和一些临时标准，这需要有第三方接口和进行二次功能开发。

1.2 网络测试和故障诊断的定义与目的

网络测试和故障诊断是指按照特定的方法，在指定的网络环境中，运用测试仪器平台对计算机网络进行数据采集，并对采集到的数据进行分析处理，得到数据结果，同时对故障原因进行分析或定位。综合来说，可以概括为三要素：测试环境、测试方法和测试工具。

网络测试是网络管理的基础，进行网络管理的根本目的是向网络用户提供更好的服务。网络业务质量和网络性能是用户尤其关心的内容。网络性能本身也处于动态变化中，网络性能的好坏是网络基础设备如路由器、交换机和服务器等与实际流量共同作用的结果。为了了解网络某一时刻的性能情况，需要对网络进行测试分析。为了提升网络服务质量，也需要对网络传输中的各个节点进行测试分析。不过实际情况是，TCP/IP 的分组分层架构使得路径中的路由和交换设备只负责转发，不负责统计记录，如果要对网络服务质量进行分析，则需借助系统级的监控测试。

时至今日，网络故障的案例数不胜数，其原因也不尽相同，小到光纤或电缆的品质问题和连通性问题等，大到异常流量导致的网络拥塞、门户网站系统崩溃、网络受到攻击和安全信息泄露等。这些都促使我们要全面系统地学习、了解乃至掌握网络测试和故障诊断这门学科。网络测试贯穿于整个网络使用周期中的各个环节，不可或缺。

一般，将网络建设和使用周期分为规划、部署、验收、维护和升级 5 个阶段。虽然在这个过程中，网络测试都非常重要，但这并不意味着搭建和维护一个网络时，在这 5 个阶段都要进行网络测试。很多工程由于考虑人力、时间、成本和效率等因素，通常将网络测试运用在验收和维护阶段，也可以根据实际环境来决定是否对网络进行测试。

例如，在网络规划阶段，除去成本预算限制外，为了搭建一个高性能的网络，通常需要选用性能较好的网络基础设施和设备。而在市场化的今天，可以选择的硬件和软件数不胜数，用户无须通过网络测试方式去评估不同品牌、不同等级和不同技术的各类设施或设备的功能与性能，可以通过厂商提供的性能报告或者第三方机构的评测报告，根据设计规划要求进行选择。

在网络部署阶段，为了确保网络工程完工后的质量，需要进行网络测试。尤其是对于一次性投入的基础设施，需要随施工进展进行测试，避免在工程验收阶段出现整体的网络质量或性能问题，导致进退两难的境地。网络是一个系统，一旦建成，不太可能通过更换的方式快速解决功能和设计上的缺陷。通过测试可以及早发现网络规划时可能存在的问题。

在网络部署完成后，还需进行验收。通常，由第三方网络测试机构对网络部署的质量进行测试评估。这一阶段的验收测试极为关键，可以在网络投入运营前获得网络整体的性能指标和参数指标；既可对规划设计目标进行验证，也可获得网络投入运行前的各项具体参数数据，为下阶段的维护建立基准。

进入维护阶段后，网络测试的重心转向网络问题和故障的发现与排除。从时间角度看，这是整个网络生命周期中时间最长的阶段，也是测试需求量最大的阶段。用户不仅需要了解测试方法，还需要具备完整的网络测试领域的专业知识技能。在这个阶段中，网络测试投入会相应增加，网络维护费用可能占一般网络总成本的 15%左右。从网络测试发展判断，对网络应用层的功能和性能分析将在今后几年得到迅猛发展。

最后，当网络运行到一定阶段，升级将是不可避免的环节。计算机网络技术的快速发展，使得网络里会不断出现新的技术和应用，需要在现行网络中进行增加、替换或改变操作，因此需要对这些变动可能造成的影响进行测试和评估。

区别于设备测试，网络测试的测试对象是计算机网络。设备测试可看作网络测试中的一个子集（本书中称之为"元"级测试环境），不能简单地把测试网络中的设备等同于网络测试，而应将网络看作一个实体。

网络测试参照的特定方法，或称测试方法，是指业界约定俗成的规则或标准。由于网络测试的复杂性，因此相应的测试规则和标准也相当之多。

国外的常见规则和标准有：

- ISO/IEC 11801- (1-6):2017　用户建筑群通用布线规范
- EIA/TIA 568A　商用建筑通信布线标准
- EN 50173　信息技术通用布线标准
- IEEE/ISO/IEC 8802-11　信息技术　系统间远程通信和信息交换　局域网和城域网　特定要求第 11 部分：无线局域网媒体访问控制（MAC）和物理（PHY）层规范
- ITU-T Y.1564　以太网服务激活方法
- RFC 1157　简单网络管理协议
- RFC 1242　网络互连设备基准术语
- RFC 1724　路由信息协议（版本 2）管理信息库（MIB）扩展
- RFC 1902　SNMPv2 管理信息结构
- RFC 2236　Internet 组管理协议（版本 2）
- RFC 2285　局域网交换设备基准术语
- RFC 2544　网络互连设备基准测试方法
- RFC 2570　国际标准网络管理框架第三版的介绍
- RFC 2571　描述 SNMP 管理框架的体系结构
- RFC 2572　简单网络管理协议的消息处理和分配
- RFC 2573　SNMPv3 的应用
- RFC 2574　简单网络管理协议的基于用户的安全模块
- RFC 2575　简单网络管理协议的基于视图的访问控制模型
- RFC 2679　单向延时测试
- RFC 2681　往返延时测试
- RFC 2722　流测试架构
- RFC 2889　局域网交换设备基准测试方法
- RFC 3393　延时抖动测试
- RFC 3511　防火墙性能测试
- RFC 3918　IP 组播基准测试方法

国内的常见规则和标准有：

- GB 50311—2016　综合布线系统工程设计规范

- GB/T 50312—2016　综合布线系统工程验收规范
- GB 50339—2013　智能建筑工程质量验收规范
- GB 50174—2017　电子计算机机房设计规范
- GB/T 51365—2019　网络工程验收标准
- GB/T 21671—2018　基于以太网技术的局域网（LAN）系统验收测试方法
- GB 50462—2015　数据中心基础设施施工及验收规范
- YDT 1096—2009　路由器设备技术要求　边缘路由器
- YDT 1097—2009　路由器设备技术要求　核心路由器
- YDT 1099—2013　以太网交换机技术要求
- GB/T 51419—2020　无线局域网工程设计标准
- GB/T 32420—2015　无线局域网测试规范
- GB 15629.11　信息技术　系统间远程通信和信息交换　局域网和城域网　特定要求
第 11 部分：无线局域网媒体访问控制和物理层规范

虽然标准或规则定义了非常详细和全面的测试内容，但在实际进行网络测试和故障诊断时，还需要根据测试环境和现有测试工具制定具体的测试流程和方法。

1.3　网络测试和故障诊断的体系划分

1.3.1　按功能体系划分

按功能体系不同可将网络测试和故障诊断分为数据采集、数据管理、数据分析和数据表示 4 个模块。

1. 数据采集模块

数据采集模块是网络测试的基础，可采用主动或被动方式进行数据采集。主动方式是指由测试系统或工具自身产生测试报文，并设置接收端负责采集被测网络的响应数据。被动方式是指通过测试系统或工具自带监控接口对数据进行捕捉采集。

数据采集分为全线速采集和抽样采集。

采集端接口可以是测试工具自带的网络接口，也可以是网络设备如交换机或路由器等。例如，协议分析软件一般采用计算机的网络接口作为采集口，网络测试仪采用集成的网络接口卡作为采集口，网络管理系统则通过采集口发送测试请求，并采集交换机或路由器等网络设备回应的数据。

2. 数据管理模块

数据管理模块负责对数据采集模块收集的信息进行预处理和存储。预处理工作包括对数据进行分类、过滤和统计。存储工作主要包括添加标签、存储到文件或数据库中及进行数据压缩。不同测试工具的功能有所区别，可能只涵盖上述一部分功能。

数据管理要求做到标准化，这样可以提高数据分析时提取数据的效率，同时还能与其他分析软件和系统兼容。

3. 数据分析模块

数据分析模块负责对数据管理模块预处理的数据及记录存储的数据进行后续分析，按照不同的分析功能模块进行处理。其主要功能是数据统计分析和事件分析。

在数据统计分析中，需要统计如网络设备的端口信息、利用率信息、CPU 趋势、协议和协议关联等。事件分析是指数据分析模块根据内建的判断准则或者专家库对数据进行匹配分析，用于判断网络故障或者网络性能。

小贴士：

　　协议和协议关联——协议和协议本身在数据流中是按时间顺序排列的，不会做关联。协议分析软件可以将协议流程化处理，例如，在 VoIP 进行语音分析时，需要将 SIP 和 RTP 进行协议关联，这样可以将语音呼叫时的主叫和被叫信令以及通话语音流关联后一并进行分析。

小贴士：

　　专家库——由于网络上存在海量的数据，因此测试工具上往往会集成专家库的功能。专家库通过对数据的分析，将特定事件以专家库建议和判定结果的方式展现给使用者，给分析带来了极大的便利。

4．数据表示模块

　　数据表示模块又称人机接口，其将测试分析结果以图形化或者报表化的形式展现给使用者，或者以不同的方式进行告知，如告警和提示等。数据表示模块还可以对数据管理模块和数据分析模块获得的数据再次进行处理，得到更多功能层次的数据和报表，如显示过滤、数据合并和数据导出等。

1.3.2　按结构体系划分

　　按结构体系可将网络测试和故障诊断数据分为元与流两个级。

　　生活中的交通系统本身有其法规（相当于网络中的协议），但交通拥堵和交通瘫痪也经常发生，因此交通管理部门会采用各种办法尽量减少事故或事件的发生。例如，在各个重要区域安装信号指示灯、探头，增加交警执勤，同时，在法规与规划上制定不同的细则和方案，如拓宽道路、新建高架/隧道/综合立交及规划城市热区等。综合来看，交通系统的维护集中在车流的管理及交通网络基础设施的管理方面。计算机网络系统与交通系统有很多相似之处，将交通系统的特点运用到网络结构体系的划分中就有元和流的区分。

　　如同交通系统中存在着车辆、道路、立交等基本单位一样，网络中也存在着网线、网卡、交换机、路由器、主机和服务器等基本单位。以"元"来代表这类组成网络的基本单位，其组合形成了网络的架构。而这些元组成了网络后，就有了第二个概念"流"。有了流的存在，在网络测试中就需要对各类流进行测试分析。测试分析的流可以是比特流、数据帧流，也可以是分组流和应用流。交通系统要实现对车流的监控，需要在交通系统环境中部署探测设施，例如，按车流的分布特点，可以采取在关键道口或主干道路（对应网络中的网关或出口）进行集中分析的方式，也可以采取网点式部署在各个节点（对应分支机构较多的网络）上进行分布式分析。对流的分析也是如此。

　　OSI 参考模型将计算机网络分为 7 层，目前广泛应用的 TCP/IP 模型将网络分为 4 层，如图 1.2 所示。

　　本书按照 TCP/IP 模型的 4 层架构来展开网络测试和故障诊断的内容。为便于阐述，将 TCP/IP 模型的底层展开成两部分内容：物理层和数据链路层。

　　基于元和流测试的划分方法，在 TCP/IP 架构中对应的测试内容如图 1.3 所示。

1．元的纵向分析

　　（1）物理层的元分析

　　构成网络的硬件基础是光、电和无线介质，以及各类接口和设备板卡线路。双绞线和光纤作为整个网络的龙骨，自然成为这一类测试中的重点。物理链路中的每个环节都可能成为网络传输中的短板，导致实际传输性能下降。有关数据统计表明，物理层故障占到网络故障的 50%以上，因此，物理层的测试分析是必需的。细化到综合布线系统中就是双绞线和光纤，以及 Wi-Fi 的频谱等。经历多年的发展后，目前双绞线标准主要采用 CAT5e 和 CAT6。CAT6a 也有一定比例的应用。除了连通性的问题，双绞线的一些固有特性如衰减和电磁辐射、易相互串音等，对传输的影响也极大，表现为网络传输中的丢包及误帧等问题。测试中不仅需要给出一些常规参数，如线序、长度等规范性内容，同时还需要给出干扰测试、衰减测试等参数内容，以方便对双绞线系统进行定量分析。

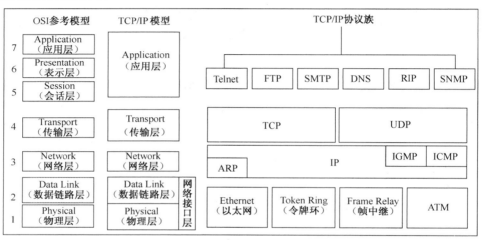

图 1.2　网络模型结构示意图

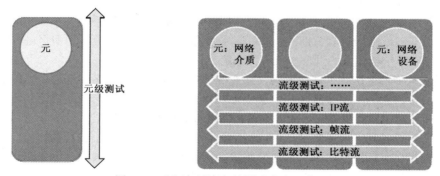

图 1.3　元和流环境中的测试内容示意图

对于光纤的分析同样重要，大量光纤模块和光电转化设备的使用使网络光纤的维护不再是传统运营商的专职，实际用户也参与到光纤测试这一环节中，测试内容也随着光纤技术的发展而有所变化。

（2）数据链路层的元分析

数据链路层进行元测试的内容较多，如链路速率、吞吐量、延时、丢包率和背靠背帧数等。除此之外，还涉及协议的匹配性和设备的兼容性，也包括交换机的 MAC 地址表。

① 链路速率（Rate）：设备间通过网络传输数字信息的速率。

② 吞吐量（Throughput）：在不发生数据帧丢失的情况下，被测设备能够支持的最大数据传输速率。

③ 延时（Latency）：也称时延或延迟，指数据帧从发送接口到目标接口所需经历的时间。

④ 丢包率（Frame Loss Rate）：在一定负载下，被测设备丢失数据包的比例。

⑤ 背靠背帧数（Back-to-back Frame）：在最大速率和不发生数据帧丢失的前提下，被测设备可以接收的最大突发数据帧数量。

（3）网络层和传输层的元分析

网络层和传输层在实际测试时很难区分，故合并在一起进行介绍。其测试的主要对象是网络设备，如三层交换机和路由设备及其他设备。测试主要围绕协议和会话展开，另外还包括流缓存表测试等。主要对象为并发连接数、端口和流的持续时间等。

① 最大吞吐量（Maximum Throughput）：在无数据帧丢失的情况下，被测设备能够支持的最大数据传输速率。

② 最大并发用户数（Maximum Simultaneous Users）：被测设备同一时刻能够成功处理的最大用户数目。

③ 最大连接速率（Maximum Connection Rate）：被测设备每秒能够成功处理的最大连接数目。

④ 最大并发连接数（Maximum Concurrent Connections）：被测设备能够成功处理的最大并发连接数目。

⑤ 最大带宽（Maximum Bandwidth）：被测设备能够成功处理的最大带宽。

⑥ 最大事务速率（Maximum Transaction Rate）：被测设备每秒能够成功处理的最大事务数目。

（4）应用层的元分析

由于网络中采用的应用协议不同，因此测试项目的有关参数可能需要重新定义。在应用层的测试中，由于应用数量的不断增长和更新，使得这一层的分析最为复杂，因此需要结合实际应用内容建立测试模型，并定制测试方法。

2．集中式环境中的流横向分析

在网络测试和故障诊断过程中，经常遇到的困难是人员和可用工具不足。一般在小规模的网络及网络分支机构末端都会有这样的问题，这导致监控网络信息流时需要进行集中式的分析。例如，分析网络流量和服务器访问流量等时，在条件受限的情况下，更倾向采用流量汇总方式进行。现有大型数据中心由于流量集中，也是集中式分析比较理想的应用环境。通过对其中大量数据访问进行测试和分析，判断其工作状态，并做出预判和优化。

因此，集中式环境可以理解为在网络中的特定位置集中获得网络流量和状态数据，然后加以分析和后续处理。

在典型的集中式环境中，分析的是出口流量或服务器端口的流量。这些环境的主要特点是流量构成复杂、并发连接数大及突发性高。突发性高会导致测试分析时要求设备具有较高的冗余量。另外，对于多级架构的服务环境，需要建立多级分析的模型。同时，为了实现分析结果的易读性，需要进行数据关联，将不同应用服务器间的数据包进行时间和应用上的关联，并且应用分析需要使用深度包检测（Deep Packet Inspection，DPI）技术。

在集中式环境中，测试的重点在于对流的数量、流的报文分布、传输量大小、持续时间长短、IP 流量分布和应用流量分布等做出更为详细的测试，以获得全面的网络信息。

3．分布式环境中的综合分析

相对于集中式环境，分布式环境特指网络规模巨大且用户数量众多的网络结构。分布式是指拓扑结构上的分散分布，其网络在地域分布上彼此相对独立但又互联互通。在分布式环境中对网络进行分析时，测试系统本身需要具备多点数据采集能力，并且所采集的数据可以在现场进行快速预处理或完全处理，然后进行数据汇总。

大型网络中的测试逐渐演变成网络管理的重要组成部分，不仅需要进行元测试，同时也要进行流测试。执行两类测试的目的是更好地进行网络管理。网络测试不仅用于排除故障，也是网络管理中不可或缺的部分。因此，国际标准化组织将网络管理定义为五大功能：故障管理、计费管理、配置管理、性能管理和安全管理。

（1）故障管理（Fault Management）

ISO/IEC 7498-4 的故障管理由故障检测、隔离和纠正三方面组成。网络测试提供了故障管理中各个环节得以顺利进行的基础工作。如图 1.4 所示是网络测试在故障管理中的运用。故障管理要求有识别不同类型故障的能力，通过主动和被动的测试获取网络运行数据，并且根据网络运行特点，建立长期的趋势标准。针对可能出现的问题，设置策略。当故障发生时，通过报警和日志获得故障的类型，从而确定下一步的测试方法。随后进行系统的诊断测试，最后找出故障原因并纠正故障。

图 1.4　网络测试在故障管理中的运用

（2）计费管理（Accounting Management）

计费管理是网络管理五大功能中的重要内容，它记录网络资源的使用情况，控制和监测网络运行的费用及开销。ISP（Internet 服务提供商）可以快速估算出用户使用网络资源的情况及需要支付的费用。对于网络管理者来说，掌握网络资源的使用情况可以帮助其控制预算费用，防止用户过多占用和使用网络资源。

完整的计费管理包括计费数据采集、数据管理和数据维护、计费政策制定、政策比较和决策、数据分析和费用计算、数据查询等。网络测试中，数据采集技术被大量运用到计费管理的数据采集功能中，同时网络测试中的数据统计分析也是计费管理的重要数据依据。

（3）配置管理（Configuration Management）

大型网络中的测试不仅局限于元和流的性能分析，还需要对网络中大量基础设施设备的配置进行管理。完全依赖人力完成配置管理不仅费时，而且还容易出错。对于不熟悉网络结构的人员来说，这项工作甚至无法完成。一个技术先进的网络管理系统应该具有配置信息自动获取功能，这需要测试工具具备配置信息获取和管理能力。测试工具需要支持基于 SNMP 的获取方式，并且尽可能支持更多的网络 MIB 库。

当然，配置管理除了获取信息，还需要支持修改和写入的操作，需要借助网管协议中定义的方法（如 SNMP 中的 set 服务）对配置信息进行设置。

此外，对配置的一致性检查，以及对配置更改的记录备案，也是配置管理中的重要项目。

（4）性能管理（Performance Management）

性能管理是指对现有网络状况进行评估，且根据实际情况调整运行模式，以获得更优的网络性能。这部分内容是目前网络测试相关书籍中提及最多的部分。性能管理离不开性能测试，性能测试包括很多内容，主要分为以下三个方面。

① 压力测试：运用一系列辅助测试方法，测得各类性能参数，如当前负载、丢包率、延时和设备 CPU 性能等。

② 性能监控：对特定对象进行监控和采集，采集间隔可自定义。被监控对象的类型包括线路、路由器以及其他网络设备。被监控的属性包括流量、延时、丢包率、CPU 利用率、温度和

内存余量等。对每个被测对象定时采集性能数据，自动生成性能报告。

③ 趋势分析：对数据进行分析和处理，生成性能趋势曲线，以直观的图形反映性能分析的结果。

（5）安全管理（Security Management）

安全性一直是网络管理中的重中之重，用户对网络安全的要求不言而喻。网络测试在安全管理中的应用也是极为重要的。例如，查找重要数据被篡改和伪造的时间，查找异常攻击行为的来源和攻击方式，测试认证系统的安全性，查找防火墙或应用系统的端口漏洞等。

通过网络测试，能够针对很多安全性问题进行源头定位和故障原因分析，为安全管理提供更好的技术保障。

习题 1

1．简述网络测试和故障诊断发展的 4 个阶段。

2．简述网络测试和故障诊断的发展趋势。

3．简述网络测试和故障诊断的三要素。

4．国内常用的网络测试标准有哪些？

5．网管的五大功能是什么？

6．列举数据链路层性能测试的关键指标（5 个以上）。

7．网络测试和故障诊断按功能体系是如何划分的？

8．网络测试和故障诊断按结构体系是如何划分的？

第 2 章　网络测试和故障诊断工具

2.1　网络测试和故障诊断工具分类

本章介绍的网络测试和故障诊断工具（测试工具）是一个泛指的概念，包括计算机内置的常用命令、专用网络分析仪器仪表、网络测试软件、协议分析系统和网络测试平台等。

如今已不能用一个简单的标准来划分测试工具了，有时很难界定一种测试工具具体属于哪类。同一种测试工具既可以用于 OSI 参考模型中的不同层级，也可以专注于某一功能领域，还可以作为网络管理维护中的特殊采集点。为了便于系统地理解测试工具的划分，一般按数据源、用途及被测对象功能层进行分类。当然，分类方式不限于这几种，主要目的是通过常用的这几种分类方法帮助用户选择正确、合适的测试工具，建立一个更为全面的视野。

本书在对测试工具进行分类时，按照物理层、数据链路层、网络层、传输层及应用层的测试和故障诊断这 5 层分析模型进行描述。将测试工具分析模型建成三维视图，如图 2.1 所示，其中，X 轴代表数据源分类，Y 轴代表用途分类，Z 轴代表被测对象功能层分类。

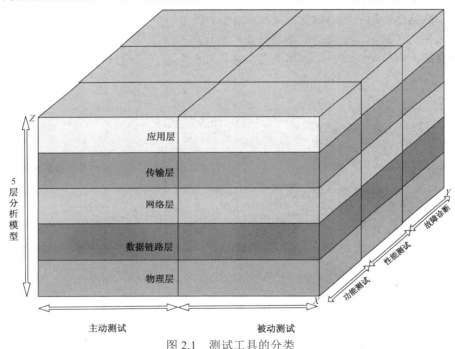

图 2.1　测试工具的分类

2.1.1　按被测对象功能层分类

在实际生产和工作中，很多测试是直接按被测对象类型进行设计的，如交换机流量统计、路由测试和 WLAN 频谱分析等。测试功能被设计成简单的若干项内容，但专业程度非常高，操作简便，强调实用性和专业性。一般来说，可以按被测对象所处功能层进行快速分类。

（1）物理层

现有网络中运用的介质类型主要有铜线、光纤和无线介质等，因此测试工具也有专门针对不同介质类型的设备，如双绞线的验证和认证测试仪、光纤衰减测试仪、光纤 OTDR 光时域反射定位仪和无线频谱分析仪等。

（2）网络下三层

如果被测对象为网络互连设施，不包含三层以上设备，则使用网络下三层测试工具，其主要测试网络逻辑连通性、路由可达性、丢包情况和延时情况等内容，如误码仪、路由追踪软件和网络扫描软件等。

（3）网络上层

如果被测对象为三层以上设备，需要分析高层协议或应用，则使用网络高层或上层测试工具，其主要测试协议一致性、应用流程和应用访问延时或应答情况等，如协议分析仪、模拟流量生成器和网络流量管理软件等。

2.1.2 按数据源分类

按照测试中数据来源方式不同，主要分成主动测试和被动测试两大类。

1．主动测试

主动测试时的测试流量或测试请求是由测试设备发起的。主动测试类的工具可以根据需要发送或注入测试流量或请求，人为定义测试流量的内容，灵活性非常高，同时由于不涉及用户数据信息，因此特别适合安全性要求较高的测试场合。其局限性是，在网络繁忙时，主动测试会增加额外的流量，加重网络负担，造成网络拥塞及延时增大。在大型网络尤其是拥有众多广域分支的网络中，主动测试将带来巨大流量，额外的流量很可能会对被测网络造成影响，导致测试结果产生偏差。在使用主动测试时需要特别注意网络压力情况。

主动测试一般用于网络性能评估测试及网络硬件故障的测试，通常借助发送模型及采集模型，发送不同类型的流量或数据，并在采集接收处进行统计处理，得出被测网络的性能情况及验证网络的配置情况。

在进行主动测试时，操作人员将根据测试要求自定义测试流量的类型和内容，并按照预定模型注入被测网络，以测试网络的响应情况。主动测试分为性能测试和功能测试两类。

（1）性能测试

性能测试是一种有效的质量保证行为，适合在计算机数量较少或测试资源相对有限的条件下进行。

性能测试也可分为元测试和流测试。为了测试极限性能，有时需要模拟各种流量异常情况（如错误注入、大并发连接数等）来进行压力测试（Stress Testing）。

思博伦公司于 2005 年推出的 TestCenter 以太网测试平台是元测试领域的代表产品，如图 2.2 所示。TestCenter 是一种集成的测试解决方案，其采用可扩展式的设计方法，实现机架、测试模块分离。用户可以按实际需求选择不同的测试模块，结合客户端软件构成一套测试系统。TestCenter 可以实现多种元测试，如交换机中负载、吞吐量、丢帧率和转发速率等参数的测试，以及路由器中吞吐量、丢包率、延时、背靠背帧数、不同路由协议和路由容量的测试等。在流测试领域，TestCenter 经过多年的完善，也成为运营商和大型厂商广泛使用的工具。

在流测试领域，Keysight 公司 Ixia 品牌的 IxChariot 也是较典型的应用流测试工具，它通过模拟真实应用流来评估网络设备和系统的性能。IxChariot 测试系统包括 IxChariot 控制台（Console）、性能节点（Performance Endpoint）和 IxProfile 文件包，通过网络节点可以模拟上百种协议，提供详尽的网络性能评估和设备测试功能。

图 2.2　TestCenter 以太网测试平台

如图 2.3 所示为 IxChariot 测试系统的大致结构，其中，Endpoint 是测试安装的节点，可通过 Console 对测试进行控制并统计结果。通过模拟不同应用流量可以获得网络中的各类信息，如吞吐量、响应时间、事务处理速率、丢失的数据帧、乱序数据帧、抖动（流媒体）和延时等关键测试参数信息。

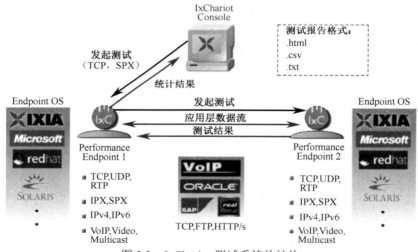

图 2.3　IxChariot 测试系统的结构

（2）功能测试

功能测试区别于性能测试，以验证网络配置和硬件参数为主。功能测试工具可以利用网络中的各类不同层次的协议和特性进行测试，如基于 ICMP 的 Ping 工具和 Tracert 工具、基于 TCP 或 UDP 的端口扫描工具、基于 CDP 或 STP 的拓扑发现工具等。

2. 被动测试

相对于主动测试，被动测试获取数据的方式不同，它借助探针或代理获得数据。这类工具将探针或代理部署在网络的不同位置被动地接收网络中传输的数据，以采集实际网络中的流量信息（原始数据报文）。这种方法要求测试工具本身具有较高的性能，其接口速率可以适应高速的主干网络、线速的存储速率以及后续原始报文数据的快速处理。

目前，常用的被动测试分为三种：代理架构、间接数据源架构和直接数据源架构。

采用代理架构进行测试时，需要将网络测试任务分布于不同的代理点上，代理点通常为路由器或者交换机。测试工具通过发送测试请求获得所需的网络信息。代理点通常内嵌于网络设备中，借助于流量经过这些设备，在保证网络运行功能的同时具备采集数据的功能。这样通过测试工具发送相关指令时，可以借助代理返回测试结果信息。因为需要牺牲部分设备运行资源用于网络数据统计，所以数据采集深度会有所限制。

SNMP 代理架构是现有大规模商业应用的被动测试方式之一，其基于轮询式的网络测试模型，但是优先级低，当网络繁忙时，代理可能停止响应。

间接数据源架构中比较典型的是基于 NetFlow 的发布式模型。不同于 SNMP，NetFlow 采用发布的形式，可以保证代理的响应，除了会增加部分网络流量，几乎可以忽略其对网络造成的影响。

Orion 网络测试分析系统是 SolarWinds 公司的企业级 IT 测试管理产品，其结合了 SNMP 和 NetFlow 的采集数据方式，构建了非常有特色的网络测试分析系统，如图 2.4 所示。

图 2.4　Orion 网络测试分析系统

不论是 SNMP 还是 NetFlow 的测试系统，都采用对数据轮询或者间隔采样的方式。对于需要进行深入数据分析的网络，以上架构采集的数据精细度和提供的内容不能满足高层的分析要求。

对于大型网络而言，直接数据源架构可以实现原始数据报文的获取，最真实地了解网络流量情况。当然这需要被动测试工具的性能非常高，还需要其具备数据整合提取能力。直接数据源架构需要预先规划数据采集点的部署。

在进行直接数据源架构测试时，主要有三种方法获得流量。

（1）直接获取

直接获取的方式实施最为简易，即通过物理线路将测试设备和被测设备直接相连，被测设备无须做特定配置。在 20 世纪 90 年代，这是非常实用的测试方式，由于 Hub 在此时还是主要的组网方式，对于测试设备来说，只要在同一个冲突域内，无论接在 Hub 的哪一个端口，都可以接收到其他主机间的通信数据报文。但到了以交换式网络为主后，这种直接获取数据的方式受到了限制。因为每个测试口均成为一个单独的冲突域，直连测试设备往往只能接收到广播和组播报文，以及一些测试设备自身的流量。值得注意的是，测试口的速率必须大于或等于被测口的流量带宽，否则可能会出现丢包的情况，而这在实际网络中是普遍存在的现象。

（2）镜像方式

SPAN（Switch Port Analyzer）方式，俗称镜像方式，其主要目的是监控交换机的数据流。利用 SPAN 技术，可以把交换机上需要被监控的端口或 VLAN 中的数据流复制到测试设备所连接的端口上。

远程 SPAN（简称 RSPAN）方式可以在不同的交换机上实现远程数据获取，但在二层协议的监控上有所制约。

实施 SPAN 技术需要在交换机或被测设备上进行配置，不同设备的配置方式不同，实际操作比直接获取方式要复杂一些。网络设备在设计上的第一要务是数据交换，其次是管理功能，所以在分配 CPU 和进程等资源时，都会有所限制，导致镜像测试时有较多局限性。例如，在很多交换机中，只允许有两个镜像会话，这势必造成在很多情形下无法完整实现测试分析。

（3）TAP 方式

TAP（Test Access Point）方式，俗称"三通"方式，使用时起到分路作用。这种方式在进行正常流量传输的同时，引出一路或多路流量供监测设备分析使用。TAP 分为电 TAP 和光 TAP 两类。电 TAP 按其电路设计又延伸出汇聚型 TAP、镜像型 TAP、镜像汇聚型 TAP 和可编程 TAP。光 TAP 区分单模和多模，同时按分光比又延伸出多种类型，如 1:9 分光、2:8 分光及 5:5 分光等。选择时，需要综合考虑分光器对传输的影响，以及测试设备光收发器的可接收范围。随着技术的发展，TAP 又发展出混合型 TAP，其输入/输出端口可以自定义，且介质类型也可以选择，如监测口为光口，被测口为电口等。

经过多年的发展，目前的被动测试工具种类繁多。从发展过程来看，已经从最初的协议分析软件发展到分布式协议分析仪，以及现在的海量存储测试工具。

协议分析仪是常用的网络流量分析工具，其依赖于一套捕包函数库（如 UNIX 平台下的 Libpcap 和 Windows 平台下的 Winpcap 函数库），由主机内嵌软件的方式实现，主机一般采用 PC 机或服务器。在操作系统中，通常将网络通信作为一个相对独立的模块，借助驱动程序实现，主机和网络的通信通过调用 Socket 语句实现。

一般可采用网卡获取主机和网络间通信的物理流量。普通的网卡正常工作时处于非混杂模式。在此模式下，网卡仅负责把发送给自己主机的数据包传递给上层应用程序，对于其他的包都丢弃。而工作在混杂模式下的网卡将会接收所有经过网卡的数据包并传递给应用程序，包括不是发给自己的数据包。

在 PC 机、服务器或终端上安装协议分析软件并将网卡设置成混杂模式后，它们就成了协议分析仪。协议分析仪在实际使用中还要区分测试位置和测试环境，由于网卡有上、下行的概念，因此对全双工的链路分析有一定局限性。另外，协议分析仪在实际操作时，由于现今存在大量的交换式网络环境，需要对网络设备进行一些镜像配置。

线速处理技术和存储技术的日益成熟使得大型网络的线速分析成为可能。协议分析设备辅以 TAP 或分流设备，旁路镜像支持多端口采集，可以按照需要进行关键业务和节点的大量数据采集与分析，实现复杂网络环境架构中的数据采集。结合数据库技术和强大的硬件处理能力可以实现实时的数据报表分析功能，这同传统的 PC 机级别的协议分析软件相比有了很大的不同。

在进行深度分析时，无须将捕包和解码操作分离。大容量分析平台具有快速调用历史数据的功能，如同从视频监控系统中调用以往录像一样，使得一些网络突发异常事件可以溯源。

科来回溯分析系统（RAS）是比较典型的大容量分析平台，如图 2.5 所示，它集成了高性能的数据包采集和智能分析软/硬件，可以分布式部署在网络的关键节点处，支持对物理网络和云网络流量的采集分析。RAS 以关键应用为中心，实现对应用的网络访问性能、系统服务性能、应用响应性能等关键性能指标的智能分析。

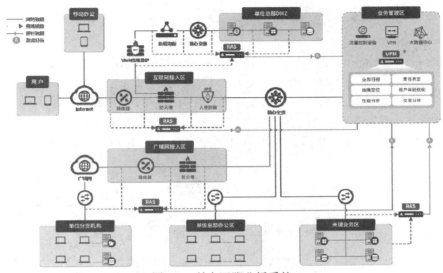

图 2.5　科来回溯分析系统

回溯分析系统具备长时间、大容量的数据存储能力，能长期实时保存原始数据包，并同时保存数据流、会话及应用日志等各种统计数据；具备快速的数据检索能力，并可对已发生的网络行为、应用数据和主机数据进行回溯分析；可随时分类查看及调用任意时间段的数据，当发现问题时提供一定时间范围内的回溯分析（根据设备存储空间而定），为迅速找到问题的发生原因提供了更全面的分析依据，同时为网络安全提供了强有力的数据分析保障。

2.1.3　按用途分类

由于不同的人员对网络测试的理解和需要差异很大，很多时候也可以按用途来区分不同的测试工具。在网络维护阶段分为三种主要用途。

（1）功能测试

功能测试强调功能的实现，其判定相对容易，如 VLAN 测试、路由可达测试、冗余测试等。其使用人员为日常维护人员。很多测试工具和测试命令都属于功能测试工具，如 Ping 命令、Tracert 命令和服务端口查看命令等。

（2）性能测试

性能测试执行要求比较严格，有明确的操作规范和测试模型定义，并且随着 IT 技术的发展以及用户使用要求的提高，需要与同行业标准甚至更高级别的标准进行比对。此类测试多用于网络性能评估，通过基于标准的测试，获得网络当前的性能状况。例如，iPerf 工具、各类 RFC 2544性能测试仪表均属于性能测试工具。

（3）故障诊断测试

在故障诊断测试中，来源于用户体验和 QoS（服务质量）的评估已经不能满足当前网络测试的要求，而采用用户感受作为判定标准的 QoE（体验质量）将成为主要准则。当发生故障时，不能仅给出测试数据，还需要通过测试找出故障原因。以 QoE 为设计理念的测试工具也逐渐被大量采用，其主要目的是减少故障排查时间，提高服务质量。

2.2 常用工具及其基本工作原理

2.2.1 常用命令工具

1. ICMP

ICMP（Internet Control Message Protocol，Internet 控制报文协议）用于在 IP 设备间传递控制消息，是 TCP/IP 协议族的子协议。ICMP 报文提供针对网络层的错误诊断、拥塞控制、路径控制和查询服务 4 项功能。这些报文虽然并不传输用户数据，但是对于用户数据的传递起着重要的作用。

Ping 命令就是运用发送 ICMP 报文的方法测试网络连通性状况及数据包发送和接收状况的实用工具。另外，用于追踪路径的 Tracert 命令同样也是基于 ICMP 的常用命令。ICMP 报文结构见表 2.1。

表 2.1 ICMP 报文结构

	bit 0～7	bit 8～15	bit 16～23	bit 24～31
IP Header（IP 报头）（20B）	Version/IHL（版本/IP 报头长度）	Type of Service（服务类型）	Length（总长度）	
	Identification（标识）		Flags and Offset（标志位和分片偏移）	
	Time To Live（生存时间）	Protocol（协议）	Checksum（检验和）	
	Source IP Address（源 IP 地址）			
	Destination IP Address（目标 IP 地址）			
ICMP Payload（ICMP 载荷）（8B+）	Type（报文类型）	Code（代码）	Checksum（检验和）	
	Rest of Header（报头其他部分）			
	Data（Optional）（数据，可选）			

ICMP 的报文组成说明如下。

（1）IP Header

其中，Protocol 字段设置为 1，Type of Service 字段设置为 0。

（2）ICMP Payload

- Type：8bit。
- Code：8bit。
- Checksum：16bit，仅计算 ICMP 部分。
- Rest of Header：32bit，由 Identifier（标识符）和 Sequence Number（序列号）组成。
- Data：数据载荷因接收到的回复不同而不同，可以为任意长度，但必须小于网络的最大传输单元（MTU）。

当 IP 报头的 Protocol 字段值为 1 且 Type of Service 字段值为 0 时，表明这是一个 ICMP 报文。ICMP 头部中的 Type、Code 和 Checksum 字段与 ICMP 报文的类型有关，所有数据都跟在 ICMP 头部后面。

RFC 定义了 13 种 ICMP 报文格式，具体见表 2.2。表 2.2 中最为常用的类型为 0 和 8。当一台主机向一个节点发送一个 Type=8 的 ICMP 报文时，如果途中没有异常（数据包被丢弃或目标不响应等），则目标返回 Type=0 的 ICMP 报文，说明这台主机存在。Tracert 命令通过计算 ICMP 报文通过的节点数来确定主机与目标之间的路由器跳数。

目标不可达报文（Type=3）在主机或节点不能传递报文时使用。当试图连接对方一个不存在的系统端口（端口号小于 1024）时，将返回 Type=3 和 Code=3 的 ICMP 报文，表示端口不可达。还有很多其他目标不可达报文情况，具体见表 2.3。

表 2.2　ICMP 报文格式

类　型	类　型　描　述
0	响应应答（Echo-Reply）
3	不可到达
4	源抑制
5	重定向
8	响应请求（Echo-Request）
11	超时
12	参数失灵
13	时间戳请求
14	时间戳应答
15	信息请求（现在已经作废）
16	信息应答（现在已经作废）
17	地址掩码请求
18	地址掩码应答

表 2.3　目标不可达报文返回值

类　型	代　码	描　　述
3	0	网络不可达
	1	主机不可达
	2	协议不可达
	3	端口不可达
	4	需要分片但设置了不分片位
	5	源站选路失败
	6	目标网络不能识别
	7	目标主机不能识别
	8	源主机被隔离
	9	目标网络被强制禁止
	10	目标主机被强制禁止
	11	由于服务类型，网络不可达
	12	由于服务类型，主机不可达
	13	由于过滤，通信被强制禁止
	14	主机越权
	15	优先权中止生效

Ping 命令的特点是，目标主机在收到一个 ICMP 响应请求数据包后，会交换源主机和目标主机的地址，然后将收到的 ICMP 响应请求数据包中的数据部分原封不动地封装在自己的 ICMP 响应应答数据包中，再将封装后的数据包发回给发送 ICMP 响应请求的一方。Ping 命令在网络测试中非常重要，现有的 Windows 系统和 Linux 系统均带有 Ping 命令。如图 2.6 所示是 Linux 系统中 Ping 命令的返回结果，如图 2.7 所示是 Windows 系统中 Ping 命令的返回结果。

```
root@localhost# ping www.test×××.cn
Ping www.test×××.cn（192.168.2.5）56（84）bytes of data.
64 bytes from www.test×××.cn（192.168.2.5）: icmp_seq=1 ttl=52 time=87.7 ms
64 bytes from www.test×××.cn（192.168.2.5）: icmp_seq=2 ttl=52 time=95.6 ms
64 bytes from www.test×××.cn（192.168.2.5）: icmp_seq=3 ttl=52 time=85.4 ms
64 bytes from www.test×××.cn（192.168.2.5）: icmp_seq=4 ttl=52 time=95.8 ms
64 bytes from www.test×××.cn（192.168.2.5）: icmp_seq=5 ttl=52 time=87.0 ms
64 bytes from www.test×××.cn（192.168.2.5）: icmp_seq=6 ttl=52 time=97.6 ms

--- www.test×××.cn ping statistics ---
10 packets transmitted, 10 received, 0% packet loss, time 8998ms
rtt min/avg/max/mdev = 78.162/89.213/97.695/6.836 ms
```

图 2.6　Linux 系统中 Ping 命令的返回结果[①]

① 图 2.6 中的网址请自行设定。

```
C:\Users\PanKaien>ping 192.168.1.6

正在 Ping 192.168.1.6 具有 32 字节的数据:
来自 192.168.1.6 的回复: 字节=32 时间=1ms TTL=128
来自 192.168.1.6 的回复: 字节=32 时间=1ms TTL=128
来自 192.168.1.6 的回复: 字节=32 时间<1ms TTL=128
来自 192.168.1.6 的回复: 字节=32 时间=1ms TTL=128

192.168.1.6 的 Ping 统计信息:
    数据包: 已发送 = 4, 已接收 = 4, 丢失 = 0 (0% 丢失),
往返行程的估计时间 (以毫秒为单位):
    最短 = 0ms, 最长 = 1ms, 平均 = 0ms
```

图 2.7　Windows 系统中 Ping 命令的返回结果

如果 Ping 不成功，则可以预测故障原因可能是:

① 网线故障；

② 网络适配器配置不正确；

③ IP 地址不正确。

如果 Ping 成功而网络仍无法使用，则问题很可能出在网络系统的软件配置方面。Ping 成功仅能保证本机与目标主机间存在一条连通的物理路径。

Windows 系统中 Ping 命令的格式为：

　　　ping [-t] [-a] [-n count] [-l size] [-f] [-i TTL] [-v TOS]
　　　　　　[-r count] [-s count] [[-j host-list] | [-k host-list]]
　　　　　　[-w timeout] [-R] [-S srcaddr] [-4] [-6] target_name

选项说明如下：

-t	Ping 指定的主机，直到停止。若要查看统计信息并继续操作，则按 Ctrl+Break 组合键；若要停止，则按 Ctrl+C 组合键。
-a	将地址解析成主机名。
-n count	要发送的回显请求数。
-l size	发送缓冲区大小。
-f	在数据包中设置"不分段"标志（仅适用于 IPv4）。
-i TTL	生存时间。
-v TOS	服务类型（仅适用于 IPv4。该设置已不赞成使用，且对 IP 报头中的服务字段类型没有任何影响）。
-r count	记录计数跃点的路由（仅适用于 IPv4）。
-s count	计数跃点的时间戳（仅适用于 IPv4）。
-j host-list	与主机列表一起的松散源路由（仅适用于 IPv4）。
-k host-list	与主机列表一起的严格源路由（仅适用于 IPv4）。
-w timeout	等待每次回复的超时时间（毫秒）。
-R	同样使用路由报头测试反向路由（仅适用于 IPv6）。
-S srcaddr	要使用的源地址。
-4	强制使用 IPv4。
-6	强制使用 IPv6。

虽然 RFC 1122 要求任何主机都必须接收 Ping 响应请求并做出响应应答，但出于安全性的考虑，在实际网络环境中，许多主机的 Ping 功能响应被关闭了，这将导致测试时得到的信息不够全面或准确。

2．Netstat

Netstat 命令是一个命令行工具，它显示（进和出）网络连接、路由表和网络接口的统计。在 UNIX 系统、类 UNIX 系统及 Windows 系统中都可以使用。

Netstat 命令能够按照各个协议分别显示其统计数据。如果一个应用程序（如 Web 浏览器）的运行速度比较慢，或者不能显示 Web 页之类的数据，就可以用本命令来查看一下所显示的信息，通过查看统计数据找到出错的关键字，进而确定问题所在。其常用选项说明如下。

- -e：   显示关于以太网的统计数据，可以用来统计一些基本的网络流量。此选项可以与-s 选项结合使用。
- -r：   显示关于路由表的信息，显示有效路由和当前有效连接。
- -a：   显示所有活动连接的列表，包括已建立的连接（Established）和监听连接请求（Listening）的连接。
- -n：   以数字形式显示所有活动连接的列表。
- -s：   显示每个协议的统计信息。在默认情况下，显示 IP、IPv6、ICMP、ICMPv6、TCP、TCPv6、UDP 和 UDPv6 等协议的统计信息。

3．iPerf

iPerf 是一种常用的网络测试工具，它可以创建 TCP 和 UDP 数据流，并且测量网络的吞吐量。iPerf 是由分布式应用支持小组（Distributed Applications Support Team，DAST）在应用网络研究国家实验室（National Laboratory for Applied Network Research，NLANR）开发的。

iPerf 允许用户设置各种参数来测试网络或优化调整网络。iPerf 包括客户端和服务器端，可以测量两端之间的单向或双向吞吐量。iPerf 是开源软件，支持各类平台，包括 Linux、UNIX 和 Windows 等。

运用 iPerf 可以非常容易地进行性能测试。

① TCP 测试

服务器端执行命令：

    ./iperf -s -i 1 -w 1M   '这里是指定 window size

                                  '如果只是 iperf -s，不带其他后缀，则 window size 默认为 8KB

客户端执行命令：

    ./iperf -c host -i 1 -w 1M   'host 需要替换成服务器地址，-w 表示 TCP window size

② UDP 测试

服务器端执行命令：

    ./iperf -u -s

客户端执行命令：

    ./iperf -u -c 10.255.255.251 -b 900M -i 1 -w 1M -t 60

    '-b 表示使用多少带宽，1Gb/s 的线路可以使用 900Mb/s 的带宽进行测试

2.2.2　常用协议分析软件

协议分析软件通常安装于 PC 机、智能主机或终端上。专业的终端由于优化了操作系统，多采用嵌入式的设计理念，简化了系统其他进程的开销，往往在性能上优于 PC 机级别的协议分析

仪。但是 PC 机由于其应用软件的多样性、丰富性和用户群的广泛性，拥有庞大的使用人群。

协议分析软件中最为著名的三款软件如下：

- NetScout 公司的 Sniffer 协议分析软件。
- WildPacket 公司的 OminiPeek 协议分析软件。
- 开源的 Wireshark（前身为 Ethereal）协议分析软件。Wireshark 是免费的网络协议分析软件，支持 UNIX 和 Windows。由于其具有开源特点，因此不断得到技术上的补充，现在可以支持上千种协议。

2.2.3 常用网络流量分析管理系统

网络流量分析管理系统（网管系统）也是网络测试和故障诊断的重要工具之一。按数据获得方式不同，可以分为三类。

1．SNMP 架构的网管系统

20 世纪 80 年代后期，TCP/IP 的广泛应用、网络规模的不断扩大对网络管理提出了更高的要求，尤其是异构网络环境中的管理与维护。Internet 体系结构委员会（Internet Architecture Board，IAB）在 1988 年提出了第一版简单网络管理协议（Simple Network Management Protocol，SNMP），同期还有基于 TCP/IP 的公共管理信息服务和协议（CMOT）与高层实体管理系统（High-level Entity Management System，HEMS）两种管理方案。起初，SNMP 被认为是短期的方案，而 CMOT 不论从体系上还是功能上都被认为是未来发展的趋势。CMIP（Common Management Information Protocol）的提出目标就是代替 SNMP。但 CMIP 在实际运作过程中遇到了不可预见的困难，导致规范不能按期完成，到了 1992 年，开发工作不得不停止。在 CMIP 停止开发前，HEMS 的研究也被放弃。而 SNMP 由于简单和易于实现，得到了众多设备厂商的支持，在当时被逐步推广应用。SNMP 不仅提供了对网络设备的管理能力，而且还提供了网络流量的参数，这一设计后来被用于许多网管软件和分析软件的开发中，使得基于 SNMP 的网络测试和分析统计软件得以盛行。

SNMP 是一种简单的请求/响应（Request/Response）协议。网管系统发出一个请求，被管理的设备返回一个响应。这些行为由 4 种协议操作组成：Get、GetNext、Set 和 Trap。Get 操作用来获取代理（Agent）的一个或多个对象实例。如果代理无法提供 Get 查询对应的实例值，则将不能提供结果。GetNext 操作用来从代理表中获取下一个对象实例。Set 操作用来设置代理对象实例的值。Trap 操作用于代理向网管系统通告有意义的事件。

在 SNMP 系列软件中，多路由流量图形绘制器（Multi Router Traffic Grapher，MRTG）是比较有代表性的一款软件，它采用 SNMP 协议访问具有 SNMP 代理的网络设备，生成图形化的界面，便于使用者查看。其安装简便，容易定制。

最初的 SNMP 本身只提供简单的流量信息，并不包含具体的流量使用信息。MRTG 支持的报表格式相对简单，对于网络规模复杂的大中型网络，往往不能提供足够多的信息。此时的 SNMP 没有提供成批存取机制，对大块数据进行存取的效率很低；没有提供管理站与管理站之间通信的机制，只适合集中式管理，而不利于进行分布式管理；没有提供足够的安全机制，安全性很差。1991 年 11 月推出的 RMON（Remote Network Monitoring，远端网络监视）系统用于加强 SNMP 对网络本身的管理能力。它使得 SNMP 不仅可管理网络设备，还能收集网络上的数据流信息。1992 年 7 月公布的 S-SNMP（Secure SNMP）草案针对的是 SNMP 缺乏安全性的弱点。

1993 年推出的 SNMPv2 的管理框架如图 2.8 所示。SNMPv2 进行了性能、安全性、保密性和管理站到管理站通信等方面的改进。SNMPv2 推出了一种替代 GetNextRequests 的方式——GetBulkRequest，其可以在单个请求中获取大量的设备管理数据。但 SNMPv2 的安全机制过于复杂，并没有被广泛接受。到 1996 年正式发布时，其安全特性已被删除。

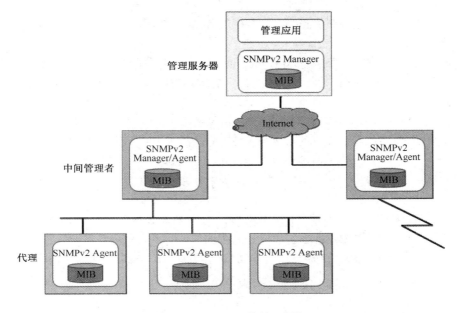

图 2.8　SNMPv2 的管理框架

1997 年 4 月，IETF 成立了 SNMPv3 工作组，SNMPv3 增加了安全和远程配置能力。为了解决不同版本的兼容性问题，RFC 3584 定义了共存策略。SNMPv3 为消息安全和 VACM（View-based Access Control Model）引入了 USM（User-based Security Model），支持同时使用不同的安全机制、接入控制和消息处理模型。SNMPv3 增加了三个新的安全机制：身份验证、加密和访问控制。其本地处理模块完成访问控制功能，USM 模块提供身份验证和数据保密服务。身份验证是指代理（或管理站）接到信息时首先必须确认信息是否来自有权的管理站（或代理）并且信息在传输过程中未被改变。实现这个功能要求管理站和代理必须共享同一密钥。管理站使用密钥计算验证码，然后将其加入信息中。代理则使用同一个密钥从接收的信息中提取出验证码，从而得到信息。加密的过程与身份验证类似，也需要管理站和代理共享同一个密钥来实现信息的加密和解密。

2. NetFlow 架构的网络流量分析系统

NetFlow 是由思科公司开发的一种用于 IP 流量信息收集的网络协议，其目前已成为流量监控的行业标准。NetFlow 最初开发于 1996 年，由 Darren Kerr 和 Barry Bruins 共同开发，最初是作为 Cisco IOS 的一部分，用于分组交换路径选择，使路由器转发过程更高效。后来，经过多年的技术发展，NetFlow 最初的分组交换路径选择功能被弱化，而对流经网络设备的 IP 数据流进行测量和统计的功能得到不断完善，并成为当今互联网领域公认的最主要的 IP/MPLS 流量分析、统计和计费行业标准。NetFlow 技术能对 IP/MPLS 流量进行详细的行为模式分析和计量，并提供网络运行的详细统计数据。

经过多年的发展，思科公司一共开发了 5 个主要的 NetFlow 实用版本。

① NetFlow V1：这是 NetFlow 技术的第一个实用版本，支持 IOS11.1、IOS11.2、IOS11.3 和 IOS12.0，现在已经不建议使用。

② NetFlow V5：增加了对数据流 BGP AS 信息的支持，是目前主要的应用版本，支持 IOS 11.1CA 和 IOS12.0 及其后续 IOS 版本。

③ NetFlow V7：这是思科 Catalyst 交换机设备支持的一个 NetFlow 版本，需要利用交换机的 MLS 或 CEF 处理引擎。

④ NetFlow V8：增加了网络设备对 NetFlow 统计数据进行自动汇聚的功能（共支持 11 种数据汇聚模式），可以大大降低对数据输出的带宽需求，支持 IOS12.0(3)T、IOS12.0(3)S 和 IOS12.1 及其后续 IOS 版本。

⑤ NetFlow V9：这是一种可扩展的全新 NetFlow 数据输出格式，采用基于模板（Template）的统计数据输出，方便添加需要输出的数据域，且支持多种 NetFlow 新功能，如 Multicase NetFlow、MPLS Aware NetFlow、BGP Next Hop V9 和 NetFlow for IPv6 等，支持 IOS12.0(24)S 和 IOS12.3T 及其后续 IOS 版本。2003 年，IETF 将 NetFlow V9 确定为 IPFIX（IP Flow Information eXport）标准。

NetFlow 系统包括三个主要部分：探测器（Probe）、采集器（Collector）和报告系统（Export），系统架构如图 2.9 所示。其中，采集器和报告系统通常位于一台服务器中。探测器的作用是监听网络数据，采集器的作用是收集探测器传来的数据，报告系统的作用是将从采集器收集到的数据生成易读的报告。

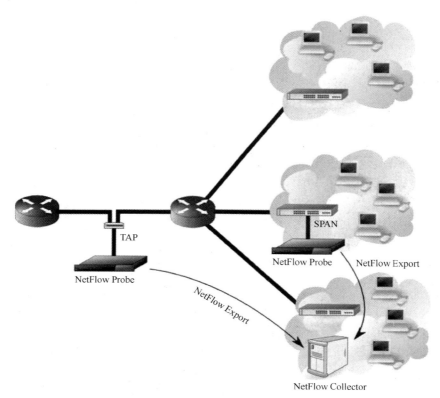

图 2.9　NetFlow 系统架构

NetFlow 采用不间断发布的工作方式，因此比 SNMP 更精细可靠。SNMP 在网络设备中是低优先级的功能，如果网络很繁忙，路由器可能会停止响应信息请求，这将导致在最需要数据的时候却可能丢失一些 SNMP 数据——如在网络最拥挤的时候。而 NetFlow 采用了一个发布模型，它只负责将记录发出，存储流信息则交给其他 NetFlow 采集设备。SNMP 轮询工具一般默认每 15s 请求一次数据，这样的采样频率对于突发事件的流量识别明显偏低；而若增加请求次数进行高频率采集，则又会增加网络负担。NetFlow 则可以不停地发布流信息，却不会造成严重的网络拥塞。

NetFlow 虽然集中了诸多优点，但是开放性不够。在实际应用中，由于各大厂商各自拥有自己的 Flow 格式和流量数据输出系统，除了 NetFlow，还有 sFlow、NetStream、FDR 和 J-Flow 等，使得彼此之间缺乏兼容性，无法满足大规模异构网络环境中应用的需要。因此，无论是学术界还是工业界，都有必要建立一套输出网络流信息的标准。于是，IETF 在应用广泛的 NetFlow V9 的基础上制定了 IPFIX 标准。

IPFIX 继承了 NetFlow V9 基于模板的流信息输出格式，同时对数据流输出的典型应用进行了输出建议规范，在安全性上也有所提升，还保证了对采集目标设备良好的兼容性。

3．自采集架构的流量分析系统

即便拥有了基于 SNMP 或者 NetFlow 架构的流量分析系统，对于实际网络来说，有时分析的精细度还是不够。这时需要另一种更全面的流量分析系统，能够采集所有的原始数据包，并存储起来供后续分析处理。因此要采用探针加控制台的设计模式取代 SNMP 中的代理或 NetFlow 架构中的报告系统。这类探针集成了比较丰富的功能，不仅可以做到线速捕包，还具有非常大的存储空间，可在本地存储数据和运行分析报告。探针有时更像具备了高处理性能和高存储容量的协议分析软件。

（1）分布式协议分析探针

在大型网络中，由于地域分布的原因存在大量出口链路，管理者需要对广域网出口等关键链路实施 24 小时的全程监控，因此在网络流量统计时采用分布式的方法，即在各广域链路出口部署探针，同时在数据中心部署中心服务器，由分布式协议分析探针负责采集数据，由中心管理服务器负责分析或存储数据。

由于探针数量通常较多，导致在边缘部署协议分析探针时往往不能全线速存储需要的数据包，而采取采样部分信息用于分析的方法，有一定的局限性。

（2）海量存储协议分析系统

数据中心对数据的集中分析有高要求，海量存储协议分析系统得到广泛应用。数据中心的高速率和巨大的数据量，要求协议分析系统不仅需要具备线速协议捕捉分析能力，还需要具备快速数据还原和提取功能。此类设备不仅拥有海量的存储空间，更具有优化过的数据存储技术和数据读取技术。

2.2.4 常用手持式网络测试仪

在实际工作中，由于网络维护和测试中需要大量现场操作，而现场情况如供电、操作空间和网络状况等会受到种种限制，因此手持式网络测试仪也是经常使用的测试工具。其按网络传输介质可以分为有线网络测试仪和无线网络测试仪两类。

1. 有线网络测试仪

有线网络中常见的传输介质包括双绞线、光纤和同轴电缆。目前，同轴电缆已经很少见了，普遍使用的是双绞线和光纤。手持式网络测试仪按功能可以分为线缆测试仪、多功能网络测试仪和网络性能测试仪。

（1）线缆测试仪

线缆测试仪主要针对网络介质进行检测，包括线缆长度、串音、衰减、信噪比、接线图和线缆规格等参数，常用于综合布线施工和验收中。

（2）多功能网络测试仪

多功能网络测试仪将多种测试功能集成在一个网络检测设备中，如集成链路识别、线缆查找、线缆诊断、扫描线序、拓扑检查、Ping 功能、寻找端口和 PoE 检测等功能。此类设备功能齐全，应用范围广，主要用于网络维护、网络施工和电缆光纤诊断等。

（3）网络性能测试仪

网络性能测试仪属于高端设备，主要功能包括网络流量测试、协议分布、IP 查询和流量分析等，常用于大型网络安全领域。

2. 无线网络测试仪

无线网络测试仪主要用于对无线路由和 AP 进行检测，可以排查出无线网络中连接的终端和无线信号强度，进而能有效地管理网络中的节点，增强网络安全。随着无线终端的丰富化，无线网络测试已经开始向智能终端移植，现在很多智能手机安装无线网络测试软件后，可以作为一个简易型的无线网络测试仪使用。

2.2.5 流量分析管理平台

数据中心和分支网点的互连，使网络结构和规模得到了爆炸式的增长，促成了网络流量分析管理平台的出现。监控流量的方式和需求也发生了巨大变化，不仅要进行正常流量监控，还要进行异常流量监控、用户行为监控和信息安全监控等。如图 2.10 所示是一般网络流量监控方案的数据采集方式。

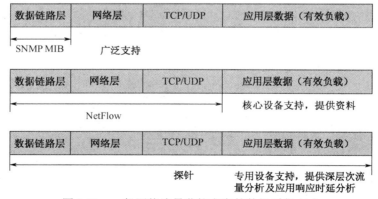

图 2.10　一般网络流量监控方案的数据采集方式

在此类管理平台中，数据的采集方式多种多样，可以借助 SNMP、流捕获以及原始数据采集的方式获得网络流量，可以借助部署在不同位置的探针对采集的数据进行汇总，并将其展示在平台系统上，如图 2.11 所示。

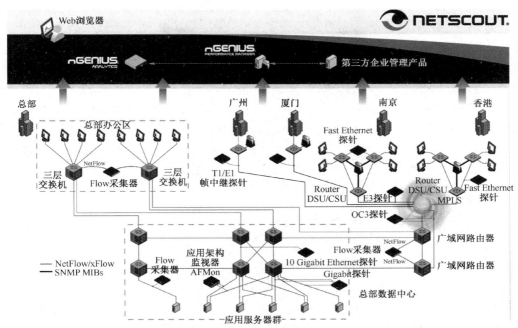

图 2.11　网络流量分析管理平台监控方案（来自 NetScout 公司）

习题 2

1. 网络测试中，一般数据源可分为哪两类？
2. 简述被动测试的三种架构。
3. 简述直接数据源架构测试中三种流量获得的方式和区别。
4. 简述网络测试在网络维护阶段的三个主要用途。
5. 列举出 5 种以上 ICMP 报文的类型和作用。
6. 简述 SNMP 的工作方式。
7. 列举出常见的流协议名称。
8. 简述 SNMP 和 NetFlow 两种网络监控方式的区别。
9. 简述自采集架构的流量分析系统的优点与缺点。

第 3 章　物理层测试和故障诊断

物理层位于 OSI 参考模型中的第 1 层，为数据链路层提供服务。物理层中信号的传输以位（bit，也称比特）的方式来体现。这一层定义了建立、维持和断开通信通道的一系列电气规范。物理层为数据终端设备提供了传送数据的通道，包括传输介质和传输设备两个主要部分。

在网络测试和故障诊断中，50%以上的问题来自物理层。物理层的测试内容繁多，集中在介质连通性、介质传输性能、接口规范匹配、接口兼容性和传输设备的物理性能等方面。

本章主要围绕网络传输介质与网络传输设备展开物理层测试和故障诊断。

3.1　网络传输介质测试相关知识

3.1.1　双绞线

双绞线（Twisted Pair）是网络综合布线中最常用的介质。如图 3.1 所示为非屏蔽 6 类双绞线。双绞线本质上讲就是由经过缠绕的两根导线（称为线对）组成的传输线路。如果采用平行设计，如图 3.2 所示，导线间的绝缘部分就相当于一个介电板，它和导线形成的电容对高频信号起旁路衰减作用，这会使传输信号的相位被滞后。所以，以平行方式传输网络信号是不太可能的。而采用绞接缠绕方式则可增大导线中的电感，电感会使信号相位超前，这刚好与电容产生的作用相抵消。调整线对的绕度，可使线对形成的电感与电容很好地相互抵消。

图 3.1　非屏蔽 6 类双绞线

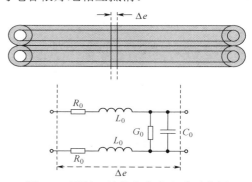

图 3.2　平行双绞线和电容电感示意图

同时，采用线对互相缠绕的方式，相当于两个电流方向相反的电感线圈互相靠近，一个电感线圈的磁场变化和另一个电感线圈的磁场变化可以很好地相互抵消，使电磁互感现象的影响最小，而且双绞线把导线的平行路径分割成一系列短线路，使双绞线的天线效应及导线对干扰辐射信号和杂散电磁场的敏感性降到最低，使高频传输性能得到不断提高。

随着技术发展，双绞线的绝缘材料和结构使介电常数大幅度减小，减少了干扰，同时提高了双绞线传输信号的能力。除此之外，其他技术如控制导线长度、平衡传输的信号、保持导线和相邻线对之间的隔离度都使双绞线的可用带宽不断提升。在过去的十几年中，双绞线传输速率已从几兆发展到万兆级别，目前最高双绞线应用速率为 40Gb/s，采用介质需要达到 CAT8 的要求。

虽然从表面上看，双绞线都差不多，但不同品牌双绞线的材质、结构及绞率都不同，如图 3.3 所示。双绞线测试不仅涉及连通性的问题，同时也包含线缆材质测试和性能测试，涉及相当多的测试参数和标准。

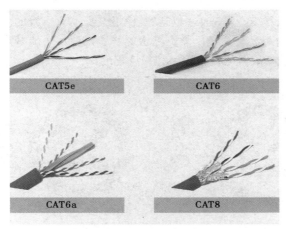

图 3.3　不同类型双绞线的结构

　　除了双绞的特点，双绞线在实际设计中还采用了多种技术，将干扰控制在最低程度。因此在工业设计上，良好的双绞线布局是网线性能好的一个体现。如图 3.4 所示是双绞线的几种结构示意图。

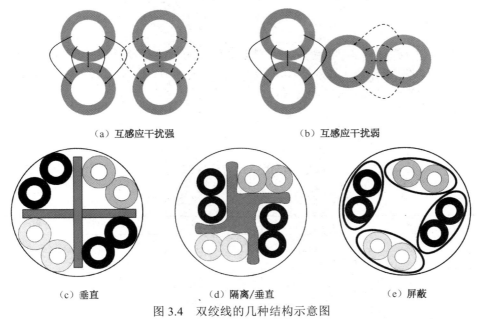

（a）互感应干扰强　　　　　　　　　　（b）互感应干扰弱

（c）垂直　　　　　　（d）隔离/垂直　　　　　　（e）屏蔽

图 3.4　双绞线的几种结构示意图

　　为了实现抗干扰，双绞线引入了屏蔽层，双绞线按屏蔽结构分为 UTP（非屏蔽双绞线）、STP(FTP)（线对屏蔽双绞线）、S/UTP(F/UTP)（外层屏蔽内层非屏蔽双绞线）、S/STP(S/FTP)（外层屏蔽内层屏蔽双绞线），如图 3.5 所示。

　　与其他传输介质相比，双绞线在传输距离、信道宽度和数据传输速率等方面均受到一定限制，但其价格较为低廉，因此得到了广泛使用。

　　双绞线一般由 4 对线规在 22～26 之间的绝缘铜线相互缠绕而成，在双绞线上经常可以看到 AWG（American Wire Gauge）的标识（俗称线规），如 AWG23。2018 年，AWG28 跳线也在 ANSI/TIA 568.2-D 标准中被批准，使得机柜内布线获得了更高的空间灵活性和可管理性。线规数值越大，导线的直径就越小。粗导线具有更好的物理强度和更低的电阻。但导线越粗，制作双绞线需要的铜就越多，这导致双绞线变重、安装困难以及价格变贵。双绞线的生产设计难度在于，用尽可能少的铜材制造出传输距离更长、性能更稳定的线缆，要尽可能减少线对间的相互干扰及信号的衰减，同时也要兼顾安装时的复杂程度和损耗程度。

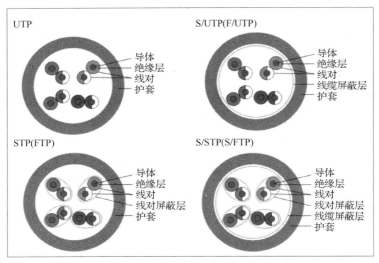

图 3.5　不同屏蔽结构的双绞线

AWG36 对应的直径为 0.005in（英寸，1in=2.54cm），AWG0000 对应的直径为 0.46in。从 AWG36 至 AWG0000 进行等比划分，共计 40 个值。常用双绞线标准直径见表 3.1。也可以根据公式计算出每个 AWG 值对应的实际直径：

$$D_n = 0.005 \text{in} \times 92^{\frac{36-n}{39}}$$

或者

$$D_n = 0.005 \text{mm} \times 25.4 \times 92^{\frac{36-n}{39}}$$

表 3.1　常用双绞线标准直径

AWG	直　　径		面　　积	电　　阻
	/in	/mm	/mm²	/(Ω/km)
22	0.0253	0.644	0.326	52.96
23	0.0226	0.573	0.258	66.79
24	0.0201	0.511	0.205	84.22
25	0.0179	0.455	0.162	106.2
26	0.0159	0.405	0.129	133.9

在工业和商业上，一般根据双绞线的带宽进行划分，通常以 CAT（Category）进行区分。双绞线类型见表 3.2。

表 3.2　双绞线类型

类　　型	最 高 带 宽	用途和特点描述
1 类（CAT1）	750kHz	报警系统或语音传输
2 类（CAT2）	1MHz	语音传输和最高 4Mb/s 的数据传输速率

类　型	最高带宽	用途和特点描述
3 类（CAT3）	16MHz	语音传输、十兆以太网（10Base-T）和 4Mb/s 的令牌环数据传输速率
4 类（CAT4）	20MHz	语音传输和最高 16Mb/s 的令牌环数据传输速率
5 类（CAT5）	100MHz	语音传输和最高 100Mb/s 的数据传输速率（100Base-T 和 1000Base-T 网络）；最大网段长度为 100m，采用 RJ45 形式的连接器
超 5 类（CAT5e）	100MHz	超 5 类线比 5 类线抗干扰能力强，衰减小，主要用于千兆以太网
6 类（CAT6）	250MHz	数据传输速率高于 1Gb/s 的应用，比超 5 类线在串音和回波损耗方面改善了性能
超 6 类（CAT6a）	500MHz	数据传输速率高于 10Gb/s 的应用，长度为 100m
7 类（CAT7）	600MHz	非 RJ45 接口，定义于 ISO/IEC 60603-7-71 和 ISO/IEC 61076-3-104（ANSI/TIA 568.2-D 标准没有定义 7 类线）中，可用于稳定性要求较高的万兆以太网，长度为 100m
7A 类（CAT7a）	1GHz	非 RJ45 接口，定义于 ISO/IEC 60603-7-71 和 ISO/IEC 61076-3-104（ANSI/TIA 568.2-D 标准没有定义 7A 类线）中，可用于稳定性要求较高的万兆以太网，长度为 100m
8 类（CAT8.1）	2GHz	RJ45 接口，可用于将来的 25GBase-T 或 40GBase-T 以太网，长度为 30m
8 类（CAT8.2）	2GHz	非 RJ45 接口，ANSI/TIA 568.2-D 标准没有定义 CAT8.2 接口，可用于将来的 25GBase-T 或 40GBase-T 以太网，长度为 30m

　　布线测试中强调的是介质性能测试。连通性测试一般以 Ping 为测试工具，通过指定远端地址和封包大小进行测试。对于百兆和千兆网络来说，Ping 产生的流量太小，无论封包如何加大，实际产生的流量不会超过端口流量的 1%，即便测试时不丢包并且延时很小，也不能证明在高速率时不会丢包。吞吐量测试作为补充可以将测试速率提升到百兆或千兆级别，但它不能区分实际使用的是哪类介质。

　　介质性能测试本质上是按线缆的设计带宽进行频谱分析的。当信号噪声在可接受的一定范围内时，测试介质的可用带宽。

　　5 类以上的介质一般都可以支持 100Base-T 的网络应用，但是为什么 5 类线可以支持百兆甚至千兆级别的传输呢？它们的实际带宽和占用带宽又是什么样的关系呢？下面以 100Base-T 网络为例进行讲解，它的编码方式为三级电平 MLT-3 编码，如图 3.6 所示。

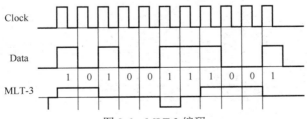

图 3.6　MLT-3 编码

　　如果网卡数据输出 4bit，并且都为 1，则正好完成一个周期，在双绞线中占用 1Hz 的带宽。如果其中有 0，那么一个周期可以传输更多信号。网卡按 100Mb/s 的速率进行编码时，可以计算得出实际占用双绞线的带宽最大为 100/4=25MHz。考虑到同步问题，在网卡传输数据时每隔 4bit 会引入 1bit 的同步位，因此速率 100Mb/s 就变为了 125Mb/s（编码方式称为 4B5B），而双绞线被占用的带宽最大为 125/4=31.25MHz，所以设计带宽为 100MHz 的 5 类线、超 5 类线用于传输 100Base-T 应用显然没有问题。而 1000Base-T 应用的带宽最大为 62.5MHz，用 5 类线和超 5 类线传输也是可以的。当然，前提是各参数信噪比达到设计要求。

用线缆测试仪通过频谱分析测试去衡量双绞线的品质无疑是最好的办法，通过元器件的标准后，只要应用的标准小于这些双绞线的设计带宽，那么都是可以确保性能的。这样做额外的好处就是，可以知道以后升级网络时，哪些双绞线可以运行到更高的应用标准而无须替换。

3.1.2 光纤

光纤是一种玻璃或塑料材质制成的纤维，利用光的全反射原理进行信号传输。微细的光纤封装在敷层护套中，即使弯曲也不易断裂。网络中常用的光波长是850nm、1300nm、1310nm和1550nm。网络中光纤使用的发射光源一般为发光二极管（LED）光源或激光光源，一端发射光源，将光脉冲注入光纤，另一端负责接收。通常使用光敏元件来提取光脉冲。

> **小贴士：**
> 光缆是指由一定数量的光纤按照一定方式组成缆芯（外包有护套，有的还包覆外护层），用以实现光信号传输的一种通信线路。

在光纤中，光线入射角必须大于临界角的数值。只有在某一角度范围内射入光纤的光线，才能够通过整个光纤，不会有泄漏损失。这个角度范围称为光纤的受光锥角（Acceptance Cone），如图 3.7 所示。受光锥角是光纤的核心折射率与包覆折射率差值的函数。在光纤中，把受光锥角的一半（称为受光角，记为 θ_{max}）的正弦定义为光纤的数值孔径。光纤的数值孔径越大，越不需要精密的熔接和操作技术。

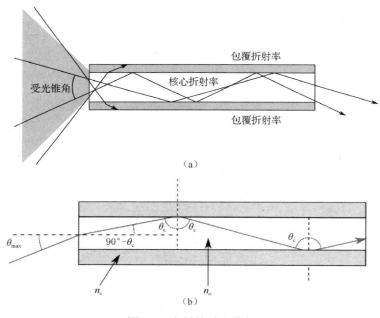

图 3.7　光纤的受光锥角

> **小贴士：**
> 数值孔径　　　　　　　　　　$\sin\theta_{max} \leqslant \sqrt{n_o^2 - n_c^2}$
> 式中，θ_{max} 为受光角，n_o 为核心折射率，n_c 为包覆折射率。

1. 光纤分类

光纤按照波长不同分为单模光纤和多模光纤。所谓"模"，是指以一定入射角进入光纤的一束光。多模光纤允许多束光在光纤中同时传播，从而形成模式色散，如图 3.8 所示。由于每个模进入光纤的角度不同，因此它们所走过的路径不同，到达终点的时间也不同。高次模走的路程长，耗时也长；低次模的路程短，耗时也短。在光传输中最高次模与最低次模到达终点所用的时间差就形成了光脉冲的展宽。由于模式色散的存在限制了多模光纤的传输带宽和距离，因此多模光纤一般用于建筑物内或地理位置相邻的环境中。单模光纤采用单一模传输，无须考虑模式色散问题，可用的传输带宽大，传输距离长，而且纤芯细，被大量运用于建筑物间或者远距离的传输。多模光纤和单模光纤传输示意图如图 3.9 所示。

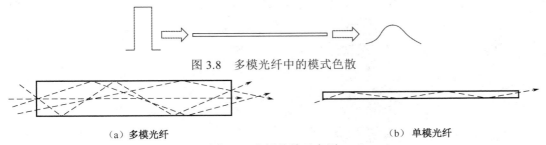

图 3.8　多模光纤中的模式色散

（a）多模光纤　　　　　　　　　　　　（b）单模光纤

图 3.9　光纤传输示意图

多模光纤和单模光纤的结构如图 3.10 所示。

单模光纤虽然带宽大、损耗小，但在网络中不可能全部使用单模光纤。因为在网络实际安装部署中，特别是光纤进入建筑物内后，存在弯路多的特点，这必将引起损耗加大，并且节点会增多，光功率被衰减的次数也更频繁，这都要求光纤内部有足够的光功率。多模光纤比单模光纤芯径粗，数值孔径大，能从光源中耦合更多的光功率。另外，建筑物内网络连接器和耦合器的用量较大。单模光纤无源器件比多模光纤的贵，而且相对精密、允差小，操作不如多模器件方便可靠。因此现有网络中单、多模光纤并存，互为补充。

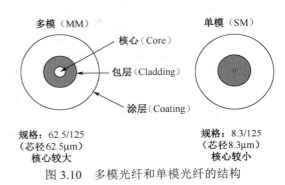

图 3.10　多模光纤和单模光纤的结构

2. 光纤接头

光纤接头包括光纤连接头和连接器，其目的就是让光纤的接续快速方便，而不需要烦琐的熔接。光纤连接头和连接器应配套使用。光纤接头有很多种，不同光纤接头的差别在于接头规格及接续方法的不同。一般在同一系统中要求采用同一种光纤接头。

按照不同的分类方法，光纤连接器可以分为不同的种类：按传输媒介不同分为单模光纤连接器和多模光纤连接器；按结构不同分为 FC、LC、SC 和 ST 等；按光纤连接头端面不同分为 SPC、PC（UPC）和 APC。

根据回波损耗不同，紧密接触光纤连接器又分为 PC（Physical Contact）、SPC（Super Physical Contact）、UPC（Ultra Physical Contact）和 APC（Angle Polished Connector）连接器。工业标准规定，一般 PC 连接器的回波损耗（回波损耗是指有多少比例的光被光纤连接器的端面反射，回波损耗越小越好）为-35dB，SPC 连接器的回波损耗为-40dB，UPC 连接器的回波损耗为-50dB，

APC 连接器的回波损耗为-60dB。不同的连接器原则上不能混接。

表 3.3 中列出了常见的光纤连接头和连接器。

表 3.3　常见的光纤连接头和连接器

光纤连接头	连　接　器	结　　　构	材　　质	接入方式
		FC（Ferrule Connector）	金属接头	旋转
		LC（Lucent Connector/Local Connector）	Lucent 接头/Local 接头	插扣
		SC（Subscriber Connector/Standard Connector）	用户端接头/标准接头	插扣
		ST（Straight Tip）	金属接头	旋扣

在数据中心场景中还会用到新型连接器 MPO/MTP。MPO 为 Multi-fiber Pushon 的缩写，MTP 为 Multi-fiber Termination Pushon 的缩写。MTP 连接器是 MPO 连接器的一种，是 US Conec 公司的注册商标。一般描述 MPO 解决方案时不使用 MTP 名称。相对于 LC 连接器，MPO 连接器拥有更紧凑的空间，如图 3.11 所示，使得光纤密度得到极大改善。同样的 1U 单元，使用 MPO 连接器可以实现高密度光纤部署，这是 LC 光纤方案无法做到的。

光纤链路速率和通道速率的发展如图 3.12 所示。

　　（a）LC 连接头（左）和 MPO 连接头（右）　　　　　（b）LC 连接头及模块（左）和 MPO 连接头及模块（右）

图 3.11　LC 连接器和 MPO 连接器对比

ANSI/TIA 568.3-D 和 ISO/IEC 11801 Ed.3 都定义了平行和阵列连接器（MPO）。一般，MPO 连接器中的芯数为 12 的倍数，如图 3.13（a）所示。2010 年，40G 和 100G 标准就定义了可以在基于 Base12 的 MPO 上实现 40Gb/s 和 100Gb/s 的传输速率，但因为基于 SR4 的协议逐步成为主流，而 25Gb/s 和 50Gb/s 单通道技术的实现使 Base8 的技术也得到了运用，即连接器中的芯数为 8，如图 3.13（b）所示。原先 Base12 以 12 芯为基数，现在支持光纤干线的数量变为 8 芯、16 芯、32 芯。

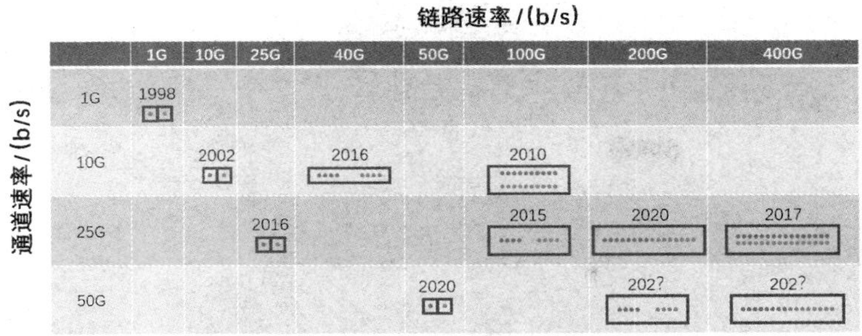

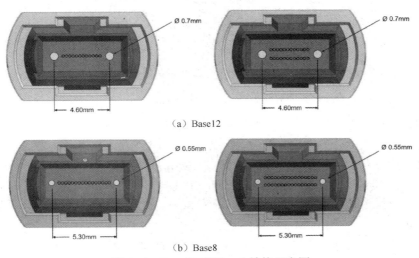

図 3.12 光纤链路速率和通道速率的发展

图 3.13 Base12 和 Base8 结构示意图

（a）Base12

（b）Base8

Base8 可以为 40GBase-SR4 和 100GBase-SR4 提供更多的灵活性。如果网速想要迅速从 40Gb/s 提高到 100Gb/s，这是非常平顺的升级实施方案。

Base8 技术以 8 芯为基数进行优化，是为了适用于 QSFP+/QSFP28 收发器，因为该收发器也使用了 8 芯光纤。这样，光纤利用率是 100%（相对于 Base12）。

由此，数据中心的 MPO 组网可以是端到端 MPO 组网，如图 3.14 所示；也可以是端到端 LC 跳线组网，但主干采用 MPO 组网，如图 3.15 所示。

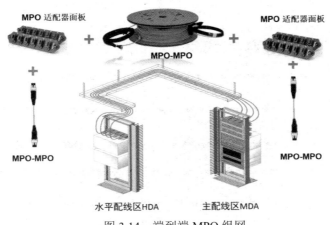

图 3.14 端到端 MPO 组网

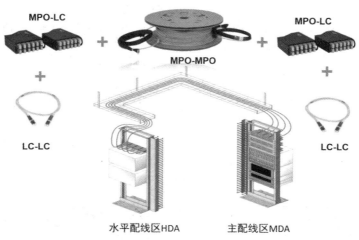

图 3.15　端到端 MPO 主干加 LC 跳线组网

3. 光纤等级分类

（1）多模光纤

多模光纤目前分为 5 个等级。

① OM1：波长为 850nm 或 1300nm、芯径为 62.5μm 的多模光纤。850nm 的满注入带宽大于 200MHz·km，1300nm 的满注入带宽大于 500MHz·km。

② OM2：波长为 850nm 或 1300nm、芯径为 50μm 或 62.5μm 的多模光纤。满注入带宽大于 500MHz·km。

③ OM3：波长为 850nm 或 1300mm、芯径为 50μm 的多模光纤。高效激光注入带宽可达 2000MHz·km。

④ OM4：波长为 850nm 或 1300mm、芯径为 50μm 的多模光纤。高效激光注入带宽可达 4700MHz·km。

⑤ OM5：波长为 850nm 或 1300mm、并将 850nm 的带宽性能拓宽到 953nm，可支持 4 波长，支持短波分复用（SWDM），为传输 40G 和 100G 及以上而开发的新技术之一。2016 年 6 月，新的宽带多模光纤标准 ANSI/TIA 492AAAE 被批准。2016 年 10 月，OM5 光纤被宣布为 ISO/IEC 11801 标准中包含 WBMMF（宽带多模光纤）布线的正式名称。

为了便于区分，不同光纤跳线一般采用不同的外护套颜色，如图 3.16 所示，可以快速分辨光纤是否匹配。

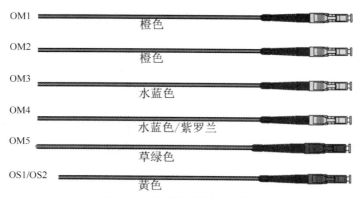

图 3.16　光纤跳线外护套颜色

（2）单模光纤

单模光纤分为OS1和OS2两个等级，光纤跳线外护套颜色为黄色，如图3.16所示。而ISO/IEC 11801-1:2016标准中对于紧密缓冲型SMF产品，已由OS1改为OS1a。

不同于双绞线不同等级材料存在明显差异，光纤的差异主要在结构上。OS1单模光纤通常采用紧套管结构，专为室内应用而设计，OS2单模光纤通常采用松套管结构，更适合户外应用。因此OS1单模光纤和OS2单模光纤可以通过熔接接续在一起，而没有接续匹配性影响（双绞线不同类别的线缆端接在一起会导致严重的性能变化）。但要确保的是，如果使用WDM，它们都需要具有相同的低水峰特性，但趋势上OS2是今后的主流。

两个等级光纤主要差别如下。

① 损耗系数：OS1单模光纤的最大损耗系数为1.0dB/km；OS2单模光纤的最大损耗系数为0.4dB/km。

② 传输距离：OS1单模光纤的最大传输距离为10km；OS2单模光纤的最大传输距离则可以达到200km。

③ 支持速率：OS1和OS2单模光纤都可以在不同的传输距离下实现1G/10G以太网所需的速率；OS2单模光纤还可用于40G/100G以太网的传输。

单模光纤一般使用1310nm和1550nm两个窗口，其传输带宽远高于任何多模光纤。

随着光纤制作技术的提高，单模光纤的可用波段已经发展到1296～1625nm的全波段。一般称为全波光纤。

4．光纤应用

常见的1G光纤应用标准有1000Base-SX、1000Base-LX和1000Base-ZX，10G光纤应用标准有10GBase-SR、10GBase-LR等。

数据中心一般骨干采用10G以上的光纤，相应的应用标准见表3.4。

表3.4　数据中心光纤的应用标准

PHY/PMD名称	使用的技术	距离/m	最大通道损耗/dB
25GBase-LR	25G串行，1310nm，1对单模光纤	10000	6
25GBase-ER	25G串行，1310nm，1对单模光纤	40000	15/18
50GBase-SR	50G串行，850nm，1对多模光纤	70/100/100(OM3/4/5)	1.8/1.9/1.9
50GBase-FR	50G串行，1310nm，1对单模光纤	2000	4
50GBase-LR	50G串行，1310nm，1对单模光纤	10000	6.3
100GBase-SR2	50G/通道，850nm并行，2对多模光纤	70/100/100(OM3/4/5)	1.8/1.9/1.9
100GBase-DR	100G串行，1310nm，1对单模光纤	500	3
200GBase-SR4	50G/通道，850nm并行，4对多模光纤	70/100/100(OM3/4/5)	1.8/1.9/1.9
200GBase-DR4	50G/通道，1310nm并行，4对单模光纤	500	3
200GBase-FR4	50G/通道，1310nm 4λ CWDM，1对单模光纤	2000	4
200GBase-LR4	50G/通道，1310nm 4λ LWDM，1对单模光纤	10000	6.3
400GBase-SR16	25G/通道，850nm并行，16对多模光纤	70/100/100(OM3/4/5)	1.8/1.9/1.9
400GBase-DR4	100G/通道，1310nm并行，4对单模光纤	500	3
400GBase-FR8	50G/通道，1310nm 8λ LWDM，1对单模光纤	2000	4
400GBase-LR8	50G/通道，1310nm 8λ LWDM，1对单模光纤	10000	6.3

3.1.3 Wi-Fi

WLAN（Wireless Local Area Network，无线局域网）最初设计的目标是作为有线网络的延伸，但随着 Wi-Fi 无线技术的发展，由于其具备灵活性、简易性和高扩展性的特点，目前在组网中得到了广泛应用。

1. 基础背景

（1）Wi-Fi

Wi-Fi 联盟成立于 1999 年，当时的名称为 Wireless Ethernet Compatibility Alliance（WECA）。在 2002 年 10 月，其正式改名为 Wi-Fi Alliance（Wi-Fi 联盟）。Wi-Fi 是 Wi-Fi 联盟制造商的商标，但现在已成为 IEEE 802.11 无线局域网技术的代名词。IEEE 802.11 标准于 1999 年发布。

作为一种允许电子设备连接到无线局域网中的技术，Wi-Fi 已经经过了 20 多年的发展，每 4～5 年进行一次迭代，见表 3.5，目前技术革新至第 6 代，即 IEEE 802.11ax。

表 3.5　Wi-Fi 发展历程表

代/IEEE 标准	最大链路速率	推出时间	频　段
Wi-Fi6E(IEEE 802.11ax)	600～9608Mb/s	2020 年	6GHz
Wi-Fi6(IEEE 802.11ax)	600～9608Mb/s	2019 年	2.4/5GHz
Wi-Fi5(IEEE 802.11ac)	433～6933Mb/s	2013 年	5GHz
Wi-Fi4(IEEE 802.11n)	72～600Mb/s	2008 年	2.4/5GHz
IEEE 802.11g	6～54Mb/s	2003 年	2.4GHz
IEEE 802.11a	6～54Mb/s	1999 年	5GHz
IEEE 802.11b	1～11Mb/s	1999 年	2.4GHz
IEEE 802.11	1～2Mb/s	1997 年	2.4GHz

注：Wi-Fi1、Wi-Fi2、Wi-Fi3 和 Wi-Fi3E 没有被命名，但作为非官方的命名被引用。

前 5 代 Wi-Fi 技术的变革主要集中于带宽提升，而 Wi-Fi6 的优化性能体现在频段、最大调制节点增多，最大速率提升，支持 MU-MIMO、OFDMA、功耗节能等方面。

2018 年 10 月，无线网络标准组织 Wi-Fi 联盟对不同 Wi-Fi 标准给出了新的命名，IEEE 802.11ax 协议标准被命名为 Wi-Fi6，而此前的 IEEE 802.11n/ac 也更名为 Wi-Fi4 和 Wi-Fi5，统一了 Wi-Fi 标注的方式。Wi-Fi 联盟图标如图 3.17 所示。

图 3.17　Wi-Fi 联盟图标

（2）IEEE 802.11

IEEE 802.11 是 IEEE 802 标准委员会（IEEE 802 LAN/MAN Standards Committee）下属的无线局域网工作组，也指代由该组织制定的无线局域网标准。该标准一般与 IEEE 802.3 结合使用，其设计目的是与以太网无缝互通，经常用于承载 IP 流量。IEEE 802.11 标准定义了一个媒体访问控制（MAC）层和几个物理（PHY）层规范，为局域网的固定、便携式和可移动终端提供无线连接。该标准还为监管机构提供了一种标准化方法，对局域网通信的一个或多个频带进行管理。IEEE 802.11 不同标准的对比见表 3.6。

表 3.6 IEEE 802.11 不同标准的对比

Wi-Fi 标准	时 间	频段/GHz	频段带宽/MHz	最高单流速率/(Mb/s)	MIMO 天线数量	最高速率（速率×天线数量）/(Mb/s)
IEEE 802.11a	1999 年	5	20	54	1	54
IEEE 802.11b	1999 年	2.4	20	11	1	11
IEEE 802.11g	2003 年	2.4	20	54	1	54
IEEE 802.11n	2008 年	2.4/5	20	72.2	1，2，3，4	288.9
			40	150	1，2，3，4	600
IEEE 802.11ac	2013 年	5	20	86.7	1，2，3，4，5，6，7，8	693.3
			40	200		1600
			80	433.3		3466.7
			160	866.7		6933.3
IEEE 802.11ax	2019 年	2.4/5/6	20	143.4	1，2，3，4，5，6，7，8	1147.1
			40	286.8		2294.1
			80	600.5		4803.9
			160	1201		9607.8

2．Wi-Fi 基础知识

（1）Wi-Fi 的频段

国际通信联盟无线电通信局（ITU Radio Communication Sector，ITU-R）定义了工业科学医疗频段（Industrial Scientific Medical，ISM）。此频段属于开放频段，使用者只需要遵守一定的发射功率（一般低于 1W），且不会对其他频段造成干扰，则无须授权许可即可使用。因此，无线局域网、无绳电话、蓝牙和 ZigBee 等都工作在 2.4GHz 频段，这造成了 Wi-Fi 在部署时的干扰问题。同时，5GHz 频段也是 Wi-Fi 使用的频段，国际上定义了 UNII（Unlicensed National Information Infrastructure，无许可国家信息基础设施）频段。

从全球来说，截至 2020 年年底，Wi-Fi 的频段资源分为三个部分频段。

以 FCC（联邦通信委员会）的频谱划分为例：

① 2.4GHz 频段，包括 2.4～2.5GHz 频段，100MHz 带宽，适用于 IEEE 802.11b/g/n/ax。

② 5GHz 频段，包括 UNII-1（5.15～5.25GHz）、UNII-2a（5.25～5.35GHz）、UNII-2c（5.470～5.725GHz）、UNII-3（5.725～5.825GHz）等频段，适用于 IEEE 802.11a/n/ac/ax。

③ 6GHz 频段，包括 UNII-5、UNII-6、UNII-7、UNII-8（5.925～7.125GHz）等频段，1200MHz 带宽。2020 年 4 月，FCC 开放了 6GHz 频段的频谱供未经许可者使用，这意味着 Wi-Fi 今后可

以使用更多开放的无线电波来传输信号，新的商标为 Wi-Fi6E，适用于 IEEE 802.11ax。我国尚未确定是否把 6GHz 频段中的全部 1200MHz 带宽用于 5G 移动通信，也可能参照欧盟的标准，把部分频段留给 Wi-Fi6E。

（2）信道

信道是信号在通信系统中传输的通道，由信号从发射端传输到接收端所经过的传输媒质所构成。Wi-Fi 信道就是以辐射无线电波为传输方式的无线电信道，简单来说就是无线数据传输的通道。国际上按照间隔 5MHz 划分一个信道。以 Wi-Fi 为例，从 2.4GHz 开始进行信道分配，信道从 1 开始编号，2.4GHz 频段一般编号为 1～14，5GHz 频段编号为 34～177，6GHz 频段编号为 191～423。

特别需要注意的是，不同国家和地区的频段资源分配不同，这也意味着不同国家和地区的 Wi-Fi 频段资源是不同的，也就是可用的信道是不同的，如图 3.18 所示，因此 Wi-Fi 设备需要设置地区码，例如，5GHz 频段在中国可用，但可能到日本就不可用了。截至 2020 年年底，我国分配给 Wi-Fi 的信道：2.4GHz 频段为信道 1～13，5GHz 频段为信道 36～64 和 149～165。

频段信道	ISM													
信道	1	2	3	4	5	6	7	8	9	10	11	12	13	14
频率/MHz	2412	2417	2422	2427	2432	2437	2442	2447	2452	2457	2462	2467	2472	2484
中国	是	是	是	是	是	是	是	是	是	是	是	是	是	否
美国	是	是	是	是	是	是	是	是	是	是	是	否	否	否
日本	是	是	是	是	是	是	是	是	是	是	是	是	是	仅 802.11b
欧洲	是	是	是	是	是	是	是	是	是	是	是	是	是	否

频段信道	UNII-1								UNII-2a			
信道	34	36	38	40	42	44	46	48	52	56	60	64
频率/MHz	5170	5180	5190	5200	5210	5220	5230	5240	5260	5280	5300	5320
中国	否	是	是	是	是	是	是	是	是	是	是	是
美国	否	是	是	是	是	是	是	是	是	是	是	是
日本	否	是	是	是	是	是	是	是	是	是	是	是
欧洲	否	是	否	是	否	是	否	是	是	是	是	是

频段信道	UNII-2c											UNII-3				
信道	100	104	108	112	116	120	124	128	132	136	140	149	153	157	161	165
频率/MHz	5500	5520	5540	5560	5580	5600	5620	5640	5660	5680	5700	5745	5765	5785	5805	5825
中国	否	否	否	否	否	否	否	否	否	否	否	是	是	是	是	是
美国	是	是	是	是	是	否	否	否	是	是	是	是	是	是	是	是
日本	是	是	是	是	是	是	是	是	是	是	是	否	否	否	否	否
欧洲	是	是	是	是	是	是	是	是	是	是	是	否	否	否	否	否

图 3.18　2.4GHz 与 5GHz 频段和信道示意图

我国 2.4GHz 频段分配了 83.5MHz 的带宽，所以只有 13 个信道，美国 FCC 定义了 100MHz 的带宽，因而是 14 个信道。在信道带宽上，IEEE 802.11b 和 IEEE 802.11g 还有不同。IEEE 802.11b 的信道带宽是 22MHz，DSSS 的调制模式，对应采样时钟，而 IEEE 802.11g-OFDM 模式下，信道带宽是 20MHz。从 5GHz 频段开始，不再兼容 IEEE 802.11b/g，因此带宽都是 20MHz 的倍数，相邻信道都是相隔 4 个信道号，如 36 的下一个信道是 40，40 的下一个信道是 44，其余类推。

另外，2.4GHz 频段虽然定义了 13 个信道，但实际选择信道时，推荐使用信道 1、6 和 11，因为如果使用 IEEE 802.11b，其工作带宽是 22MHz，而如果使用 IEEE 802.11g/n/ax，则工作带宽是 20MHz，如果要获得带宽没有重叠的信道，那么只有信道 1、6 和 11 的中心频率可以满足这一要求。如图 3.19 所示为 ISM 频段的信道分配，可以看到这三个信道的实际频谱，并没有产生重叠区域。

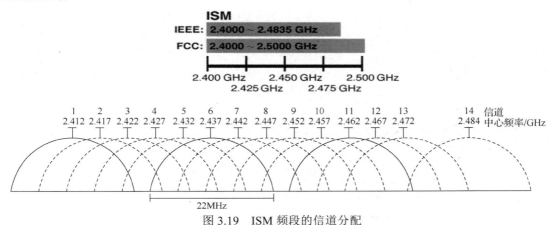

图 3.19　ISM 频段的信道分配

在实际部署无线网络时，相邻小区应尽量使用不重叠的信道，以避免彼此的干扰，如图 3.20 所示。当一个区域需要三个以上 AP（Access Point）进行信号覆盖时，为避免相邻小区使用同一信道，建议分别使用信道 1、6 和 11，但是在两个使用信道 1 的小区中间存在盲区，这会导致移动设备漫游时信号中断。但如果两个使用信道 1 的小区缩短距离，那么又会面临同频干扰加大的问题。因此在无线网络规划中，需要通过蜂窝式的设计来解决相邻信道重叠的问题，同时兼顾信道的交替复用，如图 3.21 所示。

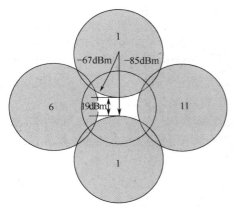

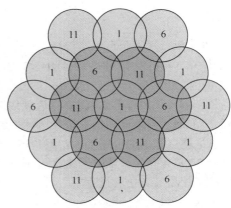

图 3.20　无线网络部署信道选择　　　　图 3.21　蜂窝式组网

蜂窝式组网使得信道可以无限制地复用，可以组建覆盖更大区域的无线网络。不同无线网络的标准在蜂窝式组网时也可以互为补充，因为 IEEE 802.11n 及 IEEE 802.11ac 的工作频段分别处于 2.4GHz 和 5GHz 频段，信号互不干扰，可以在一个小区内共站部署。

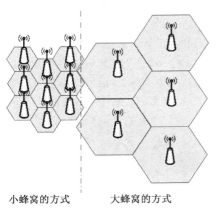

小蜂窝的方式　　　大蜂窝的方式

图 3.22　AP 分布示意图

在进行无线组网时要考虑的一个重要因素是用户容量。用户容量与 AP 数量并不是简单地成正比关系，简单的数量增加会造成信道选择问题。一般采用小蜂窝的方式进行无线网络部署以增加用户容量。在容量要求较高的区域，采用范围更小（调整发射强度等方法）的小区密集覆盖方式，而在范围比较大、容量相对小的区域采用大蜂窝的方式进行部署，如图 3.22 所示。

如今 AP 设备大多支持两种以上的无线标准，如同时支持 IEEE 802.11b/g/n/ax 及 IEEE 802.11a/n/ac/ax，在组网时可以在同一个 AP 上加载两种制式。特别是 IEEE 802.11ac/ax 采用的 5GHz 频段干扰较少，可以满足速率和容量的需求，而 IEEE 802.11n/ax 可以满足覆盖的需求，这样可以发挥两种不同无线标准的优势。

（3）信道捆绑

从 IEEE 802.11n 开始，5GHz 频段允许捆绑信道，即 20MHz 信道可以通过捆绑扩展到 40MHz 信道。而从 IEEE 802.11ac 开始，允许 20MHz 捆绑成 40MHz 信道，两个 40MHz 信道可以捆绑成 80MHz 信道，而两个 80MHz 信道则可以捆绑成 160MHz 信道，如图 3.23 所示。

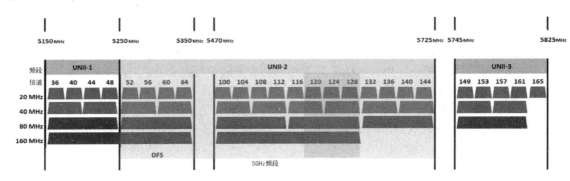

图 3.23　5GHz 频段的信道捆绑

2.4GHz 频段虽然也可以实现捆绑，但一般不建议将 20MHz 信道捆绑成 40MHz 信道，因为我国 2.4GHz Wi-Fi 频段只有 83.5MHz 带宽，如果分配了 40MHz 的带宽，理论上可以分配两个 40MHz 信道，但实际上由于 2.4GHz 频段中存在其他设备使用信道 1、6 和 11，所以很难找到适用的场景，因此一般推荐 2.4GHz 频段使用 20MHz（或 22MHz）带宽。

而在 5GHz 频段上，由于带宽相对充足，可以进行灵活绑定，但需要注意带宽绑定并非越大越好，如同多车道的公路上，占用车道越多，与前方车辆发生冲撞的可能性就越大，160MHz 占用 8 个 20MHz 信道，意味着 8 个信道空闲时，160MHz 才能发挥出高性能，不然将始终处于和其他信道使用者竞争的过程中。

（4）调制编码

信道确定后，按照不同的通信协议，每个信道中的子载波数量也就确定了。例如，IEEE 802.11n/ac 的有效数据子载波数为 64-7-4-1=52，如图 3.24 所示。

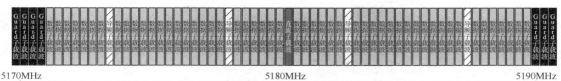

| 5170MHz | | 5180MHz | | 5190MHz |

图3.24　IEEE 802.11n/ac 的子载波分配（总带宽 20MHz）

在 Wi-Fi 通信时，不同的协议会采用不同的调制方式。Wi-Fi4 之前采用的调制方式主要为 BPSK、QPSK、16 QAM、64 QAM，见表 3.7。Wi-Fi4 以后主要为 256 QAM 和 1024 QAM。

表 3.7　Wi-Fi 采用的部分调制方式

调 制 方 式	调 制 编 码	扩 频 方 式	物 理 速 率	最低灵敏度要求（2.4GHz）	最低灵敏度要求（5GHz）
BPSK	二进制相移键控	Baker	1Mb/s	-94	
QPSK	正交相移键控	Baker	2Mb/s	-93	
QPSK	正交相移键控	CCK	5.5Mb/s	-92	
QPSK	正交相移键控	CCK	11Mb/s	-90	
BPSK	二进制相移键控 1/2	OFDM/ERP	6Mb/s		-82
BPSK	二进制相移键控 3/4	OFDM/ERP	9Mb/s		-81
QPSK	正交相移键控 1/2	OFDM/ERP	12Mb/s		-79
QPSK	正交相移键控 3/4	OFDM/ERP	18Mb/s		-77
16QAM	16 正交幅度调制 1/2	OFDM/ERP	24Mb/s		-74
16QAM	16 正交幅度调制 3/4	OFDM/ERP	36Mb/s		-70
64QAM	64 正交幅度调制 2/3	OFDM/ERP	48Mb/s		-66
64QAM	64 正交幅度调制 3/4	OFDM/ERP	54Mb/s		-65

需要注意的是，采用不同的调制方式，意味着抗干扰的能力不同。举例来说，当信噪比变小或者干扰较大时，采用 BPSK 进行信号传输的可靠性要大于 64QAM。因此，在 Wi-Fi 网络中，信标（Beacon）和一些基础服务的信号都是以基本速率来发送的，即采用抗干扰性最强的调制方式。这本无可厚非，但在实际 Wi-Fi 网络中，会有太多的低速信标或基础服务在传送，大大降低了效率，这是导致 Wi-Fi 性能问题的主要因素之一。因为从调制来说，好比一辆每次可以装 8 个包裹的车，但道路颠簸时，包裹容易掉，所以为了更快、更稳地通过道路，每次只装 1 个包裹，即采用 BPSK 或 QPSK 等低效、高可靠性的调制方式，虽然这样可以更安全、更稳定地寄送包裹，但效率很低。

这从 Wi-Fi4（IEEE 802.11n）开始更为明显，由于调制和编码效率提升，每辆车可以装很多包裹，从传输性能角度来说，我们希望每秒内每辆车都装满包裹，而因为 Wi-Fi 中每个符号间隔（Symbol）是固定的，也就是说，每秒通过的车的数量是固定的（每个 Symbol 占用时间一般为 4μs），那么信标或基础服务越多，这种装载量很少的车就越多，Wi-Fi 的整体效率就越低。

（5）接入速率

Wi-Fi 的另一个重要参数是接入速率。使用不同的 Wi-Fi 标准，会有不同的接入速率，这和有线网络固定的接入速率不同。Wi-Fi 会根据标准、位置、天线数量、接收信号强度动态地调整接入速率，但接入速率也是遵循一定规律的。

接入速率计算公式如下：

式中，数据子载波数量、子载波编码位、编码、空间流和字符间隔是决定可能最大速率的主要因素。

不同标准的各个参数可能不同，见表 3.8。由此可进行计算，理解 Wi-Fi 接入速率的规律，见表 3.9。

表 3.8　IEEE 802.11n 和 IEEE 802.11ac 接入速率的相关参数

| 标准 | 调制方式 | | 编码 | 空间流 | 数据子载波数量 | | | | 字符间隔 | 保护间隔 | |
	名称	子载波编码位			20MHz	40MHz	80MHz	160MHz		Long	Short
IEEE 802.11n（HT）	BPSK	1	1/2	1～4 个	52 个	108 个	234 个	468 个	3.2μs	0.8μs	0.4μs
	QPSK	2	1/2&3/4								
	16QAM	4	1/2&3/4								
	64QAM	6	1/2&2/3&3/4								
IEEE 802.11ac（VHT）	BPSK	1	1/2	1～8 个							
	QPSK	2	1/2&3/4								
	16QAM	4	1/2&3/4								
	64QAM	6	1/2&2/3&3/4								
	256QAM	8	2/3&5/6								

表 3.9　接入速率的计算示例

内容（不考虑最小接收灵敏度）	计算代入	接入速率
IEEE 802.11a 和 IEEE 802.11g 可能的最低速率	$48 \times 1 \times 1/2 \times 1/(3.2 \times 10^{-6} + 0.8 \times 10^{-6})$	6Mb/s
IEEE 802.11a 和 IEEE 802.11g 可能的最高速率	$48 \times 6 \times 3/4 \times 1/(3.2 \times 10^{-6} + 0.8 \times 10^{-6})$	54Mb/s
IEEE 802.11n，信道带宽=20MHz，空间流=2，保护间隔为 Short（0.4μs）时可能的最低速率	$52 \times 6 \times 5/6 \times 2/(3.2 \times 10^{-6} + 0.4 \times 10^{-6})$	144.4Mb/s
IEEE 802.11n，信道带宽=40MHz，空间流=2，保护间隔为 Short（0.4μs）时可能的最高速率	$108 \times 6 \times 5/6 \times 2/(3.2 \times 10^{-6} + 0.4 \times 10^{-6})$	300Mb/s
IEEE 802.11ac，信道带宽=40MHz，空间流=2，保护间隔为 Short（0.4μs）时可能的最高速率	$108 \times 8 \times 5/6 \times 2/(3.2 \times 10^{-6} + 0.4 \times 10^{-6})$	400Mb/s
IEEE 802.11ac，信道带宽=80MHz，空间流=2，保护间隔为 Short（0.4μs）时可能的最高速率	$234 \times 8 \times 5/6 \times 2/(3.2 \times 10^{-6} + 0.4 \times 10^{-6})$	866Mb/s

在 Wi-Fi 工作时，如果不考虑最小接收灵敏度（MRS），则 Wi-Fi 设备会根据协议尽力以最高的物理速率接入；在不满足最优传输条件时，会调整实际接入速率，根据基本速率集内的速

率进行降速接入。Wi-Fi4 以上的速率集复杂一些，又分为基本速率集和扩展速率集。

一般信标采用最低的物理速率发送。为了保证基本的业务，例如，IEEE 802.11ac 采用 BPSK 调制方式以 6.5Mb/s 作为基本速率集，此时接收到的信号强度只要大于−82dBm 即可。而在传送数据时，如果想要达到尽可能高的速率，需要接收到的信号强度也尽可能大，如大于−54dBm 时，40MHz 的速率可以达到 200Mb/s。

Wi-Fi6 以前，传输技术方案为 OFDM，而 Wi-Fi6（IEEE 802.11ax）引入了新的 OFDMA 传输技术，IEEE 802.11ax 引入了 12.8μs 的更长 OFDM 字符间隔，是传统 3.2μs 的 4 倍。子载波间隔等于字符间隔的倒数。由于字符间隔较长，子载波间隔从 312.5kHz 减小到 78.125kHz。OFDMA 20MHz 信道总共包含 256 个子载波，如图 3.25 所示。

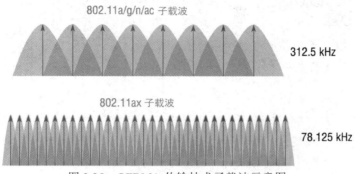

图 3.25　OFDMA 传输技术子载波示意图

故 Wi-Fi6 中将 26 个子载波捆绑在一起形成一个最小的 RU（Resource Unit，资源单元），一个 RU 的频宽为 2MHz（又称为 26-toneRU）。20MHz 带宽最多可以同时有 9 个并发用户。如图 3.26 所示为 20MHz、40MHz 和 80MHz 频宽的 RU 划分情况，有 7 种大小的 RU：26-RU、52-RU、106-RU、242-RU、484-RU、996-RU 和 2x996-RU（160MHz 频宽时）。Wi-Fi6 既支持下行（Downlink）OFDMA，又支持上行（Uplink）OFDMA。

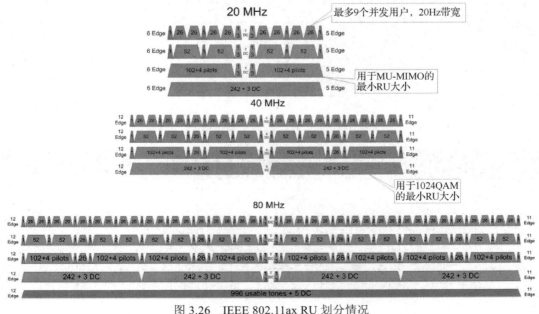

图 3.26　IEEE 802.11ax RU 划分情况

如图 3.27 所示，使用 OFDM 时，固定带宽，数据包一个流里一次只能传送一个用户的数据，哪怕没有占满整个流也是如此。使用 OFDMA 时，如图 3.28 所示，借助 RU 可以更有效地同时传送不同用户的数据包，效率更高。这是 Wi-Fi6 区别于 Wi-Fi5 的重要特征。

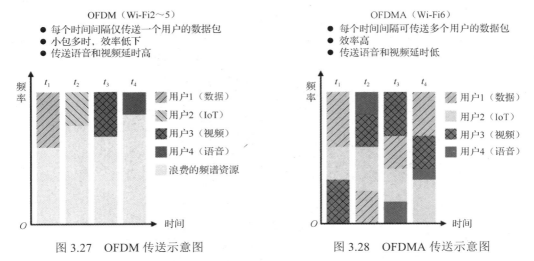

图 3.27 OFDM 传送示意图　　　　　　　图 3.28 OFDMA 传送示意图

传输技术、调制方式和 MCS 编码确定后，可以实现不同的速率，常见单个流即单个天线的接入速率见图 3.29 和图 3.30，图 3.31 为使用 MU-OFDMA 技术的接入速率。理论上，在 160MHz 带宽下单个天线的最高接入速率，IEEE 802.11ac 的为 866.7Mb/s，IEEE 802.11ax 的为 1201Mb/s。

MCS Index		空间流	调制	编码	OFDM (802.11ax以前)							
					20MHz		40MHz		80MHz		160MHz	
802.11n	802.11ac				0.8μs GI	0.4μs GI	0.8μs GI	0.4μs GI	0.8μs GI	0.4μs GI	0.8μs GI	0.4μs GI
0	0	1	BPSK	1/2	6.5	7.2	13.5	15	29.3	32.5	58.5	65
1	1	1	QPSK	1/2	13	14.4	27	30	58.5	65	117	130
2	2	1	QPSK	3/4	19.5	21.7	40.5	45	87.8	97.5	175.5	195
3	3	1	16QAM	1/2	26	28.9	54	60	117	130	234	260
4	4	1	16QAM	3/4	39	43.3	81	90	175.5	195	351	390
5	5	1	64QAM	2/3	52	57.8	108	120	234	260	468	520
6	6	1	64QAM	3/4	58.5	65	121.5	135	263.3	292.5	526.5	585
7	7	1	64QAM	5/6	65	72.2	135	150	292.5	325	585	650
	8	1	256QAM	3/4	78	86.7	162	180	351	390	702	780
	9	1	256QAM	5/6	N/A	N/A	180	200	390	433.3	780	866.7

图 3.29 IEEE 802.11ac 接入速率（单位：Mb/s）

	空间流	调制	编码	OFDM (802.11ax)											
				20MHz			40MHz			80MHz			160MHz		
802.11ax				0.8μs GI	1.6μs GI	3.2μs GI	0.8μs GI	1.6μs GI	3.2μs GI	0.8μs GI	1.6μs GI	3.2μs GI	0.8μs GI	1.6μs GI	3.2μs GI
0	1	BPSK	1/2	8.6	8.1	7.3	17.2	16.3	14.6	36	34	30.6	72.1	68.1	61.3
1	1	QPSK	1/2	17.2	16.3	14.6	34.4	32.5	29.3	72.1	68.1	61.3	144.1	136.1	122.5
2	1	QPSK	3/4	25.8	24.4	21.9	51.6	48.8	43.9	108.1	102.1	91.9	216.2	204.2	183.8
3	1	16QAM	1/2	34.4	32.5	29.3	68.8	65	58.5	144.1	136.1	122.5	288.2	272.2	245
4	1	16QAM	3/4	51.6	48.8	43.9	103.2	97.5	87.8	216.2	204.2	183.8	432.4	408.3	367.5
5	1	64QAM	2/3	68.8	65	58.5	137.6	130	117	288.2	272.2	245	576.5	544.4	490
6	1	64QAM	3/4	77.4	73.1	65.8	154.9	146.3	131.6	324.3	306.3	275.6	648.5	612.5	551.3
7	1	64QAM	5/6	86	81.3	73.1	172.1	162.5	146.3	360.3	340.3	306.3	720.6	680.6	612.5
8	1	256QAM	3/4	103.2	97.5	87.8	206.5	195	175.5	432.4	408.3	367.5	864.7	816.7	735
9	1	256QAM	5/6	114.7	108.3	97.5	229.4	216.7	195	480.4	453.7	408.3	960.8	907.4	816.7
10	1	1024QAM	3/4	129	121.9	109.7	258.1	243.8	219.4	540.4	510.4	459.4	1080.9	1020.8	918.8
11	1	1024QAM	5/6	143.4	135.4	121.9	286.8	270.8	243.8	600.5	567.1	510.4	1201	1134.3	1020.8

图 3.30 IEEE 802.11ax OFDM 接入速率（单位：Mb/s）

协议 802.11ax	空间流	调制	编码	26-tone RU			52-tone RU			106-tone RU			242-tone RU			484-tone RU			996-tone RU		
				0.8μs GI	1.6μs GI	3.2μs GI	0.8μs GI	1.6μs GI	3.2μs GI	0.8μs GI	1.6μs GI	3.2μs GI	0.8μs GI	1.6μs GI	3.2μs GI	0.8μs GI	1.6μs GI	3.2μs GI	0.8μs GI	1.6μs GI	3.2μs GI
0	1	BPSK	1/2	0.9	0.8	0.8	1.8	1.7	1.5	3.8	3.5	3.2	8.6	8.1	7.3	17.2	16.3	14.6	36	34	30.6
1	1	QPSK	1/2	1.8	1.7	1.5	3.5	3.3	3	7.5	7.1	6.4	17.2	16.3	14.6	34.4	32.5	29.3	72.1	68.1	61.3
2	1	QPSK	3/4	2.6	2.5	2.3	5.3	5	4.5	11.3	10.6	9.6	25.8	24.4	21.9	51.6	48.8	43.9	108.1	102.1	91.9
3	1	16QAM	1/2	3.5	3.3	3	7.1	6.7	6	15	14.2	12.8	34.4	32.5	29.3	68.8	65	58.5	144.1	136.1	122.5
4	1	16QAM	3/4	5.3	5	4.5	10.6	10	9	22.5	21.3	19.1	51.6	48.8	43.9	103.2	97.5	87.8	216.2	204.2	183.8
5	1	64QAM	2/3	7.1	6.7	6	14.1	13.3	12	30	28.3	25.5	68.8	65	58.5	137.6	130	117	288.2	272.2	245
6	1	64QAM	3/4	7.9	7.5	6.8	15.9	15	13.5	33.8	31.9	28.7	77.4	73.1	65.8	154.9	146.3	131.6	324.3	306.3	275.6
7	1	64QAM	5/6	8.8	8.3	7.5	17.6	16.7	15	37.5	35.4	31.9	86	81.3	73.1	172.1	162.5	146.3	360.3	340.3	306.3
8	1	256QAM	3/4	10.6	10	9	21.2	20	18	45	42.5	38.3	103.2	97.5	87.8	206.5	195	175.5	432.4	408.3	367.5
9	1	256QAM	5/6	11.8	11.1	10	23.5	22.2	20	50	47.2	42.5	114.7	108.3	97.5	229.4	216.7	195	480.4	453.7	408.3
10	1	1024QAM	3/4	13.2	12.5	11.3	26.5	25	22.5	56.3	53.1	47.8	129	121.9	109.7	258.1	243.8	219.4	540.4	510.4	459.4
11	1	1024QAM	5/6	14.7	13.9	12.5	29.4	27.8	25	62.5	59	53.1	143.4	135.4	121.9	286.8	270.8	243.8	600.5	567.1	510.4

图 3.31　IEEE 802.11ax MU-OFDMA 接入速率（单位：Mb/s）

（6）MIMO 和 MU-MIMO

IEEE 802.11ac 相对于之前较大的变化是采用了 MU-MIMO（Multi-User Multiple-Input Multiple-Output）技术，直译为"多用户多进多出"技术。之前的 MIMO 只能进行一对一传输，无法实现一对多传输。

IEEE 802.11ax 设备借鉴了 IEEE 802.11ac 的部署经验，使用 MU-MIMO 将数据包发送给不同空间的用户。换言之，AP 会计算每个用户的多径条件，并同时将信号发送给不同的用户。IEEE 802.11ac 一次可支持向最多 4 个终端设备发送数据包。如图 3.32 所示，有 3 个终端设备同时通过 MU-MIMO 传输数据。而 IEEE 802.11ax 一次可支持向最多 8 个终端设备发送数据包。而且，每次 MU-MIMO 传输都可能有自己的调制和解码集（MCS）及不同数量的空间流。

图 3.32　有 3 个终端设备同时通过 MU-MIMO 传输数据

3．WLAN 中的常用术语

① WM（Wireless Medium）：无线传输媒介，无线局域网物理层所使用的传输媒介。

② AP（Access Point）：接入点，连接 BSS 和 DS 的设备，通常在一个 BSA 内会有一个 AP。

③ STA（Station）：工作站或终端，设备拥有 IEEE 802.11 的 MAC 层和 PHY 层的接口。

④ SSID（Service Set Identifier）：服务集标识符，即无线网络的名称。

⑤ BSA（Basic Service Area）：基本服务区域。每个几何上的建构区块（Building Block）就称为一个 BSA。建构区块的大小依据该无线工作站的环境和功率而定。

⑥ BSS（Basic Service Set）：基本服务集，BSA 中所有工作站的集合。

⑦ BSSID （Basic Service Set Identifier）：基本服务集标识符，用来标识一个 BSS。

⑧ DS（Distribute System）：分布式系统。通常采用有线网络将数个 BSA 连接起来形成 DS。

⑨ ESA（Extended Service Area）：扩充服务区，DS 连接数个 BSA 所形成的区域。

⑩ ESS（Extended Service Set）：扩充服务集，DS 连接数个 BSS 所形成的服务集。

⑪ DSS（Distribution System Services）：DS 提供的服务，使得数据能在不同的 BSS 之间传送。

⑫ Association：关联，用于建立 AP/STA 之间的映射，并使其可以调用 DSS 服务。

⑬ Authentication：鉴别，一种服务，它用于建立工作站的身份授权，以便关联至工作站集内的其他成员。

⑭ BSS Basic Rate Set：BSS 基本速率集。BSS 的所有 STA 均能接收 WM 或向 WM 发送帧的数据传输速率的集合。BSS 中所有 STA 基本速率集中的数据传输速率都是预先设定的。

⑮ Deauthentication：解除鉴别，使现有的鉴别关系无效的服务。

⑯ Disassociation：解除关联，用于撤销现有的关联。

⑰ Reassociation：重新关联，它能使已建立的关联（AP 和 STA 之间）从 AP 转移到另一个（或同一个）AP。

⑱ Station Basic Rate：STA 基本速率，属于 BSS 基本速率集，用于 STA 的特定传输。STA 基本速率可随每次媒体访问控制（MAC）协议数据单元（MPDU）的传输尝试而频繁地动态变化。

4．WLAN 的网络结构

WLAN 的网络结构主要有以下 6 种。

① Ad-hoc：网络中没有中心 AP 来控制设备通信，而是允许各设备之间直接进行通信。Ad-hoc 设备不能与任何基础设施模式的设备或其他有线网络的设备通信，只可与其他 Ad-hoc 设备进行通信。Ad-hoc 常被用作独立基本服务集（IBSS）的俗称。

② 基础设施（Infrastructure）模式：网络中需要使用 AP 来控制无线网络的通信，通常由无线 AP、无线 STA 和 DS 组成。

③ 多 AP 模式：由多个 AP 和 DS 组成的基础设施模式网络（即 ESA）。

④ 无线网桥模式：采用一对 AP 以网桥模式连通两段 DS。

⑤ 无线中继器模式：采用类似接力的方式进行信号延伸。

⑥ Mesh 模式：由多跳（Multi-Hop）网络组成，是由 Ad-hoc 网络发展而来的。无线 Mesh 路由器以多跳互连的方式形成自组织网络。不同于无线 Ad-hoc 网络节点的移动性，无线 Mesh 路由器的位置通常是固定的；另外，与能量受限的无线 Ad-hoc 网络相比，无线 Mesh 路由器通常具有固定电源供电。

5．WLAN 组网技术的发展

WLAN 组网技术随着标准的发展而变化，特别是 IEEE 802.11n 标准使 WLAN 组网技术有了较大的发展。

在第一代无线组网系统中，每个 AP 是一个蜂窝，被分配一个信道，相邻小区被分配其他非重叠信道。为了降低相互间的无线干扰，在进行部署前需要进行实地 RF（射频）勘测，以确定闲置或者干扰最小的信道。但是，采用第一代系统，一旦网络需要扩容或者调整，之前的很多工作需要重做，包括重新进行 RF 勘测、重新确定合适的 AP 部署位置等。

第二代无线组网系统基于控制器加瘦 AP 架构，其优点在于引入了控制器概念。第一代系统中的 AP 是胖 AP，其配置、认证、管理和安全功能全部集中在一个 AP 上。胖 AP 架构如图 3.33 所示，瘦 AP 架构如图 3.34 所示。

在 AP 的后期管理中，第一代系统的难度和复杂性都比较大。第二代系统则通过控制器完成，其 AP 可以按照覆盖范围变化，自动调整传输功率。通过连续监测无线电波，还能帮助监测并发现无线网络中的非法入侵者，从而免除了技术人员人工采用频谱分析仪进行分析的工作。智能化的控制器减少了大量勘测和维护的工作，使大面积区域的无线组网技术得到了巨大的发展。

但第二代系统还是存在着明显的不足，特别是存在同频干扰问题。同信道的两个 AP 为了避免同频干扰，需要间隔一定距离，而距离会直接导致出现不同的数据传输速率，从而使服务质量（QoS）无法保障。即使在信号强度不足以建立连接的区域，由于信号还是有一定的强度，因此会对工作在这一区域的 AP 产生干扰。第二代系统无法在信号覆盖和吞吐量上做到很好的平衡。2.4GHz 频段只有三个可用信道，理论上可以实现蜂窝式组网，实际上由于现场环境的不同，组网后的实际效果很难确定。IEEE 802.11n 标准对数据传输速率要求较高，在 HT40［即 High Throughput（高吞吐量）40MHz 带宽］传输方式下，2.4GHz 频段只有 1.5 个信道可用，实施组网困难，如图 3.35 所示。即便采用 5GHz 频段解决信道数量问题，IEEE 802.11n 网络覆盖的特点也会使网络规划和维护变得极为复杂。IEEE 802.11n 网络的信号覆盖距离比 IEEE 802.11b/g 的要小，但是由于使用了 MIMO（Multiple Input Multiple Output，多入多出）与 OFDM（Orthogonal Frequency Division Multiplexing，正交频分复用）技术，借助实际环境中的信号反射，形成多径效应，此时空间结构复杂的区域对 IEEE 802.11n 的传输更为有利，而空旷无遮挡物的区域反而无法体现多空间流传输的优势。此时，对于现场勘测来说，不确定因素增多。一些信号弱的地方，其实际吞吐量不一定就是最差的，因而要准确勘测吞吐量大小有时变得颇为困难。

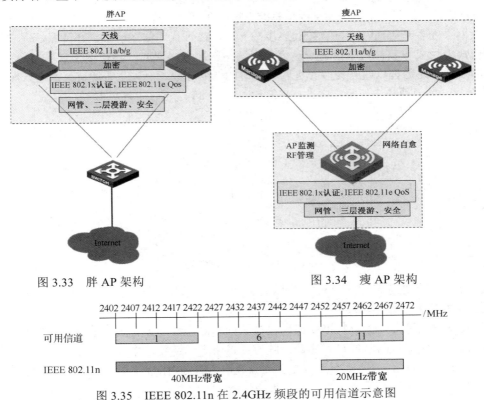

图 3.33 胖 AP 架构   图 3.34 瘦 AP 架构

图 3.35 IEEE 802.11n 在 2.4GHz 频段的可用信道示意图

目前业界也存在经过优化的 WLAN 组网技术，综合考虑第二代系统组网中的问题，提出了信道覆盖（Channel Blanket）的设计思路。信道覆盖和终端接入如图 3.36 所示。此时，AP 仅作为无线收发的节点，所有处于一个层面的 AP 工作于同一信道中，整体信道覆盖看起来就像只有一个 AP 一样，但本质上采用时分的控制方式，降低了部署难度，但牺牲了容量。

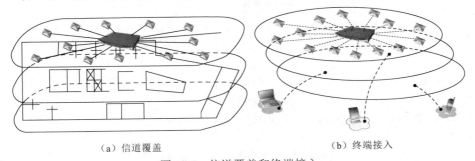

（a）信道覆盖   （b）终端接入

图 3.36 信道覆盖和终端接入

3.2 物理层设备测试相关知识

3.2.1 双工状态

当设备通过线缆进行互连时，可以通过端口的 Link 灯简单判断端口是否已连接启用，这里其实运用了端口自动协商的原理。在 IEEE 802.3 中定义了端口自动协商标准，一个设备向链路远端的设备通告自己所运行的工作方式，并且侦测远端通告的相应的运行方式。自动协商的目的是给共享一条链路的两台设备提供一种交换信息的方法，并自动配置使它们工作在最优能力下。

以太网中的各节点通常通过双绞线连接在一起，在进行通信之前必须在链路速率和全双工/半双工模式上达成一致，这个自适应过程是由链路脉冲来实现的。当在网络中发现新主机时，链路脉冲发送链路通告以建立连接。有两种类型的链路脉冲，一种是普通链路脉冲（NLP），如图 3.37 所示；另一种是快速链路脉冲（FLP），如图 3.38 所示。

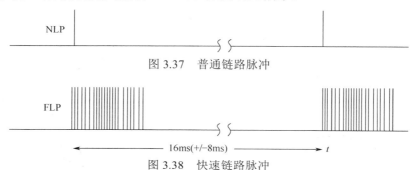

图 3.37 普通链路脉冲

图 3.38 快速链路脉冲

10Base-T 的普通链路脉冲由简单的半波脉冲组成，当数据信号发送处于空闲状态时，在发送线对上 1s 发送 8 个链路脉冲。

快速以太网出现后，国际标准化组织保持了向后兼容性，为自适应选择了简单有效的物理信号协商机制。快速链路脉冲在普通链路脉冲后携带表示链路速率和双工模式的信息。快速链路脉冲以 1 表示有效信息，0 表示无信息，这些数据形成链路配置。数据脉冲在时钟脉冲之间发送，一个 FLP 信号可能具有 17～33 个脉冲，如图 3.39 所示。

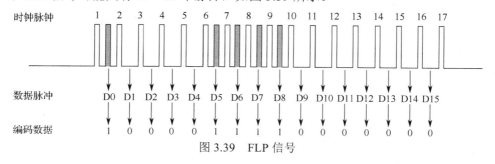

图 3.39 FLP 信号

以太网设备会按照一定顺序选择适当的链路配置，FLP 信号在自适应设备加电后自动产生，也可以通过管理接口手工选择。自适应的优先选择顺序如下：① 1000Base-T 全双工；② 1000Base-T 半双工；③ 100Base-TX 全双工；④ 100Base-TX 半双工；⑤ 10Base-T 全双工；⑥ 10Base-T 半双工。

自动协商机制允许设备使用多种 FLP 链路字，按照优先选择顺序可以很容易地使用不同的 FLP 链路字来确定配置。

现在几乎所有的以太网网卡、交换机和路由器都支持自动协商功能并默认启动自动协商状态，这样无须做任何配置就可以互连，进行组网时无须担忧速率与双工模式的匹配问题。但是，不同厂商的网络产品在实行自动协商方面有一定差别，这些差别就带来了匹配问题。当两台设备互连时，先是以低水平的链路脉冲来确定连接模式，速率的协商很容易配对成功，但是双工模式有时会失败，交换机可能会通告双工模式有问题。

将站点强行设定成全双工或半双工模式也容易存在问题，因为强制设定后不会发送 FLP，则不会告诉对端自动协商站点自己的速率和单、双工模式，自动协商的站点就必须自己决定合适的速率和单、双工模式来匹配对端，这就是并行探测。

为了两端都达到全双工模式，要么两端都自适应，要么两端都强行设定。首选是把两端都设置为自适应模式，可以减少人为错误。

通过查询交换机端口上的错误信息或直接捕获链路上的数据帧可以判断两端的双工模式是否匹配。因为双工模式不匹配会在链路上产生冲突，一端可以同时发和收，而另一端则不能。在半双工模式下，站点一侧会产生冲突，受影响的端口会出现大量数据重传现象。

3.2.2 PoE 供电

以太网传输时，如果使用电缆则普遍会用到双绞线。双绞线成端使用 RJ45 插头，而在交换机或集线器一侧则使用 RJ45 接口。RJ45 和 RJ11 插头均可以和 RJ45 接口相连。RJ11 插头的电话线与 RJ45 接口连接时，如果未做保护，振铃信号很容易将芯片接口击穿，损坏交换机或集线器等连接设备，同时双绞线在传输中很容易串入外界干扰信号，因此需要在接口与双绞线连接处加上一个既能传送的数据信号，又能阻断低频电压和高频 EMI 的器件，它就是网络变压器。如图 3.40 所示，网络变压器内部就是感应线圈。

图 3.40 网络变压器的外观和内部结构

感应线圈的原理是当有频率变化的电流经过初级线圈时，次级线圈中会产生感应电流，如图 3.41（a）所示；而当直流电经过初级线圈时，次级线圈中没有感应电流，如图 3.41（b）所示。

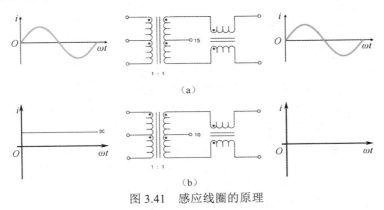

图 3.41 感应线圈的原理

运用这一原理，在集线器或交换机等网络设备中，都加入了网络变压器，如图3.42所示。它的主要作用是：

① 信号传输：阻抗匹配，滤除共模干扰，增强信号，可传递更远距离。

② 隔离：隔离PHY端和RJ45端直流分量，隔离外部干扰，防雷击，耐压2～3kV。

③ 耦合：外部设备为不同电平时，仅耦合交流信号，电平与PHY端一致，可保护PHY芯片。

④ 很好的阻抗转换器。

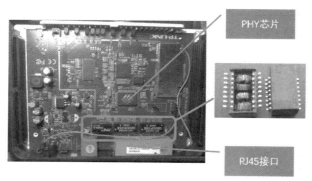

图3.42　宽带路由器中的网络变压器位置

在近些年新的网络终端应用的推动下，类似原来电话交换机的局端供电方式（交换机或网络端供电到终端设备）被广泛应用，如部署Wi-Fi无线接入点和视频摄像头等。因为架设位置的关系，很难在高空或屋顶提前部署供电线缆，此时具有极大灵活性的网线PoE供电成为应用的首选。

PoE，全称为Power over Ethernet，即以太网供电，由于网络变压器的存在，使得PoE同时进行数据传输和供应电能成为可能。PoE中的设备分为PSE（Power-Sourcing Equipment）和PD（Powered Device），其作用和分类见表3.10。

表3.10　PSE和PD的作用和分类表

	PSE	PD
作用	主要用来给其他设备供电	受电的设备
分类	● Midspan设备：PoE功能在交换机或其他网络设备外； ● Endpoint设备：PoE功能集成在交换机或其他网络设备内	● 无线AP； ● IP Phone设备； ● 摄像头； ● 部分小功率的SOHO类交换机

以太网联盟定义的供电类型和级别如图3.43所示。目前主要有以下4种PoE供电类型。

① Type 1，使用2对线（2-Pair）实施PoE，符合IEEE 802.3af标准。它可为每个PoE端口在PSE输出15.4W的功率，为PD提供12.95W的功率。它可以支持的设备包括静态监控摄像头、无线AP和VoIP电话。它支持CAT3线缆或更好的线缆。

② Type 2，与Type 1一样，Type 2也使用2对线实施PoE，符合PoE+或IEEE 802.3at标准。它可为每个PoE端口在PSE输出30W的功率，为PD提供25.5W的功率。它可以将更高功率的设备连接到网络中，例如，云台摄像机、RFID阅读器、视频IP电话和警报系统。而且由于它向下兼容，因此也可以支持Type 1的设备。它支持CAT5e线缆或更好的线缆。

③ Type 3，也称为4对线PoE、4P PoE、PoE++或UPoE。Type 3使用双绞线中的全部4对线（4-Pair）实施PoE，符合IEEE 802.3bt标准。它可为每个PoE端口在PSE输出60W的功率，

为 PD 提供 51W 的功率。它可以支持更高级别的电源设备，包括大功率无线 AP、云台摄像机、楼宇管理设备和视频会议设备。它支持 CAT5e、CAT6 线缆或更好的线缆。

④ Type 4，也称为高功率 PoE。Type 4 提供目前存在的所有 PoE 类型中最高的功率能力。这种 PoE 类型有助于满足网络设备和物联网不断增长的电力需求。它符合 IEEE 802.3bt 标准。Type 4 可为每个 PoE 端口在 PSE 输出 90W 的功率，为 PD 提供 71.3W 的功率。由于有足够的功率，Type 4 可以支持较为耗电的设备，例如，笔记本电脑和平板屏幕等。它支持 CAT5e、CAT6 线缆或更好的线缆。

PoE供电类型和级别	2-Pair PoE+ – Type 2					4-Pair PoE（标准化）			
	2-Pair PoE – Type 1								
级别	0	1	2	3	4	5	6	7	8
PSE 功率/W	15.4	4	7	15.4	30	45	60	75	90
PD 功率/W	13	3.84	6.49	13	25.5	40	51	62	71.3
			4-Pair PoE–Type 3					4-Pair PoE Type 4	

图 3.43　以太网联盟定义的供电类型和级别

PoE 的 Type 1 和 Type 2 两种类型使用两种供电模式进行功率传输：模式 A（又称备选方案 A）和模式 B（又称备选方案 B），分别如图 3.44（a）和（b）所示。

在模式 A 中，供电是和数据同时在线对 1-2 和线对 3-6 上传输的，由于双绞线以太网使用差模信号，供电采用共模信号，因此对数据传输没有干扰，使用网络变压器的中心抽头可以轻松提取共模电压。

在模式 B 中，供电是通过备用线对 4-5 和线对 7-8 传输的，它将数据和供电线对分开，使故障排除更容易。

模式 A 同时兼容 2 对线（例如 10/100Base-T）和 4 对线（例如 1000Base-T）应用，模式 B 只兼容使用双线对数据信号的应用（例如 10/100Base-T）。

4-Pair 模式为 4 对线供电，IEEE 802.3bt 标准包含 Type 3 和 Type 4，这两种与数据线一起可使用所有 4 对线提供电力，如图 3.44(c)所示。该模式还兼容新的标准，包括 2.5GBase-T、5GBase-T 和 10GBase-T。

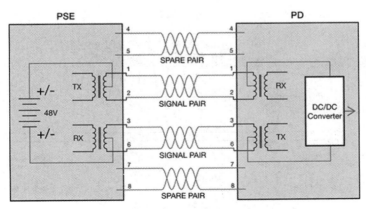

（a）模式 A（又称备选方案 A）

图 3.44　供电模式

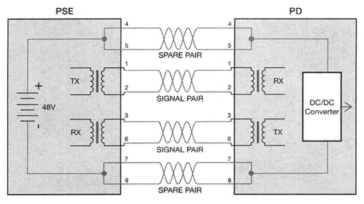

（b）模式 B（又称备选方案 B）

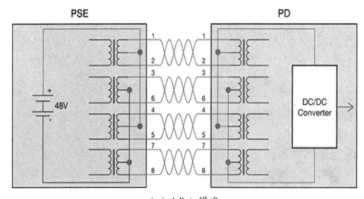

（c）4-Pair 模式

图 3.44 供电模式（续）

PoE 设备一般采用协商方式供电，如果直接使用万用表测量，并不能测得真实电压，一般可使用测试仪获得设备 PoE 信息。PoE 供电过程如图 3.45 所示。

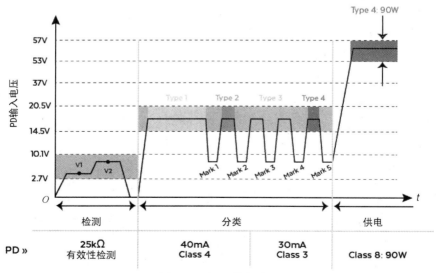

图 3.45 PoE 供电过程

PSE 供电一般需要完成两个阶段，这一过程中通过一系列低压脉冲与 PD 通信。

第 1 阶段：PD 检测。确定 PD 上线所需的适当功率。在检测阶段的第 1 步中，PSE 将确定连接的设备是否正在请求电源。

第 1 步：PSE 将 2.7～10.1V 范围内的两个电压发送到以太网线缆上，PD 呈现 25kΩ 电阻。该脉冲向 PSE 表明所连接的 PD 需要供电。

第 2 步：PSE 将 2.7～10.7V 范围内的电压发送到以太网线缆上，以检查 25kΩ 的有效检测签名。

第 2 阶段：分类。一旦发生 PD 检测，PSE 和 PD 就会进行称为分类的模拟握手。然后，PD 请求功率分类，PSE 向该功率分类回复授予其什么分类（Class 级别）。这个过程称为握手。

分类阶段需要解决的问题是如何区分 PoE 标准，而不会发送可能损坏设备的过高电压。所以 PSE 可以为每种类型（Type）的 PoE 发送一个额外的低压脉冲，而不是一个大脉冲（见图 3.45）。

以 Type 4 为例，它定义为经过 5 个脉冲确认。前两个脉冲消耗 40mA，后续三个脉冲消耗 30mA，此时较低的电流告诉 PSE，PD 需要更高的 Class 8 级别的功率。

完成上述两个阶段后，就会发送功率进行供电了，设备就可以启用了。需要注意的是，PoE 交换机的功率有上限，当设备较多时，如果多个设备加起来的功率超过 PoE 交换机的可用总功率，此时 PSE 仍将为 PD 供电，但功率将降级为低于 PD 请求的功率，即 Class 降级，参考图 3.43，Class 降级意味着功率也降级。

除了设备本身总功率的问题，由于 PoE 在实现供电传输时使用平衡变压器中心抽头接入方式，若要确保供电的长期稳定，还需要网线符合电阻平衡性要求，包括环路电阻、线对电阻平衡性、P2P（Pair to Pair）电阻平衡性三方面的要求。

工程上，抛开网线质量谈 PoE 供电距离是没有意义的。PoE 供电类型和功耗情况如表 3.11 所示。PD 功率的计算公式为：

$$PD 功率 = PSE 输出功率 - 线缆损耗功率$$

表 3.11　PoE 供电类型和功耗情况

	Type 1	Type 2	Type 3	Type 4
应用标准	IEEE 802.3af	IEEE 802.3at	IEEE 802.3bt	IEEE 802.3bt
最大线缆电阻	20Ω	12.5Ω	12.5Ω	12.5Ω
PSE 输出电压	44～57V	50～57V	50～57V	52～57V
PD 输入电压	37～57V	42.5～57V	42.5～57V	41.1～57V
供电线对	2 个线对	2 个线对	4 个线对	4 个线对
最大电流	0.35A	0.6A	1.2A	1.73A
最大每芯电流	175mA	300mA	300mA	432.5mA
PSE 输出功率	44×0.35=15.4W	50×0.6=30W	50×1.2=60W	52×1.73≈90W
线缆损耗功率	0.175×0.175×20×4=2.45W	0.3×0.3×12.5×4=4.5W	0.3×0.3×12.5×8=9W	0.4325×0.4325×12.5×8≈18.7W
PD 功率	12.95W	25.5W	51W	71.3W
支持模式	模式 A 模式 B	模式 A 模式 B	模式 A 模式 B 4-Pair 模式	4-Pair 模式
供电线对与 Class	2 个线对	2 个线对	2 或 4 个线对 Class 0～4 4 个线对 Class 5～6	4 个线对 Class 7～8

如果线缆为劣质网线，电阻超标，意味着线缆上存在明显压降，会增大线缆损耗功率，而为了满足 PD 最大功耗要求，电流会接近或以最大电流输出，会给 PD 端造成风险，要么电流偏大，要么电压不足。如图 3.46 所示，借助 NetAlly 的 LinkRunner G2 测试仪模拟 PD 负载进行 PoE 测试，测试结果为 Class 4，PD 请求功率为 25.5W 功率，图（a）为正常线缆，图（b）为异常线缆，两次测试得到的 PD 端实际电压分别为 52.6V 和 41.9V（小于表 3.11 中 IEEE 802.3at 要求的 42.5V，故出现红色故障提示），这是因为当线缆电阻过大时，将引起压降，导致 PD 上接收到的电压降低，因此右侧自动测试出现红色故障提示。虽然 TruePower 功率测试还是达到了 25.6W，但由于电流输出接近最大值，对于需要长期稳定工作的设备来说存在很大风险。

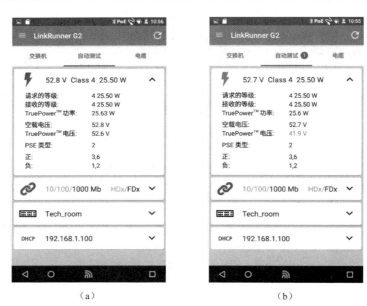

（a）　　　　　　　　　　　　（b）

图 3.46　PoE 供电异常（图片来自 NetAlly LinkRunner G2 测试仪）

所以从稳定供电和传输信号角度看，对线缆电阻应做出必要的要求。

① 环路电阻（解决数据能否传送到对端问题，控制线缆压降）如图 3.47 所示。

图 3.47　环路电阻示意图

要求 CAT5e 以上的线缆所有 4 对线每对线的环路电阻均小于 25Ω。

② 线对电阻平衡性（解决偏流导致初级线圈饱和不工作导致数据信号失真）的计算以及失衡对数据信号的影响如图 3.48 所示。

要求线对不平衡电阻小于 0.2Ω，不平衡性低于 3.0%。

③ P2P 电阻平衡性（解决 4 对供电的并联电阻偏差问题）的计算如图 3.49 所示。

要求 P2P 不平衡电阻均小于 0.2Ω，不平衡性低于 7.5%。

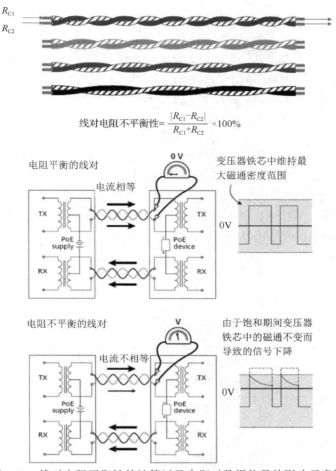

$$\text{线对电阻不平衡性} = \frac{|R_{C1}-R_{C2}|}{R_{C1}+R_{C2}} \times 100\%$$

图 3.48 线对电阻平衡性的计算以及失衡对数据信号的影响示意图

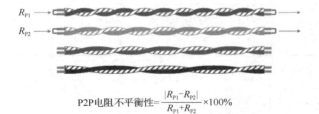

$$\text{P2P电阻不平衡性} = \frac{|R_{P1}-R_{P2}|}{R_{P1}+R_{P2}} \times 100\%$$

图 3.49 P2P 电阻平衡性的计算示意图

3.3　物理层的故障分类

本节分别对双绞线、光纤及无线网络物理层的故障进行描述。

3.3.1　影响双绞线传输质量的因素

超 5 类和 6 类双绞线由于生产成本低和施工便利的优势，应用广泛，但双绞线也存在着一些明显的不足和缺陷。

1．双绞线本身的问题

突出表现在以下几个方面。

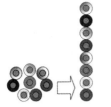

图 3.50 水晶头处开绞后原有的平衡特性被破坏

（1）抗干扰能力弱

虽然通过线对双绞的方式可以抵消部分干扰，且通过密集的绞率和错开分布可以获得更好的抗干扰效果，但是双绞线制造厂商采用了彼此不同的布线设计，质量稳定性差别很大。另外，在双绞线连接处的水晶头和模块（插座）等，开绞后必然会破坏双绞线的平衡特性，如图 3.50 所示。

（2）阻抗一致性差

在千兆网络中，双绞线是全双工模式，这要求线缆具备更加稳定的阻抗，并减少阻抗突变及突变范围。而生产工艺决定了阻抗不可避免会有所偏差，加上设计理念和生产工艺不同，导致双绞线插头和插座进行对接时有匹配兼容性问题。回波损耗作为阻抗测试的相关参数，其测试结果也将随着阻抗不连续而发生变化。表 3.12 列出了双绞线阻抗变化的几种原因。

表 3.12 双绞线阻抗改变的原因

理想线对横截面	变化后的横截面	阻抗变化原因
		绝缘层变化
		芯径变化
		绝缘层和芯径变化
		同心度变化
		间距变化

平衡双绞线要求阻抗为 100Ω，其计算公式为：

$$Z = \frac{120}{\sqrt{\varepsilon_r}} \ln\left(\frac{2S}{D}\right)$$

可使用如图 3.51 所示的双绞线阻抗计算器进行估值计算，例如，当芯径 D=0.57mil（1mil=0.025mm），两个线芯的中心距离 S=1.07mil，介电常数为 2.5 时，阻抗为 100Ω，说明此时双绞线设计是符合平衡性要求的，回波损耗稳定，线缆几乎无反射信号。

（3）接头匹配性差

除了在双绞线中通过控制芯径和线芯间距离来保证阻抗一致性，在水晶头和模块设计中也引入了阻抗补偿匹配的概念。图 3.52（a）水晶头处开绞距离越靠近顶部铜片，其阻抗变异越小。图 3.52（b）水晶头正视图时，

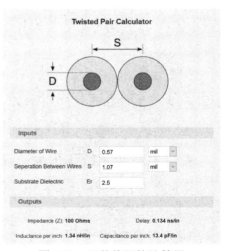

图 3.51 双绞线阻抗计算器

间隔线芯从同一平面到上下相互错开或微距错开，都是为了保持阻抗稳定的设计。

（a） （b）

图 3.52 接头匹配性

　　而模块设计中，由于压接时将开绞线对，必然会破坏阻抗连续性，将双绞线分开，故在模块中引入补偿电路。如图 3.53 所示为模块中的补偿设计，有梳状走线或蛇形走线，其目的是补偿线对间的阻抗失衡，对于 CAT6a 以上模块还会采用多层 PCB（印制电路板）进行层与层补偿。

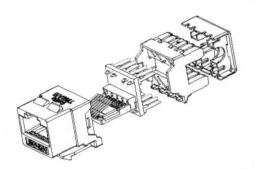  

图 3.53 模块中的补偿设计

　　双绞线和组件不同级别如 CAT5、CAT5e 和 CAT6 等互相之间存在兼容性问题，例如，CAT6 线缆连接 CAT5e 的模块和水晶头，有可能会出现不匹配问题，导致性能下降。其根本原因就是补偿失配，如模块和水晶头补偿不足或过度补偿。

　　（4）信号损耗相对大

　　双绞线以铜为主要介质，相对光而言，信号容易衰减，不适合长距离传输。线缆传输信号时有以下几种损耗。

　　① 电阻性损耗：由线缆本身电阻引起的损耗，一般只有在信号速率比较低或双绞线距离超长时，才需要考虑这个因素。

　　② 趋肤效应损耗：信号衰减根据频率平方根的函数增大。达到一定频率时，这种效应变为主要的衰减形式，是双绞线传输损耗的主要来源。

　　③ 介电损耗：中低频时，几乎没有影响。介电损耗随频率线性增大。当数据传输速率达到 1Gb/s 以上时，介电损耗开始成为主要衰减来源。由于介电损耗与数据传输速率和线缆长度成正比，因此，一旦发生介电损耗，情况将迅速变糟。这个特性决定了线缆传输速率的上限。

　　④ 温度效应：温度对于信号衰减的影响及作用要远远大于其他环境因素。

2．安装工艺

（1）施工不规范：在实际施工安装或在网络维护过程中，不按照布线系统的要求规范进行线缆施工和安装。例如，制作模块时，线缆开绞距离过大；线缆整理时，将动力电缆和信号线缆捆扎在一起；更换跳线时，使用未知性能级别的线缆替换等。

（2）设计安装：设计增加新的信息点时没有进行设计，布线比较随意。规划时没有考虑全面，导致布线不合理等。

3．工作环境

在网络运行中，电磁噪声、温湿度、粉尘、气体或液体侵蚀和虫鼠害等会造成外部干扰。一般可通过 TCL 和 ELTCTL 参数测试（见 3.4.1 节参数定义）评估线缆抗外部干扰的能力。

3.3.2 影响光纤传输质量的因素

光纤传输可以避免铜介质材料传输时的巨大信号衰减，在传输距离上有了质的飞跃。同时在传输容量上更具有铜缆不可比拟的优势。因为光纤的基本成分是石英材料，只传导光，不传导电，所以不受电磁场的干扰。因此在光纤测试和故障诊断时，测试项目和内容要大大减少。目前的现场网络光纤测试主要考虑光功率的衰减及光纤的匹配连通性问题。

综合来看，影响光纤传输的因素分内因和外因，内因主要来自损耗、色散和光纤的非线性效应；外因主要来自施工时的连接、熔接和光纤不当弯曲等。

导致光纤损耗的主要原因见表 3.13。

表 3.13　导致光纤损耗的主要原因

原　　因		描　　述
内因	损耗	本征吸收：光纤石英材料固有的吸收损耗，包括红外吸收和紫外吸收； 杂质吸收：光纤内杂质吸收； 不均匀：光纤材料折射率不均匀造成的损耗； 散射：小于光波长的微粒对入射光的散射
	色散	模间色散：存在于多模光纤中。每种模式到达光纤终端的时间先后不同，造成了脉冲的展宽； 材料色散：不同的波长会导致折射率不相同，传输速率不同就会引起脉冲展宽； 　波导色散（又称结构色散）：横截面积尺寸起主要作用，少部分高频率的光线进入包层，在包层中传输，而包层的折射率低、传播速度快； 　偏振模色散（又称光的双折射）：单模光纤存在不圆度、微弯力和应力，造成相互垂直的 x 轴方向和 y 轴方向折射率不同
	光纤非线性效应	受激散射：包括受激拉曼散射和受激布里渊散射； 折射率扰动：包括自相位调制、交叉相位调制和四波混频
外因	弯曲	光纤弯曲时，部分光纤内的光会因散射而造成损耗
	挤压	光纤受到挤压时，产生微小弯曲而造成损耗
	对接不良	光纤对接时产生损耗，例如，不同轴（单模光纤同轴度要求小于 0.8μm），端面与轴心不垂直，端面不平，对接芯径不匹配及熔接质量差等
	端面问题	端面受到污染引起损耗
	人为衰减	在实际的工作中，有时需要人为进行光纤衰减

3.3.3 影响无线网络传输质量的因素

虽然 IEEE 802.11 不同标准都定义了最大数据传输速率，但是由于诸多原因，实际的吞吐量往往达不到标准给出的数值。主要原因有以下 5 种。

1. 信号损耗

无线信号在空气中传播时遇到障碍物时会发生透射，不同材质的透射能力不同。此外，天线位置、障碍物类型、建筑材料和物理环境等均会对信号产生影响，并且 AP 和 STA 路径与障碍物间的角度对透射情况有很大影响。通常，在垂直时透射能力最强。

在测量无线信号时，使用信号强度来表示，会用到 dBm 和 mW 两个概念，其常见值对应关系见表 3.14，换算公式如下：

$$P_{dBm} = 10 \lg P_{mW}$$

假设发送端设备功率为 100mW（相当于 20dBm），接收端接收为 17dBm，那么损耗为 3dB，即能量损耗了一半。不同的材料对无线信号的衰减程度有所差别。典型材料的无线损耗值见表 3.15。

表 3.14 dBm 和 mW 的常见值对应关系

0dBm	1mW
+3dBm	2mW
−3dBm	1/2mW
+10dBm	10mW
−10dBm	1/10mW
+20dBm	100mW
−20dBm	1/100mW

表 3.15 典型材料的无线损耗值

材　料	应 用 场 景	信号的衰减程度	损　耗
木头	门、隔间	弱	3～6dB
塑料	隔层	弱	3～6dB
玻璃	窗户	弱	6～9dB
砖	建筑墙	一般	8～12dB
纸	壁纸、墙面装修	强	12～15dB
钢筋混凝土	支撑墙、地板	强	12～20dB
金属	天花板、墙面装修、电梯	很强	20dB 以上

2. 数据传输速率

WLAN 传输过程中的数据传输速率会随着信号强度不同发生变化。在无线网络覆盖范围内，随着终端逐渐向 AP 靠近，其接收的信号强度增加，使得终端数据传输速率逐步增大。接收到的信号强度不同，对应着不同的覆盖范围，见表 3.16 到表 3.18。在规划和维护无线网络时，AP 高度在 3m 左右时，可以参考表中范围来进行 WLAN 的管理，SGI 表示短保护间隔。

表 3.16 IEEE 802.11n 2.4GHz 频段 20MHz 单空间流标准的覆盖范围和数据传输速率

数据传输速率 SGI/(Mb/s)	72.2	65	57.8	43.3	28.9	21.7	14.4	7.2
数据传输速率 No SGI/(Mb/s)	65	58.5	52	39	26	19.5	13	6.5
调制与编码方案	64QAM 5/6	64QAM 3/4	64QAM 2/3	16QAM 3/4	16QAM 1/2	QPSK 3/4	QPSK 1/2	BPSK 1/2
接收的信号强度/dBm	−64	−65	−66	−70	−74	−77	−79	−82
办公区域参考范围/m	8	10	11	15	20	22	25	28

表 3.17　IEEE 802.11ac 5GHz 频段 40MHz 单空间流标准的覆盖范围和数据传输速率

数据传输速率/(Mb/s)	200	180	150	135	120	90	60	45	30	15
调制与编码方案	256QAM 5/6	256QAM 3/4	64QAM 5/6	64QAM 3/4	64QAM 2/3	16QAM 3/4	16QAM 1/2	QPSK 3/4	QPSK 1/2	BPSK 1/2
接收的信号强度/dBm	−54	−56	−61	−62	−63	−67	−71	−74	−76	−79
办公区域参考范围/m	5	6	9	10	12	15	18	20	22	25

表 3.18　IEEE 802.11ax 5GHz 频段 80MHz 单空间流标准的覆盖范围和数据传输速率

数据传输速率/(Mb/s)	600	540.4	480.4	432.4	360.3	324.3	288.2	216.2	144.1	108.1	72.1	36
调制与编码方案	1024QAM 5/6	1024QAM 3/4	256QAM 5/6	256QAM 3/4	64QAM 5/6	64QAM 3/4	64QAM 2/3	16QAM 3/4	16QAM 1/2	QPSK 3/4	QPSK 1/2	BPSK 1/2
接收的信号强度/dBm	−51	−53	−51	−53	−58	−59	−60	−64	−68	−71	−73	−76
办公区域参考范围/m	3	4	5	6	9	9	10	12	15	18	20	22

3．信号干扰

无线局域网中，2.4GHz 频段由于只有三个非重叠信道，难免存在同频干扰和邻频干扰，加上外部非 AP 产生的射频干扰信号，都会影响传输性能。另外，在 2.4GHz 和 5GHz 频段如果 AP 绑定信道，使用 40MHz、80MHz、160MHz 带宽时，极易形成信道邻频干扰，如 AP1 设置了 80MHz 信道（36～48），而 AP2 设置了 40 信道，那么在 AP2 工作时，AP1 将不得不进行避让，造成实际 AP1 的信道使用率下降。

4．无线网络容量

为了让每个无线终端都有足够的带宽可利用，一般建议一个 AP 接入 15～20 个终端，若为双频 AP 则终端容量加倍，计算公式为

无线 AP 数量=最大并发终端数÷单个 AP 容纳终端数÷频段数

式中，单个 AP 容纳终端数为 20。

当单个 AP 接入 20 个终端时，应用如果在 IEEE 802.11n 标准下，双天线 20MHz 带宽，理论最大速率为 144.4Mb/s，考虑到管理帧、控制帧的开销，实际可用一般为 60%～70%，假设每个终端也均为双天线，可以达到 AP 的最大接入速率，并发工作时每终端平均最大网络速率也只有 4.3～5.1Mb/s，而这还没有考虑终端距离远近的情况。如果上网终端都距离 AP 相对较远，则终端平均网络速率只会更低。

同样，当单个 AP 接入 20 个终端时，应用如果在 IEEE 802.11ac 标准下，双天线 80MHz 带宽，理论最大速率为 866Mb/s，考虑到管理帧、控制帧的开销，实际可用一般为 60%～70%，假设每个终端也均为双天线，可以达到 AP 的最大接入速率，并发工作时每终端平均最大网络速率也只有 26～30Mb/s，而这还没有考虑终端距离远近的情况，如果上网终端都距离 AP 相对较远，则终端平均网络速率也只会更低。

一般 AP 为双频 AP，支持 2.4GHz 和 5GHz 两个频段，而有的 AP 为三频 AP，提供 2.4GHz 和两个 5GHz 共三个频段，又被称为高密 AP，因为拥有两个 5GHz 频段，例如，信道 36 和信道 149 共站，可提供更多的终端接入，适合电子教室或会议厅等高密场景。

5．设置问题

IEEE 802.11ax 标准支持 2.4GHz 和 5GHz 两个频段，5GHz 频段优势明显，因为它支持多个不重叠的 40MHz 信道。如果将工作频段设置成 2.4GHz 频段，则仅支持一个不重叠的 40MHz 信道，并且由于其他无线设备也使用这一频段，因此频率占用问题会导致无线数据传输速率下降。

3.3.4 影响传输设备传输质量的因素

在站点连接的过程中，通常会借助指示灯判断链路是否激活。Link 灯亮起，一般代表链路激活并且可用。在出现异常情况时，Link 灯通常无法亮起，或者即便亮起，传输也存在错误帧信息，而这一般与站点端口的匹配性相关。

如果传输线路质量较差，电平信号过低，就会造成匹配困难。同样，端口配置问题也会导致自动协商异常。

3.4 综合布线物理层测试和故障诊断

物理层的测试从综合布线系统开始。综合布线是一种模块化和灵活性非常高的建筑物内或建筑群间的信息传输通道，是计算机网络的"龙骨"，连接着各种计算机网络设备。综合布线的部件包括传输介质、相关连接硬件（如配线架、连接器、插座、插头、适配器）和电气保护设备等，通过这些部件来构成布线系统中的各种子系统。

综合布线系统具有开放式结构的特点，能支持电话及多种计算机数据系统，还能支持会议电视等系统，一般典型场景为建筑物综合布线系统和数据中心布线系统。

建筑物综合布线系统根据具体功能不同划分为 6 个子系统：工作区子系统、水平子系统、垂直子系统、设备间子系统、管理子系统、建筑与建筑群子系统。通常会对水平子系统、垂直子系统和建筑与建筑群子系统进行测试和排障。

数据中心机房布线系统按区域划分为 5 个区：主配线区（MDA）、中间配线区（IDA）、水平配线区（HDA）、区域配线区（ZDA）和设备配线区（EDA）。根据 TIA-942 标准，主配线区和水平配线区之间是主干布线，水平配线区和设备配线区之间是水平布线。通常会对主干布线和水平布线进行测试和排障。

在综合布线系统中，水平子系统一般主要采用超 5 类双绞线或 6 类双绞线，少量使用光纤作为水平链路，垂直子系统一般多用多模光纤或单模光纤，建筑与建筑群子系统一般采用单模光纤。数据中心系统中，水平布线采用的双绞线一般为高一级别（如 CAT6a、CAT8 等）的铜缆，主干布线采用高密单模或多模光纤、MPO 或 MTP 单模或多模预制光纤。

3.4.1 水平子系统的测试标准和参数

1．双绞线测试标准和参数

业界对双绞线已经有相当完善的测试体系，测试标准从 20 世纪 90 年代至今已经非常完善。国际主要认可的测试标准是北美 TIA 组织标准和国际 ISO 组织标准。我国主要采用在两大标准组织标准 EIA/TIA 568 和 ISO/IEC 11801 基础上发展而来的国家标准（目前使用《综合布线系统工程验收规范》GB/T 50312－2016）。

双绞线测试定义了两种模型，根据 GB/T 50312－2016，包括永久链路（Permanent Link）和通道链路（Channel Link）测试模型，分别如图 3.54 和图 3.55 所示。

永久链路和通道链路测试模型的区别在于测试服务对象不同。永久链路测试模型适合工程建设项目验收时使用，通道链路测试模型适合综合布线已建成并投入使用后使用；永久链路测试中需要扣除测试跳线的影响，而通道链路测试中会将用户跳线视为测试的一部分链路。双绞线测试参数及针对的故障见表3.19。

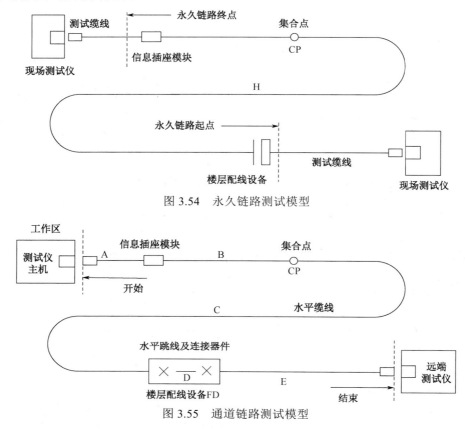

图 3.54　永久链路测试模型

图 3.55　通道链路测试模型

表 3.19　双绞线测试参数及针对的故障

序号	参　数	测　试　描　述	针对的故障
1	连接图	8根线的线序	通断问题
2	长度	线缆两端中的一端发送，另一端接收，只测试一端	通断问题
3	衰减	线缆两端中的一端发送，另一端接收，只测试一端	性能问题
4	近端串音（NEXT）	两线之间，线缆两端均需测试，结果分NEXT（本地）和NEXT（远端）	性能问题
5	近端串音功率和（PS NEXT）	多线之间，线缆两端均需测试，结果分PS NEXT（本地）和PS NEXT（远端）	性能问题
6	回波损耗（RL）	单线对的阻抗连续性情况	性能问题
7	传播延时	以ns来计	性能问题
8	传播延时偏差	线对之间的延时差，以ns来计	性能问题
9	衰减近端串音比（ACR-N）	两线之间，线缆两端均需测试，结果分ACR-N（本地）和ACR-N（远端）	性能问题
10	衰减远端串音比（ACR-F）	两线之间，线缆两端均需测试，结果分ACR-F（本地）和ACR-F（远端）	性能问题
11	衰减近端串音比功率和（PS ACR-N）	多线之间，线缆两端均需测试	
12	衰减远端串音比功率和（PS ACR-F）	多线之间，线缆两端均需测试	性能问题

序号	参　　数	测 试 描 述	针对的故障
13	直流环路电阻	线对电阻	性能问题
14	电阻不平衡	平衡性传输参数，包括线对电阻不平衡性和 P2P 电阻不平衡性	性能问题
15	传输不平衡 TCL 和 ELTCTL	平衡性传输参数，用于测试抗外部干扰性能	性能问题
16	外部近端串音功率和（PS ANEXT）及外部衰减远端串音比功率和（PS AACR-F）	多根线缆间的外部 PS ANEXT 和外部 PS AACR-F	性能问题

双绞线测试参数说明如下。

（1）连接图

连接图（Wire Map）是指线缆两端的接线方式是否匹配。接线有 T568A 和 T568B 两种模式，接线错误将造成网络通信不正常。网线有固定的色标，正确的接线方法如图 3.56 所示。

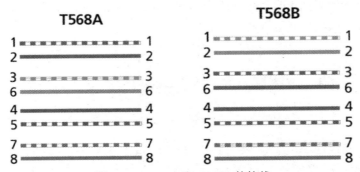

图 3.56　T568A 和 T568B 的接线

T568A 和 T568B 规定引脚 1 和引脚 2 是一对绞线，百兆网中负责网络数据发送，引脚 3 和引脚 6 是一对绞线，百兆网中负责网络数据接收，引脚 4 和引脚 5 是一对绞线，引脚 7 和引脚 8 是一对绞线。典型的接线问题如下。

① 开路：线路中有断开现象，一般主要原因是水晶头处线缆接触不良，可以用线缆测试设备进行故障点定位。

② 短路：线路中有一根或多根线的金属内芯互相接触，导致短路。

③ 错对和跨接：在布线过程中，两端的接线不同，一端是 T568A，另一端是 T568B，如图 3.57 所示。

④ 反接：一对线两端的正、负极连接错误，一般规定奇数线号为正电极，偶数线号为负电极。例如，T568B 模式中引脚 1 的橙白线为第一线对的正极，引脚 2 的橙线为负极，这样可以形成直流环路。

⑤ 串绕：没有严格遵守接线标准是接线中常见的问题。如果把引脚 3 和引脚 4 打成同一线对，会造成较大的信号泄漏，产生近端串音，这会导致上网困难或间接性中断，在速率为 100Mb/s 以上的网络中尤其明显。

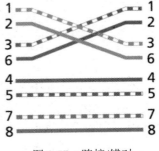

图 3.57　跨接/错对

（2）长度

测试线缆时，各个测试模型所规定的长度（Length）不一样，但基本上遵循了以太网的访问机制 CSMA/CD（载波监听多路访问/冲突检测），以下为各个标准所规定长度的情况：

永久链路：长度极限为 90m，包括两端的信息模块。

通道链路：长度极限为 100m，包括两端的测试跳线、链路中的转接和信息模块。

 小贴士：

我们所说的长度是线缆线对的长度，并不是线缆表皮的长度，因为一般来说线对的长度要比表皮的长度长，并且 4 个线对的线缆长度可能不一样，这是由于每个线对的绞率不同。

要精确的计算线缆的长度，就要有准确的 NVP（额定数据传输速率）值，通过一系列的计算，算出精确的长度。

NVP=信号在线缆中传输的速率/信号在真空中传输的速率×100%

NVP 值一般为 69%，此值可以咨询生产厂商。

（3）衰减/插入损耗

衰减/插入损耗定义为链路传输所造成的信号损耗（以 dB 表示），如图 3.58 所示，一般造成衰减的原因有：线缆材料的电气特性和结构不同、不恰当的端接、阻抗不匹配形成的反射。如果衰减过大，它会造成线缆链路传输数据不可靠。

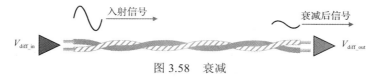

图 3.58　衰减

（4）近端串音

串音是指同一线缆的一个线对中的信号在传输时耦合进入其他线对的能量。一个发送信号线对泄漏出来的能量被认为是这根线缆的内部噪声，它会干扰其他线对中的信号传输。

串音分为近端串音（Near End Crosstalk，NEXT）和远端串音（Far End Crosstalk，FEXT）两种，也称为近端串扰和远端串扰。

近端串音是指处于线缆一侧的某发送线对中的信号对同侧的其他相邻（接收）线对通过电磁感应所造成的信号耦合，如图 3.59 所示。

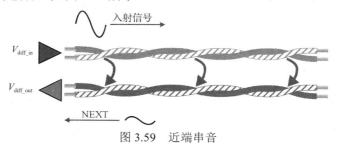

图 3.59　近端串音

在仪表测试设置中，近端串音是用近端串音损失大小来度量的，原为负值，但一般取其绝对值，故近端串音的 dB 值越高越好。高的近端串音值意味着只有很少的能量从发送信号线对耦合到同一线缆的其他线对中，也就是耦合过来的信号小；低的近端串音值意味着有较多的能量从发送信号的线对耦合到同一线缆的其他线对中，也就是耦合过来的信号大。

近端串音并不表示在近端点所产生的串音，它只表示在近端所测量到的值，测量值会随线缆的长度不同而变化，线缆越长，远处返回的近端串音越小，所以近端串音损耗应分别从链路的两端进行测量。现在的测试仪都能在一端同时测量两端的近端串音。

近端串音与线缆类别、端接工艺和频率有关，双绞线的两根线绞合在一起后，因为相位相差 180°而能够抵消相互间的信号干扰，绞距越小抵消效果越好，也就越能支持较高的数据传输速率。在端接施工时，为减少串音，打开绞接的长度建议不能超过 13mm。

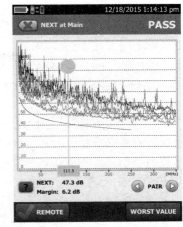

图 3.60　近端串音是频率的函数（图片来自福禄克 DSX2-8000 测试结果）

近端串音类似于噪声干扰，足够大时会破坏正常传输的信号，会被错误地识别为正常信号，造成站点间歇地锁死，网络的连接完全失败。

近端串音也是频率的函数，如图 3.60 所示。

（5）近端串音功率和

近端串音功率和（PS NEXT）是所有其他绕对对一对线的近端串音的功率之和。其故障原因和定位同 NEXT 参数相似，如图 3.61 所示。

（6）回波损耗

网络中，当一对线负责发送数据时，在传输过程中遇到阻抗不匹配的情况则会引起信号的反射或回波，产生回波损耗（Return Loss），如图 3.62 所示，即整条链路有阻抗异常点。在一般情况下，UTP 的链路特性阻抗为 100Ω，在标准里可以有±15%（超 5 类）或±5%（6 类）的浮动，如果超出范围就是阻抗不匹配。信号反射的强弱视阻抗与标准的差值有关，典型例子，如断开，就是阻抗无穷大，导致信号 100%被反射。由于是全双工通信，整条链路既负责发送信号也负责接收信号，遇到反射的信号再与正常的信号叠加后就会造成信号的不正常。合格的回波损耗值对于线对全双工机制的网络来说，尤其重要。

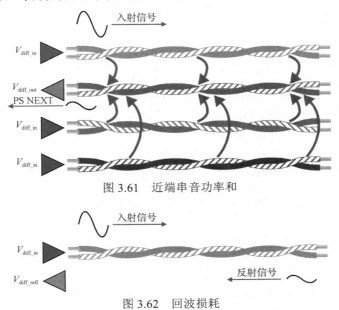

图 3.61　近端串音功率和

图 3.62　回波损耗

（7）传播延时

传播延时（Propagation Delay）是指信号在每对链路上传输的时间，单位为 ns，一般极限值为 555ns。如果传播延时偏大，会造成延迟碰撞增多。

（8）传播延时偏差

传播延时偏差（Delay Skew）是指信号在线对上传输时，传播延时最大值和最小值的差值，单位为 ns，一般在 50ns 以内。在千兆网中，可能使用 4 对线传输，且为全双工，在数据发送时，采用分组传输，即将数据拆分成若干个数据块，按一定顺序分配到 4 对线上进行传输，而在接收时，又按照反向顺序将数据重新组合，如果延时偏差过大，那么势必造成传输失败。

（9）衰减近端串音比

衰减近端串音比（ACR-N）是指衰减与近端串音的比值，单位为 dB，其值并不需要另外进行测量，而是衰减和近端串音的计算结果。

类似于信号噪声比，其含义是一个线对感应到的泄漏信号（NEXT）与预期接收的正常的经过衰减的信号（Att）进行比较：

$$lg(NEXT÷Att)=lgNEXT-lgAtt$$

最后的值应该是越大越好，其曲线如图 3.63 所示。

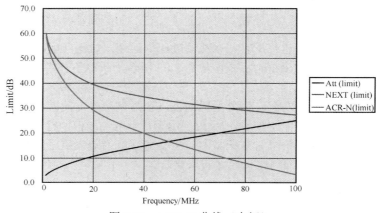

图 3.63　ACR-N 曲线（中间）

（10）衰减远端串音比

与近端串音类似，信号泄漏到远端形成的干扰称为远端串音（FEXT）。衰减远端串音比（ACR-F，旧称 ELFEXT）是相对于衰减的 FEXT（FEXT 与 Att 的比值，类似于 ACR），如图 3.64 所示。

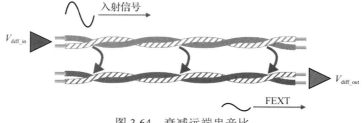

图 3.64　衰减远端串音比

（11）衰减近端串音比功率和

衰减近端串音比功率和（PS ACR-N）定义为多对线对一对线形成的近端串音功率和与衰减或插入损耗的比值。

（12）衰减远端串音比功率和

衰减远端串音比功率和（PS ACR-F，旧称 PS ELFEXT），同样反映的是一对线受到其他线对的影响，类似于 PS ACR-N，只不过其定义为多对线对一对线形成的远端串音功率和与衰减或插入损耗的比值，如图 3.65 所示。

信号
PS ACR-F
衰减
n
ACR-F

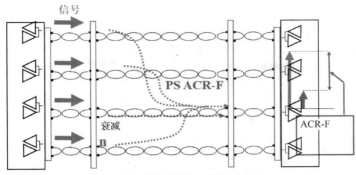

图 3.65　衰减远端串音比功率和

（13）直流环路电阻

直流环路电阻是两根导线电阻的总和，如图 3.66 所示，为 3.72Ω（1.87Ω+1.85Ω）。

（14）电阻不平衡

电阻不平衡是 PoE 场景下需要增加的额外测试。直流（DC）电流会导致线缆中的电流不平衡，从而可能导致电源设备（PSE）的网络变压器线圈饱和，因而无法提供 PoE 功能。

如图 3.66 所示示例中，直流电阻是在每根导线上单独测量的。导线 1 和导线 2 的电阻差值（电阻不平衡）为 0.02Ω（1.87Ω−1.85Ω）。

1.87Ω
1
2
1
2
1.85Ω

图 3.66　线对 1-2 间电阻不平衡

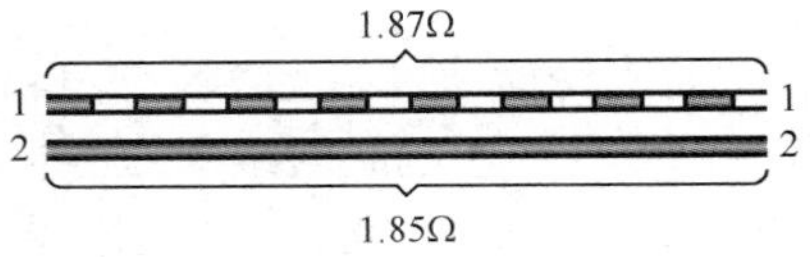

如图 3.67 所示示例中，第一步是计算线对 1-2 的并联电阻，公式为 R1×R2/(R1+R2)，其中 R1 是导线 1 的电阻，R2 是同一线对中导线 2 的电阻。计算得到线对 1-2 的并联电阻为 0.22Ω，线对 3-6 的并联电阻为 0.33Ω，则最终线对 1-2 与线对 3-6 之间的直流电阻不平衡测试结果计算为|0.22Ω−0.33Ω| = 0.11Ω。这将造成 P2P 电阻不平衡，如图 3.68 所示。

R1=0.42Ω
R2=0.45Ω
R3=0.44Ω
R6=1.31Ω
1
2
3
6

图 3.67　P2P 电阻不平衡的计算

DC resistance unbalance between pairs calculation
FAIL
LOOP
PAIR UBL
P2P UBL
VALUE (Ω)
LIMIT (Ω)
1,2-3,6　0.11　0.20
1,2-4,5　0.01　0.20
1,2-7,8　0.01　0.20
3,6-4,5　0.13　0.20
3,6-7,8　0.13　0.20
4,5-7,8　0.00　0.20

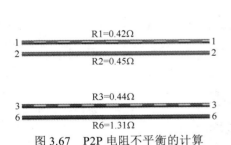

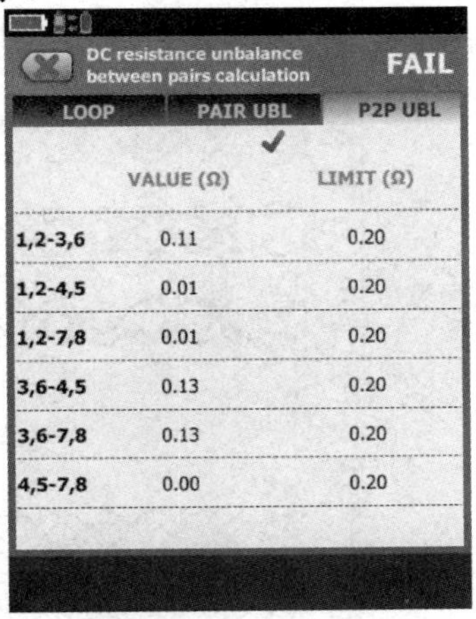

图 3.68　P2P 电阻不平衡（图片来自福禄克 DSX2-8000 测试结果）

（15）传输不平衡 TCL 和 ELTCTL

以太网传输平衡信号，即传输差模（DM）信号，而干扰噪声一般为共模（CM）信号，如果链路具有良好的平衡性，则可以消除注入线缆的噪声，还可以指示链路发出信号的大小。如图 3.69（a）所示，平衡传输的链路可以抵消外部干扰。如果传输链路的平衡性较差，则注入线缆的噪声将成为信号的一部分。链路中的不平衡会导致线对上的输出电压不相等，如图 3.69（b）所示。

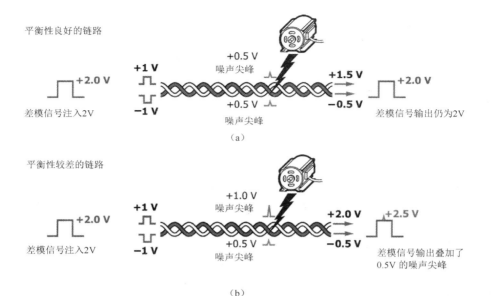

平衡性良好的链路

差模信号注入2V
+2.0 V

+1 V
−1 V

+0.5 V
噪声尖峰

+0.5 V
噪声尖峰

+1.5 V
−0.5 V

+2.0 V
差模信号输出仍为2V

（a）

平衡性较差的链路

差模信号注入2V
+2.0 V

+1 V
−1 V

+1.0 V
噪声尖峰

+0.5 V
噪声尖峰

+2.0 V
−0.5 V

+2.5 V
差模信号输出叠加了
0.5V 的噪声尖峰

（b）

图 3.69　差模信号在链路中传输

这有可能在网络上产生信号错误，从而导致数据链路层信号识别错误，造成重传，降低网络性能。这对于延时敏感型应用的影响很大。在数据中心特别嘈杂并且以 ms 为单位衡量事务处理时间的情况下，重传信号也会导致网络处理出现延迟。

如图 3.70（a）所示，TCL（Transverse Conversion Loss）的测试过程为：将差模（DM）信号注入双绞线，然后测量在同一对双绞线上返回的共模（CM）信号，返回的 CM 信号越小，TCL 测量（平衡性）越好。

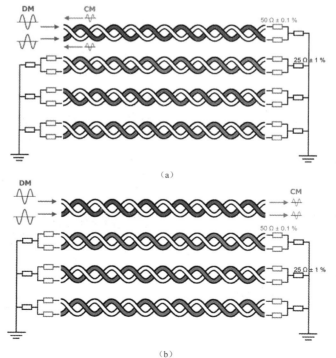

图 3.70　TCT 测试和 ELTCTL 测试

如图 3.70（b）所示，ELTCTL（Equal Level Transverse Conversion Transfer Loss）的测试过程为：将差模（DM）信号注入双绞线，然后在同一双绞线的链路的远端测量共模（CM）信号。从技术上讲，这就是 TCTL。由于链路远端的 CM 信号测量值取决于长度，因此标准应用了等效原理，即 TCTL 经过了整段线缆的损耗之后，实际报告的是 ELTCTL，其中 EL 为等效的意思，它比 TCTL 更有意义。

在远端测得的 CM 信号越小，则 ELTCTL 的测量（平衡性）越好。

（16）外部近端串音功率和（PS ANEXT）及外部衰减远端串音比功率和（PS AACR-F）

外部串音（又称外部串扰）是从一条链路到另一条链路的噪声耦合。如图 3.71 所示，当一根线缆被其他线缆包围时，来自周边其他线缆的噪声会影响其传输数据的能力。

被测外部串音的电缆称为被干扰（受害）线缆，而与之相邻的线缆称为干扰线缆。

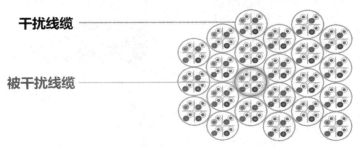

图 3.71　线缆受到外部其他线缆的干扰

如图 3.72 所示，两根线间的 ANEXT 为干扰线缆耦合到被干扰线缆的外部近端串音，AACR-F 为相应的外部衰减远端串音比，而多根线叠加后综合作用的这部分外部串音又分为外部近端串音功率和（PS ANEXT）与外部衰减远端串音比功率和（PS AACR-F）。

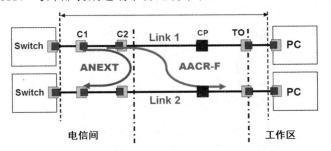

图 3.72　两根线之间的外部串音示意图

2. 光纤测试标准和参数

光纤测试的 GB/T 50312－2016 标准中规定，依据不同波长应测试损耗和长度两项参数。在 TIA TSB-140 标准被纳入 EIA/TIA 568 标准后，国际上将二级测试作为可选测试，并非强制测试内容。TIA TSB-140 标准将光纤测试等级分为一级测试和二级测试两类。

（1）一级测试

一级测试主要用于确保高质量的网络性能和完整性，由三项内容组成：① 验证光纤长度；② 验证极性；③ 测量整个光纤链路的损耗，判断是否小于指定的损耗值。

一级测试结果如图 3.73 所示，所有三个测试项目都可以借助光纤损耗测试装置（Optical Loss Test Set，OLTS）完成。当然，不是所有的 OLTS 仪器都有具备测试长度的能力。虽然有时通过光纤护套上标记的数字也可以推断光纤长度，但是实际数字不一定准确。建议在进行一级测试时测量长度，可以避免光纤超长导致损耗测试结果判断无效。

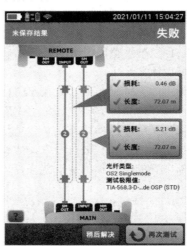

图 3.73　一级测试结果（图中测试标准为 ANSI/TIA 568.3-D）

所有的光纤布线链路都需要进行一级测试，测试基于链路的长度和光纤类型。通过类型选择计算系数，然后乘以长度，计算出允许的最大损耗值。

根据 ANSI/TIA 568.3-D 中的定义，光纤损耗由光纤链路、跳线和连接器损耗构成。链路的损耗定义为：

光纤链路损耗（Link Attenuation）=光纤本身损耗（Cable_Attn）+连接器总损耗（Connector_Attn）+熔接点总损耗（Splice_Attn）

说明：

光纤本身损耗（dB）=损耗系数（dB/km）×长度（km）。

连接器总损耗（dB）=连接器数量×单个连接器的损耗（dB），其中，单个连接器允许的最大损耗为 0.75dB。

熔接点总损耗（dB）=熔接点数量×单个熔接点的损耗，其中，单个熔接点允许的最大损耗为 0.3dB。

如果一根长度为200m的多模光纤有两个连接器，工作波长为850nm，依据 ANSI/TIA 568.3-D 标准，光纤对应的每千米损耗为 3dB，单个连接器的损耗为 0.75dB，则此光纤的最大允许损耗为 2.1dB（3×0.2+2×0.75=2.1dB）。

（2）二级测试

二级测试为一级测试加上 OTDR（Optical Time Domain Reflectometer，光时域反射计）Trace 曲线和事件判断。OTDR 测试可以检测插入损耗、连接器反射、熔接点位置、意外损耗事件等，判断安装质量，而这些在 OLTS 测试中是无法获得的。

二级测试的内容包括：① 验证光纤长度；② 验证极性；③ 损耗；④ OTDR Trace 曲线图和事件。

二级测试引入了 OTDR 轨迹图（或称 Trace 曲线图），这是一个沿着光纤链路基于长度的光纤事件图，如图 3.74 所示。借助轨迹图可以区分光纤中连接器、熔接点和弯折信息。OTDR 轨迹测试得到的损耗不能完全取代 OLTS 测试得到的损耗。两种测试虽然都可以获得损耗值，但是，一级测试模拟实际光纤传输模型，通过光源发送，由对端光功率计接收，符合真实网络中的传输模型。OTDR 测试采用反射原理，由于每段光纤不同器件反射系数存在差异，测量误差相对较大。二级测试多用于故障判断，一级测试用于验收评估，两种测试可以互为补充。

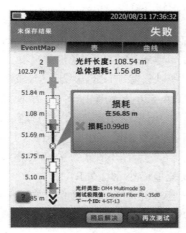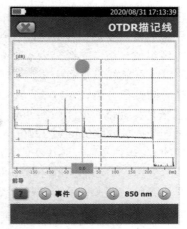

图 3.74　OTDR Trace 曲线图

光纤测试仪进行测试时不仅要考虑损耗，还要考虑模式带宽。万兆网络如 10GBase-SR 要求
OM3 光纤总链路损耗在 2.6dB 以下，而要求 OM2 光纤总链路损耗在 2.3dB 以下。高速网络对光
纤本身提出了高要求。为了提高速率，需要光纤本身支持更高的模式带宽，尤其是广泛应用于
局域网中的多模光纤，不同的模式带宽 MBW（OM1、OM2、OM3、OM4 和 OM5 对应不同的
模式带宽）对应的链路长度有所不同，对应的最大损耗也是有差异的，见表 3.20。换而言之，
仅损耗合格不能保证被测链路可以支持万兆网络，还必须有相对应的模式带宽。

表 3.20　光纤芯径和模式带宽与长度对应表

	光纤芯径/μm	模式带宽/（MHz/km）	光纤的最大支持长度/m
OM1	62.5	200(LED)	33
OM2	50	500(LED)	82
OM3	50	2000(VCSEL)	300
OM4	50	4700(VCSEL)	400
OM5	50	4700(VCSEL)	400

注：满注入采用 LED 光源，有效注入采用 VCSEL 光源。

在测量光纤时要注意色散问题。很多交换机接口的光源已经从 LED 光源改为 VCSEL 光源，
就是为了降低色散，避免传输过程中光信号脉冲被过度展宽。为了更真实地评测光纤的性能，
对于 50μm 的光纤，建议测试中也采用 VCSEL 光源。

小贴士：

光纤测试小结如下。

① 选用正确的测试标准，如元器件标准或应用标准。如果清楚当前网络的应用情况，例如，被测
链路是运行 1000Base-SX 的，那么采用应用标准进行测试；如果不清楚应用情况，那么采用元器件标准
进行测试，如 ISO 和 TIA 中的相应标准。

② 注意模式带宽。在升级链路时，需要考虑当前使用的光纤是否满足最低模式带宽的要求，测试
时也要根据光纤类型，如 OM1、OM2、OM3、OM4 等，进行测试标准选择。

③ 选用正确的光源。测试时选用的光源最好与网络实际使用的光源一致。

④ 根据测试要求来决定选用哪一级的测试。一级测试适用于光纤损耗的认证测试，二级测试适用
于光纤性能评估及故障定位测试。

（3）光纤一级测试方法

一级测试需要测试光纤链路（包括光纤、连接器件和熔接点）的损耗值。

光纤组成光缆，光缆分为水平光缆、建筑物主干光缆和建筑群主干光缆。进行光纤测试前，先对测试光纤跳线设定参考值，进行归零以去除跳线的影响。ANSI/TIA-526-14-D 标准中规定了多模光纤测试参考值设定方法，ANSI/TIA-526-7 标准中规定了单模光纤测试参考值设定方法。

水平光纤链路长度一般在 90m 以下，所以对不同波长下的损耗几乎没有差别。测试时仅需要测试一个波长（850nm 或 1300nm），损耗测试值应小于 2.0dB（具体参照 ANSI/TIA-526-14-D 标准中的方法 B，又称一跳线法）。在带有 CP 点的开放式办公布线环境中，损耗值要小于 2.75dB；在安装有多用户信息插座的环境中，损耗值应小于 2.0dB。

垂直光纤链路应在两个波长上测试至少一个方向的数值。单模垂直链路要测试 1310nm 和 1550nm 两个波长，1550nm 波长比 1310nm 波长的弯曲损耗更大（具体参照 ANSI/TIA-526-7 标准中的方法 A.1）。

多模干线链路需要在 850nm 和 1300nm 波长上按照 ANSI/TIA-526-14-D 标准中的方法 B 进行测试，即一跳线法。

因为主干光纤的长度和熔接点数量不尽相同，所以链路损耗需要进行相关计算。

ANSI/TIA-526 标准提供了多种室内光纤测试方法。在 ANSI/TIA-526-7 标准中给出了单模光纤的三种测试方法，分别是 A.1、A.2 和 A.3，在 ANSI/TIA-526-14-D 标准中给出了多模光纤的三种测试方法，分别是方法 A、B 和 C。具体见表 3.21。

表 3.21　光纤测试方法

测 试 方 法	链路损耗中 包含的连接器	ANSI/TIA-526-14-D （多模）	ANSI/TIA-526-7 （单模）	ISO/IEC 61280-4-1 （多模）	ISO/IEC 61280-4-2 （单模）
一跳线法	二连接器	方法 B	方法 A.1	方法 2	方法 A1
两跳线法	一连接器	方法 A	方法 A.2	方法 1	方法 A2
三跳线法	无	方法 C	方法 A.3	方法 3	方法 A3

1）一跳线法（对应多模的方法 B 和单模的方法 A.1）

一跳线法的测试对象是有两端连接器的室内光纤，其参考连接和测试连接分别如图 3.75（a）和（b）所示。

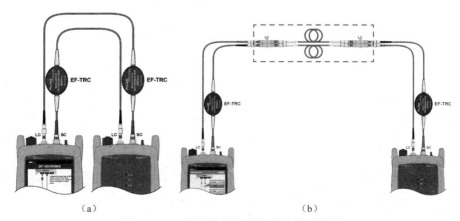

（a）　　　　　　　　　　　　　（b）

图 3.75　一跳线法的参考连接和测试连接

这两种方法对室内光纤网络的测试精确度比较高，测试结果包括被测光纤本身的损耗及两端连接器的损耗。从技术角度讲，这个测试结果还包括了额外连接光纤的损耗，但是其长度非常短，损耗可以忽略不计。

2）两跳线法（对应多模的方法 A 和单模的方法 A.2）

两跳线法的测试对象是一段长距离光纤加一个连接器，适用于长距离光纤链路的测试。两跳线法的参考连接和测试连接分别如图3.76（a）和（b）所示。

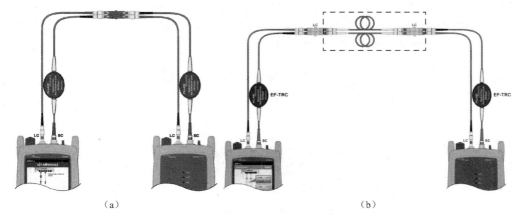

（a）　　　　　　　　　　　　　　　（b）

图 3.76　两跳线法的参考连接和测试连接

这两种方法一直是电信部门测试长距离光纤链路的方法，它们对室内光纤链路测试的精度不够。因为网络实际工作时有两个连接器，而方法 A 只包括了一个连接器，所以在测试光功率损耗时打了折扣。但是，这对长距离光纤链路来说不是问题，因为损耗主要来自光纤本身而不是连接器，室内光纤损耗的主要问题是光纤链路两端的连接器。

3）三跳线法（对应多模的方法 C 和单模的方法 A.3）

三跳线法的测试对象是长距离主干光纤，采用三段跳线设置参考，中间一段采用非常短的跳线，可以忽略该跳线的损耗，测试时替换该段跳线为被测链路，其参考连接和测试连接分别如图3.77（a）和（b）所示。

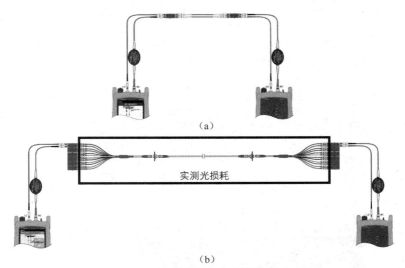

图 3.77　三跳线法的参考连接和测试连接

（4）OTDR 测试方法

二级测试除了一级测试的内容，还会引入 OTDR 进行测试，OTDR 仪器主要用于测试整条光纤链路的损耗情况，并提供基于长度的损耗细节和基于事件的光纤故障原因，可以用于检测、定位和测量光纤链路上任何位置的事件（由于光纤链路中的熔接点、连接器和弯曲等形成的光纤缺陷）。

1）OTDR 测试中涉及的光学现象

OTDR 采用 Rayleigh（瑞利）散射和 Fresnel（菲涅尔）反射进行光纤测试。当光在传输时遇到光纤本身的缺陷和掺杂成分的变化时，光脉冲会发生 Rayleigh 散射。一部分光（大约有 0.0001%）沿脉冲相反的方向进行散射（Rayleigh 逆向散射），如图 3.78 所示。逆向散射光提供了与长度有关的损耗细节。Rayleigh 散射能量的大小与波长的 4 次方的倒数成正比。

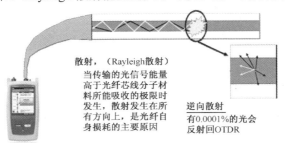

图 3.78　Rayleigh 逆向散射

在两种不同折射率的传输介质边界处（如连接器、机械接续、断裂或光纤终结处）会发生 Fresnel 反射。OTDR 测试用 Fresnel 反射可以准确定位光纤不连续点的位置，如图 3.79 所示。反射大小取决于边界表面的平整度及折射率的差值。由于连接器属于对位连接，本身在连接时存在比较大的折射率差，因此在 OTDR 追踪图中会显示为非常大的突变。

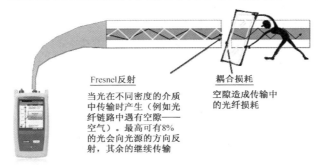

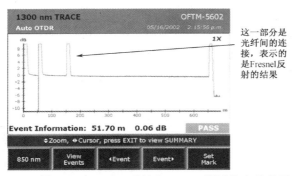

图 3.79　Fresnel 反射在 OTDR 测试仪上的显示

2）测试模型

OTDR 测试分三种测试模型，对应不同的补偿光纤参考设置方法。

① 单向测试 1，适用于含首个连接器判断结果的测试。发射光纤补偿连接和测试连接分别如图 3.80（a）和（b）所示。测试连接图中灰色链路表示已扣除发射补偿光纤，高亮链路为实测部分。

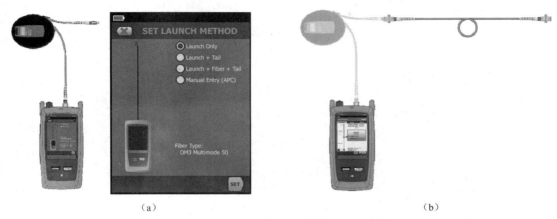

（a）　　　　　　　　　　　　　　　　　　　　　（b）

图 3.80　发射光纤补偿连接和测试连接

② 单向测试 2，适用于含首末连接器判断结果的测试。发射接收光纤补偿连接和测试连接分别如图 3.81（a）和（b）所示。测试连接图中，灰色链路表示已扣除发射和接收补偿光纤，高亮链路为实测部分。

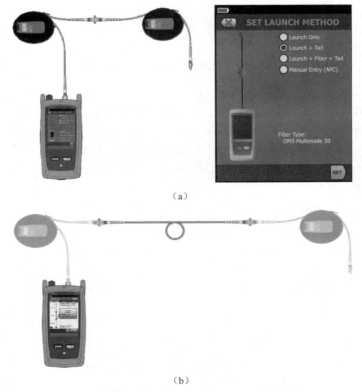

（a）

（b）

图 3.81　发射接收光纤补偿连接和测试连接

③ 双向测试，适用于双向含首末连接器判断结果的测试。双向测试光纤补偿连接和测试连接分别如图 3.82（a）和（b）所示。测试连接图中，灰色链路表示已扣除发射、环回和接收补偿光纤，高亮链路为实测部分。

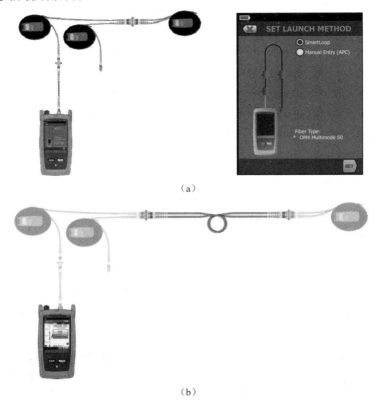

（a）

（b）

图 3.82　双向测试光纤补偿连接和测试连接

3）OTDR 测试原理

OTDR 测试的原理框图如图 3.83 所示。脉冲发生器发出宽度可调的窄脉冲驱动激光二极管，产生所需宽度的光脉冲（通常为 3ns～20μs），经方向耦合器后，入射到被测光纤中，光纤中的逆向散射光和 Fresnel 反射光经方向耦合器进入高敏探测器，探测器把接收到的散射光和反射光信号转换成电信号，放大后送信号处理部件处理（包括采样、模数转换和求平均值），结果再送到显示部分进行最终显示。

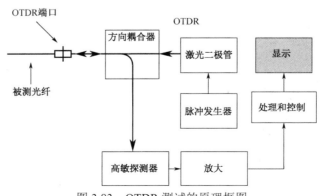

图 3.83　OTDR 测试的原理框图

OTDR Trace 曲线图如图 3.84 所示，其中，纵坐标表示功率，横坐标表示距离。

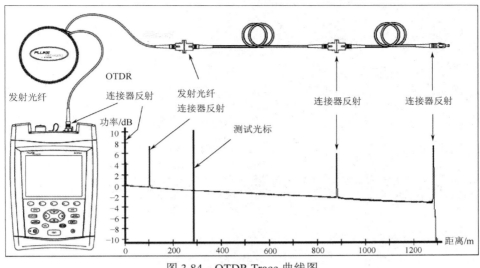

图 3.84　OTDR Trace 曲线图

4）OTDR 测试结果的类型

OTDR 测试仪对光纤链路中存在的各类事件进行测试和定位，如损耗、增益和熔接等，大致可分为三类。

① 事件测试：距离、损耗、反射等。

② 光纤段测试：段长度、段损耗（dB）或损耗系数（dB/km）、段回波损耗等。

③ 整个链路测试：总链路长度、总链路损耗（dB）和总链路回波损耗。

OTDR 测试仅进行单端测试，另一端不能有光发射信号，以免造成测试仪损坏或影响测试结果。

OTDR 测试通过来回反射的原理进行长度计算，在发送端测量从发出光信号到接收到返回光信号之间的时间，计算出总链路长度，公式如下：

$$L = \frac{c \times \Delta t}{2IOR} = \frac{3 \times 10^8 \times \Delta t}{2IOR}$$

其中，L 的单位是 m，c 是光在光纤中传输的速度，Δt 为传输往返的时间，IOR 为平均折射率。

5）损耗系数

随着距离的增大，Rayleigh 散射信号会减弱。伴随着信号通过的距离的增大，总链路损耗也不断增大，所以 OTDR Trace 曲线会向下倾斜。测试中，经常需要运用标记的方式来测量分段距离上的损耗。将分段损耗除以长度，得到损耗系数（dB/km），如图 3.85 所示的测量结果，其损耗系数为 0.3dB/km。

若一个单模光纤（损耗系数=0.2dB/km）两端器件的输出功率为+3dBm，其接收端的接收灵敏度为−22dBm，则放大增益为 25dB，理论上有效传输距离为 125km（25/0.2），考虑到实际链路中存在的其他损耗因素，实际距离肯定要小于这一距离。

6）几个参数和概念

在进行 OTDR 测试时，仪器配置的相关参数和重要概念说明如下。

① 最远测试距离

OTDR 测试仪的最远测试距离可以通过计算得到，但是要根据工程情况加上一定的经验进行修正，以弥补理想情况与实际情况间的差距。

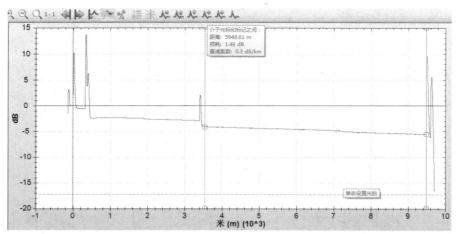

图 3.85　损耗系数（衰减系数）测量结果

最远测试距离计算公式如下：

$$L_o = (P - A_c - M_c - M_a)/(A_f + A_s)$$

式中，P 是 OTDR 测试仪的动态范围，A_c 是 OTDR 测试仪、光器件、滤波器和机械接头等设备的介入损耗之和，M_c 是光纤链路富裕度（dB），M_a 是测试精度富裕度（dB），A_f 是光纤损耗系数（dB/km），A_s 是熔接点损耗系数（dB/km）。

② 动态范围

动态范围对最远测试距离影响最大，同样性能的 OTDR 测试仪，由于动态范围定义不同，实际测量值也不同。在选择 OTDR 测试仪时，需要弄清楚其动态范围是如何定义的。最常用的是 RMS 取值法（SNR=1），一般以起始端反向散射能量与 RMS 均方根噪声的 dB 差值作为动态范围，如图 3.86 所示。如果采用端检测方式，则取距离起始端 4%的 Fresnel 反射信号峰值与 RMS 均方根噪声的 dB 差值作为动态范围。在端检测方式下计算出的动态范围值，在同等条件下高于用 RMS 取值法获得的值。

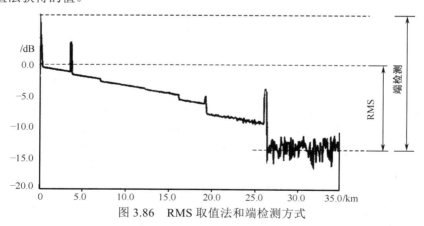

图 3.86　RMS 取值法和端检测方式

③ 测试量程

在测试时，最远测试距离与 OTDR 测试仪的测试量程设置相关。测试量程是指在 Trace 曲线图上显示的最大距离，如果测试时曲线图没有显示出末端时间，则需加大测试量程。OTDR 测试仪的自动模式适合普通测量，手动模式适合精确测量。在手动测试时，选择距离一般是实际距离的 1.5～2 倍。合适的测试量程有利于后续分析时获得良好的可视性，既可以看到被测链路的情况，也可以看到噪声部分。

④ 脉冲宽度

脉冲宽度也是一个非常重要的参数。在进行 850nm 波长测试时，脉冲宽度一般取 3、5、20、40 或 200ns；在进行 1300nm 波长测试时，脉冲宽度一般取 3、5、20、40、200 或 1000ns；单模光纤的脉冲宽度一般取 3、10、30、100、300、1000、3000、10000 或 20000ns。在 OTDR 光源功率恒定的情况下，脉冲宽度越大，发出的光能量越强。大宽度脉冲光信号在连接器上形成的 Fresnel 反射能量较大，可能会淹没反向 Rayleigh 散射，如图 3.87 所示。

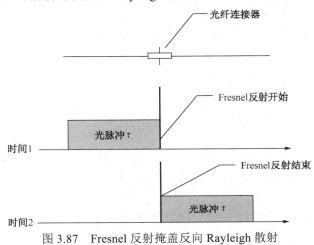

图 3.87　Fresnel 反射掩盖反向 Rayleigh 散射

在光脉冲 τ 的范围内，如果出现相邻事件（连接器或熔接等），将很难被发现，因此相应的事件死区及衰减死区也增大。

脉冲宽度的选择原则：长距离大脉冲宽度，高分辨小脉冲宽度。小脉冲宽度有利于详细观察反射事件附近的情况，判断是否存在隐藏事件。小脉冲宽度可以缩短盲区的范围，但反向 Rayleigh 散射强度也会相应变弱，导致 Trace 曲线不稳定，在衰减判别时会引入误差。同时，由于反向散射微弱，测试距离也会变短，在分析时常常会受到背景噪声的影响，一些小的损耗事件如光纤宏弯等往往被隐藏在噪声中，使得结果判断和分析时的难度增加。大脉冲宽度可以提高反向散射信号强度，对于非反射事件可以提供良好的信噪比，帮助分析小的损耗事件并精确测量，但会增加判断盲区，使得发生反射事件后某段距离内的事件被隐藏。

⑤ 平均时间

对要求较高的场合，要进行多次测试。也可以通过双向测试或多次测试取平均值，克服盲区产生的影响。平均时间是测试仪用于测量和统计测量数据所耗费的时间。为了适应测试现场的实际情况，一般采用手动设置平均时间的方式。测试时间越长，测试 Trace 曲线中的随机噪声就越精确，增加了实际可用的动态范围和损耗事件判定的精度，可以观察到如熔接或弯曲等小事件。但测试耗费的时间和效率在实际应用中也是必须要考虑的，所以一般选择平均时间在 20～180s 范围内，以达到相对比较理想的测试结果。

⑥ 光纤折射率

现在使用的单模光纤折射率基本在 1.4600～1.4800 范围内，折射率会直接影响 OTDR 测试的定位精度。长度测量误差与折射率的关系如下：

$$L_0 - L_1 = L_0 \times \frac{n_0 - n_1}{n_1}$$

式中，L_0 为实际长度，L_1 为测试长度，n_0 为实际折射率，n_1 为测试设置的折射率。

如果实际折射率为 1.466，在 OTDR 测试仪中设置成 1.465，折射率误差为 0.001，每千米可引起 0.68m 的误差，10km 的光纤误差就可以达到 6.8m，对故障定位影响较大。

⑦ 反向散射系数

OTDR 测试仪设置的反向散射系数由光纤生产厂商提供，其值对反射事件定位和链路总回波损耗影响较大。

⑧ 反射

反射是指高出反向散射水平部分与源光脉冲的比值，通常为负数，其值越接近 0 代表反射越大，是判别连接器质量的一个重要指标。表 3.22 中给出了典型器件的反射值。

表 3.22　典型器件的反射值

器　件	光纤剖面良好的终端	合格的多模 PC 连接器	合格的单模 PC 连接器	合格的 APC 连接器	合格的熔接点
典型值	−14dB	≤−35dB	≤−50dB	≤−60dB	≤−60dB

⑨ 典型波长

OTDR 测试时使用的典型波长为 850nm、1300nm、1310nm 和 1550nm。短波长在被测光纤近处的反向 Rayleigh 散射相对大一些，成形的 Trace 曲线容易识别。而距离较远时，短波长比长波长成形的 Trace 曲线差些。对于距离较长的单模光纤，一般采用 1550nm 波长进行测试，如果需要获得更好的图形曲线，可以采用 1310nm 波长。

⑩ 死区

死区又称"盲区"，通过 Fresnel 反射原理进行测试时，在一定的距离范围内，Trace 曲线无法反映光纤的状态。其主要原因是，光纤链路上的 Fresnel 反射强信号使高敏探测器进入饱和状态，因此需要一定的恢复时间。一般在两个连接器非常接近时，容易产生死区。死区分为事件死区（EDZ）和衰减死区（ADZ），如图 3.88 所示。事件死区仅对 Fresnel 非饱和反射有效。

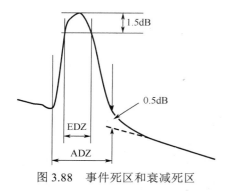

图 3.88　事件死区和衰减死区

小贴士：

事件死区——两个反射事件可分辨的最小距离，此时到每个事件的距离可测，但每个事件各自的损耗不可测。

衰减死区——各自的损耗可以分别被测量时的两个反射事件之间的最小距离，通常，衰减死区是脉冲宽度（用距离表示）的 5～6 倍。

（5）OTDR 测试结果中的事件分析

图 3.89 是一个比较典型的多模光纤测试结果，测试波长为 850nm，曲线横坐标为长度（单位为 ft，英尺），纵坐标为反射水平（单位为 dB），数字标注处为各类不同的事件。

① 发射端口事件：表示该处为 OTDR 测试端口，即测试的起点。

② 反射事件：表示该处存在连接器。当遇到连接器时，会形成像镜面一样的 Fresnel 反射，能量较反向 Rayleigh 散射要高很多，在图形上会形成尖峰状脉冲。尖峰脉冲前后的落差就是该连接器的插入损耗大小。

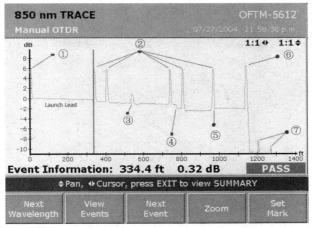

图 3.89　OTDR 测试结果

③ 反射事件：表示该处存在机械熔接的情况。

④ 损耗事件：表示该处存在熔接、宏弯或光纤受到挤压变形的情况。

⑤ 增益事件：表示光纤类型不匹配。由于光纤中采用了连接器，在连接前后的两端光纤的反向散射系数可能不同，如 50μm 和 62.5μm 的光纤对接时，由于光脉冲在连接点反射回来的散射反而大于遇到连接之前的，所以在图形上看，好像光纤发射水平被抬高，出现了增益现象。如果出现这样的图形，则需要进行双向测试。

⑥ 末端事件：被测链路的末端。

⑦ 幻象事件：脏的连接器截面、裂缝或宏弯等可能造成光脉冲在连接器和发射接收端来回振荡。引起幻象事件的原因可能是光纤污染、刮伤、裂开、对位不齐或连接不良。有问题的连接器需要进行清洁、修复或更换。如图 3.90 所示，在 164.38ft（1ft=30.48cm）处的损耗非常高，达到了 2.70dB（理想值应该在 0.75dB 以下），形成幻象干扰源。

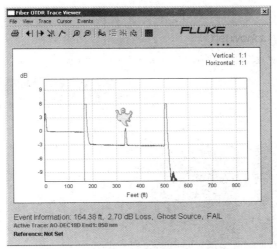

图 3.90　幻象事件

识别幻象事件的简易方法就是检查损耗。如图 3.91 所示，当放大幻象事件点附近的 Trace 曲线时，事件点前后的损耗差值几乎为 0，说明这个脉冲峰值并非反射事件（如连接器）引起的，只是一个幻象事件，在接近 164.38ft 两倍的位置，是由于 164.38ft 处的连接器造成的。

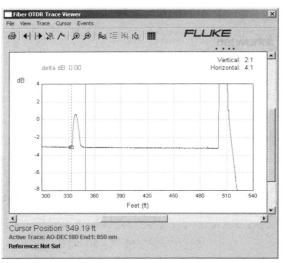

图 3.91　放大幻象事件点附近的 Trace 曲线

3．无线网络中物理层的主要测试项目

① 信号强度测试：了解实际 AP 的覆盖范围以及对障碍物的穿透能力。

② 噪声强度测试：测试不同信道内的噪声强度。

③ 信噪比：信号和噪声的比值。

④ 频段占用测试：获得频段内其他通信系统和设备的频率使用情况，以便对即将部署的无线系统或维护中的系统进行信道优化。

3.4.2　综合布线系统故障诊断

1．双绞线介质故障诊断

双绞线故障类型众多，图 3.92 是 Fluke DSX2-8000 线缆认证分析仪和测试结果，表 3.23 中列出了常见的双绞线故障。通常，测试工具会给出相应的故障排除提示，帮助快速查明故障原因。以下给出一些典型故障案例，采用的测试工具均为 Fluke DSX2-8000。

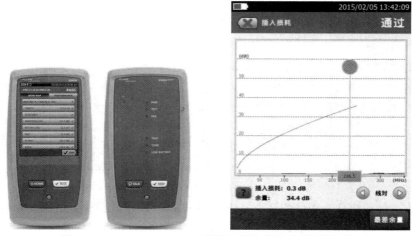

图 3.92　Fluke DSX2-8000 线缆认证分析仪和测试结果

表 3.23 常见的双绞线故障

测 . 试 项 目	测 试 结 果	可 能 原 因
连接图	开路	线路在连接处因外力而折断 线缆敷设到错误的连接点 导线没有正确压入模块，在信息模块内未形成接触 连接器不良 导线被切断或损坏 导线在信息模块或水晶头中被连接到错误的引脚上 特定应用的线缆（以太网仅使用了线对 1-2 和线对 3-6）
	短路	错误的连接器端接 连接器损坏 在连接处有导体材料粘在引脚之间构成了回路 线缆损坏 特定应用的线缆（工厂自动化）
	反接	线对接反，无法形成回路
	跨接	线路在连接器处或模块中被连接到错误的引脚上 两端混了 T568A 和 T568B 模式 使用了交叉线（线对 1-2 和线对 3-6 交叉）
	串绕	使用了错误的线对，如绿色线对接到线对 3-4 上
	屏蔽层不连续	屏蔽层在某处不连续，有破损，不一定断开
长度	长度超出限制	线缆过长 错误地设置了 NVP 值[①]
	报告的长度短于 已知的长度	线缆中存在断线
	一个或多个 线对非常短	线缆损坏 连接有问题
传输延时和传输延 时偏离	超过限制	线缆太长（传输延时过大） 线缆不同的线对使用了不同的绝缘材料和绞率（延时差）
衰减	超过限制	线缆太长 线缆绞对不合标准或跳线质量差 高阻抗连接 错误的线缆类型 对被测链路选择了错误的自动测试标准
近端串音和近端串 音功率和	通过或失败	连接点对绞不好 插头和插座匹配不良（6 类线/E 级链路需要保证元器件的一致性） 错误的链路适配器（在 6 类链路中使用了 5 类适配器） 跳线质量差 连接器损坏 线缆质量差 串绕线 耦合器使用不当 尼龙扎带绑扎过紧，导致过大的线对间压力 测试现场存在过量的电磁噪声干扰源
	未预期的通过	NEXT 曲线显示低频"失败"但总结果仍通过（根据 4dB 原则，对于 NEXT 的结果，当插入损耗小于 4dB 时，并不判定"失败"）

测 试 项 目	测 试 结 果	可 能 原 因
回波损耗	通过或失败	跳线阻抗不是100Ω 制作跳线时操作错误，改变了阻抗值 安装操作失误（未对绞或线缆打结） 多余的线缆被紧塞在电信插座盒中 连接器质量差 线缆阻抗不一致 线缆阻抗不是100Ω，使用了120Ω的线缆 跳线与水平线缆的接头处阻抗不匹配 插头和插座匹配不良 选择了不合适的自动测试标准 链路适配器存在缺陷
	未预期的通过	选择了错误的自动测试标准（更容易通过RL测试极限） RL低频"失败"但整体结果仍通过（根据3dB原则，当链路的插入损耗小于3dB时，总的测试结果不会判为"失败"）
ACR-F 和 PS ACR-F	通过或失败	由NEXT故障引起 存在成盘的且卷绕过紧的线缆
屏蔽层	通过或失败	屏蔽包裹结构不稳定，造成屏蔽不连续，高频时形同断开
TCL	通过或失败	线对抗外部干扰能力不足
ELTCTL	通过或失败	线对抗外部干扰能力不足
线对电阻不平衡性	通过或失败	线对两芯线电阻偏差大
P2P电阻不平衡性	通过或失败	线对和另一个线对的并联电阻偏差大
环路电阻	通过或失败	线缆长度超长 触点氧化导致连接质量不好 边缘残留的导体导致连接质量不好 导线芯径过细 错误的跳线类型

① 标准定义线路的长度为最短线对的长度。每个线对的 NVP 值都有所不同，因此每个线对可能报告为不同的长度。这可能会导致一条线路 4 个线对中的 3 个线对长度超过极限，而链路却通过了测试（4 个线对的长度分别为 101m、99m、103m 和 102m）。

典型故障 1：双绞线的连通性故障

双绞线故障中，最常见的就是连通性问题。

采用 Fluke DSX2-8000 进行连通性测试，结果如图 3.93 所示。

（a）开路　　　　　　　（b）交叉　　　　　　　（c）短路　　　　　　（d）屏蔽层不连续

图 3.93　连通性测试结果

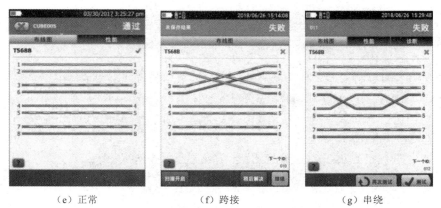

（e）正常　　　　　　　　　　（f）跨接　　　　　　　　　　（g）串绕

图 3.93　连通性测试结果（续）

🧰 **典型故障 2：线缆超长引起的故障**

在综合布线系统标准中规定，通道链路的最大长度在 100m 以内。采用 Fluke DSX2-8000 进行长度测试，结果如图 3.94 所示，本例为长度合格线缆。

图 3.94　长度测试结果

在实际网络中往往由于各种原因需要突破 100m 的长度限制。正确的做法是，通过中继方式进行连接，例如，在其中串接一个设备（如交换机）。如果距离比较长，则考虑加入光电收发器，进行长距离的连接，如图 3.95 所示。

图 3.95　利用光电收发器进行长距离连接

当然，在实际网络运行中，长度超长并不意味着网络不能工作，但考虑到交换机或网卡的老化会增加衰减，因此对超长的双绞线建议进行整改。如果一定要使用，则应加以标记。

🧰 **典型故障 3：安装工艺引起的故障**

双绞线布线系统模块化程度越来越高，在很多情况下可以实现免工具安装。即便如此，还是存在诸多安装工艺上的问题。例如，制作双绞线模块时开绞距离过长，制作 PVC 管时没有达到最小半径要求，理线时捆扎过紧，布线时大力拉拽线缆和垂直出管（弯角）造成的线缆损伤，以及穿管占空比超过 50%等，这些都容易造成双绞线性能类故障，测试结果是近端串音过大或回波损耗大，在高速传输时会出现丢包或误码现象。

借助测试设备可以将安装工艺质量进行量化，以数据的方式直观地体现整个链路的情况。

采用 Fluke DSX2-8000 的 HDTDX（高精度时域串音）分析功能，结果如图 3.96 所示，可以清楚地看到，在接头处有非常大的反射事件，代表此处的干扰无法被抵消，其原因就是开绞距离过长，导致近端串音过大。

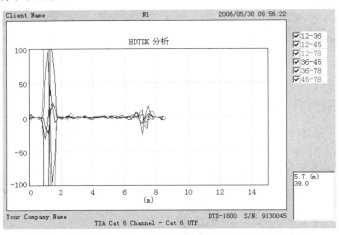

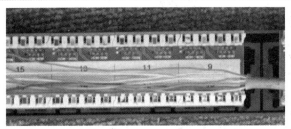

图 3.96　开绞距离过长引入近端串音超标

如图 3.97 所示，HDTDX 分析显示配线架处有反射事件，表示回波损耗测试失败。引起故障的原因是在线缆末端接了一段线，这对于低速网络没有太大影响，但在高速传输数据时，会造成很大影响。

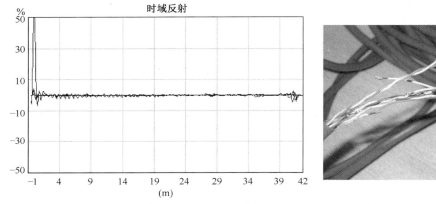

图 3.97　HDTDX 分析显示配线架处有反射事件

🧰 典型故障 4：元器件质量引起的故障

元器件质量也是导致物理层性能下降的一大原因，由于采用不同厂商的元器件，彼此之间的兼容性常常成为引起故障的原因。

一根线缆的线序、长度和衰减等均通过了测试，但整条链路测试结果可能还是不合格，如图 3.98 所示，沿着线缆存在很多串音超标的情况，此时即便配合高质量的连接器件，还是无法通过测试。

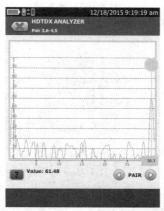

图 3.98　HDTDX 分析判断整条链路不合格

线缆生产工艺对双绞线影响很大，如图 3.99 所示为采用黏合技术的双绞线和没有采用黏合技术的双绞线在回波损耗参数性能上的差异。

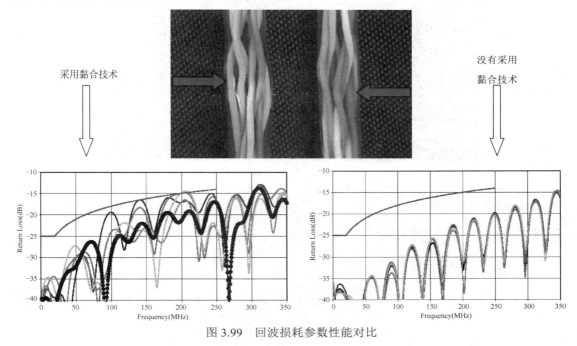

图 3.99　回波损耗参数性能对比

🧰 典型故障 5：外界因素引起的故障

数据中心大量使用超过 500MHz 的带宽来传输 10GBase-T 信号。日常生活中的射频频率范围为 87～108MHz，电视信号范围为 160～860MHz，这些都与 10GBase-T 信号处于相同的频率范围，因此可能使其受到的干扰较大，如图 3.100 所示。必要时应选用屏蔽系统进行干扰屏蔽。

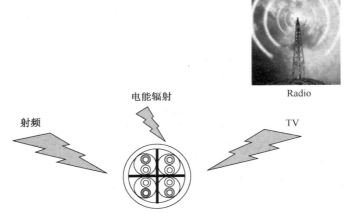

图 3.100　线缆受到的外界电磁干扰

此外，还需要考虑其他的特殊情况，如防水和高温、低温等。例如，线缆受到水浸泡后会导致性能下降，可能无法通过测试。如图 3.101 所示，线缆受到浸泡后，回波损耗（Return Loss）参数被劣化，显示 0～10m 范围内回波损耗异常。

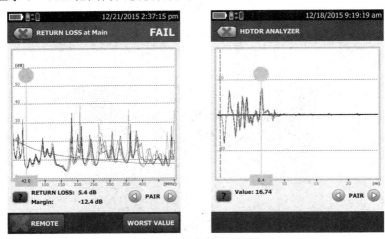

图 3.101　回波损耗异常

2．光纤介质故障诊断

典型故障 1：光纤连通性故障

局域网中光纤通过收发器进行数据传输，当发生光纤链路断开、连接器故障、熔接故障或损耗过大时，光纤通信就会中断。

测试光纤是否连通最简单的方法是，在光纤起始端接可视红光，然后在光纤末端查看是否有红光出现，如果出现红光，则可判定光纤连通。但这种测试方法的局限性较大，无法确定具体光纤断开的位置，一般用于工程安装或故障排查，不用于验收测试。

典型故障 2：损耗引起的故障

光传输中最主要的故障是光纤损耗，损耗包括光纤本身损耗、连接器损耗及熔接损耗，其中，最为普遍的是连接器损耗。

光纤端面极易受到污染，可以借助光纤放大镜查看连接器处的端面，在进行连接以及出现故障时，需要对端面进行清洁。几种典型的光纤端面情况如图 3.102 所示。

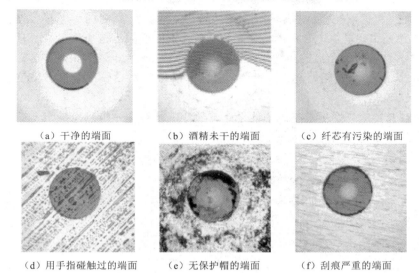

（a）干净的端面　　　　（b）酒精未干的端面　　　　（c）纤芯有污染的端面

（d）用手指碰触过的端面　　　（e）无保护帽的端面　　　（f）刮痕严重的端面

图 3.102　几种典型的光纤端面情况

光纤连接器的实际作用是对位固定，但在实际网络中实现完美的对位并不容易，经常容易出现耦合不佳的情况，如图 3.103 所示。耦合损耗增大会造成连接器损耗超标。

除了连接器，光纤本身的损耗也可能超过标准。不同的传输模块对应不同的传输距离。如果采用 10GBase-LR 模块，单模光纤建议最长距离在 10km 以内，包含所有连接器和熔接等的整体损耗不能大于 6.3dB，当然这是指端到端光纤的损耗。

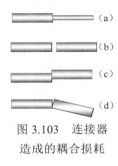

图 3.103　连接器造成的耦合损耗

此外，在实际光纤传输系统中，还需要关注光纤熔接质量。熔接质量对整条光纤链路损耗的影响很大，采用 OTDR 测试可以测试熔接质量。典型的 OTDR 事件如图 3.104 所示。

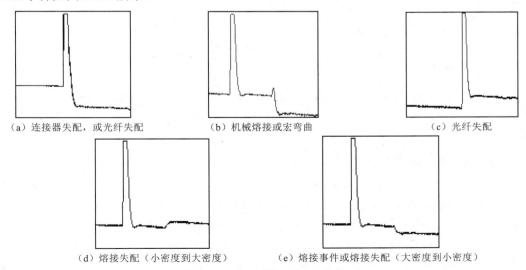

（a）连接器失配，或光纤失配　　　（b）机械熔接或宏弯曲　　　（c）光纤失配

（d）熔接失配（小密度到大密度）　　　（e）熔接事件或熔接失配（大密度到小密度）

图 3.104　典型的 OTDR 事件

典型故障 3：收发器饱和引起的故障

光电收发器分为多模光纤收发器和单模光纤收发器。由于光纤模式不同，其对应的光电收发器所能传输的距离也不一样。多模收发器的传输距离一般为 2～5km，单模收发器的传输距离可以是 20～120km，甚至更远。根据传输距离不同，光纤收发器的发射功率、接收灵敏度和使用波长也会不同。5km 传输距离的光纤收发器发射功率一般为–20～–14dB，接收灵敏度为–30dB，采用 1310nm 波长。120km 传输距离的光纤收发器发射功率多为–3～0dB，接收灵敏度小于–36dB，采用 1550nm 波长。

如果两个收发器的光距离非常近，光纤本身较小的损耗会导致收发器进入饱和状态，形成误码，严重的会烧坏收发器。在这种情况下，需要加入光衰减器以增大衰减，使光通信链路处于理想的工作状态。

典型故障 4：异常事件导致的故障

借助于 OTDR 测试工具进行光纤测试可以得到总的损耗值，但评估整条光纤链路的质量还要借助于不同事件点的结果判定。

连接器在光纤链路中会引起损耗，也会发生反射。如果连接器反射比较严重，会引起幻象干扰，导致光纤传输中出现不可预料的误码或丢包。如图 3.105 所示的损耗测试结果中，上方是接头良好的连接器，下方是接头不良的连接器。可以看到，接头不良的连接器在 0m 处形成了较大的峰值展宽，造成更大的衰减盲区，同样在整个反向散射曲线上也增加了噪声，在末端也形成了非常大的峰值展宽，这在实际光链路中容易产生误码。

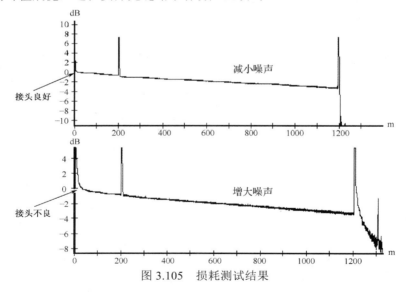

图 3.105　损耗测试结果

3.4.3　数据中心布线系统的测试

数据中心的典型标准是北美的 ANSI/TIA-942。2012 年 4 月，美国通信工业协会工程师委员会 TR-42 通过了 ANSI/TIA-942-A 数据中心基础设施再版标准。与第一版标准相比，新版标准引入了 CAT6a 线缆，水平布线不能采用 CAT3 线缆和 CAT5e 线缆，它们只能作为垂直布线子系统、语音模拟线缆和 WAN 环路的应用；水平布线子系统介质的最低要求为 CAT6 线缆，推荐使用 CAT6a 或更高级别的线缆；同时，不再支持 OM1 和 OM2 光纤的使用，要求最低为 OM3 光纤，推荐使用 OM4 光纤。这些都使得传统用于智能楼宇布线系统的测试方法无法完全满足数据中心布线系统测试的需要，从而需要将数据中心布线系统的测试与综合布线系统的测试区分开来。

在施工设计中，可以参照 ANSI/TIA-942 或 GB 50174－2017，而在测试时也可以参照这些标准；在测试评估时，还可以参照各类技术白皮书，如 2010 年 10 月发布的《数据中心布线系统工程应用技术白皮书》等；在现场测试维护时，可以按照白皮书的要求系统性地进行评估。

数据中心布线系统应用场景多为大型服务器环境及数据大量集中架构，数据传输速率非常高，设备更新周期又非常频繁，因此对布线系统的产品要求与水平布线等常规系统有很大不同。数据中心基本采用万兆网络架构，链路结构中短链路多、长跳线多、连接模块多、跳接点多等因素导致了测试对象和测试方法的变化。

1．测试方法

（1）双绞线链路测试

在数据中心布线系统的测试中，除了原有综合布线系统中的测试内容，还需要引入以下测试内容。

① 跳线测试。数据中心会引入大量跳线，包括长跳线，需要对跳线本身进行测试，以保证其适应高速率应用。

② 外部串音测试。考虑到外部串音测试的时间长、工作量极大，一般在重要链路中进行测试或抽测。

（2）光纤链路测试

数据中心中光纤链路通常较短，而短链路多模光纤允许的损耗余量很小，为了保证测试的准确性，测试时需要做到以下三点。

① 测试方法：选用"一跳线法"。

② 测试类型：一级测试（必须）或二级测试（用户选定）。

③ 测试标准：ISO 或 TIA 定义的链路型测试标准，IEEE 定义的应用型测试标准。

千兆和万兆以太网的光模块较多采用 VCSEL 光源，而在一级测试中，多模光纤一般采用 LED 光源，测试得到的损耗值会存在一定误差。为了精确地测试损耗，测试时需要使用带 VCSEL 光源模块和支持环通量（EF）测试的设备，以减小误差。

2．测试分类

以测试环境来看，主要可分为以下 4 种。

① 选型测试：指设计选型阶段为确定选用哪家供应商的产品而进行的样品预测试。其目的是根据设计的要求较好地实现价格、品牌、服务等方面的平衡。

② 进场测试：指准备安装施工前，货物采购进场时的质量检验（验货）测试。其目的是发现产品在生产、存储和运输过程中出现的问题，避免出现假冒伪劣产品。

③ 随工测试：指一边施工一边安排的测试，测试内容比较简单（如连通性、线序、串绕线识别等）。

④ 验收测试：指按照常用规范进行工程验收测试。

3.4.4　日常维护中的物理层测试

在日常维护中，物理层的测试重点和验收测试评估更偏重以下三项基本要求。

① 可用性：发生故障时可以定位故障原因。

② 可靠性：通过测试数据来准确判定系统或链路的级别，以决定用于何种场合。

③ 稳定性：了解物理层的稳定程度，是否容易受干扰而引起变化，导致性能变差。

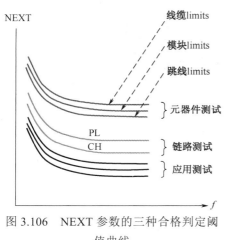

图 3.106　NEXT 参数的三种合格判定阈值曲线

双绞线的验收测试时对可靠性和稳定性要求非常严格，必须达到相关元器件的设计标准，如果工程用材为 6 类介质，那么在验收时也需要达到 6 类规范的要求。而在实际运行中，使用环境千差万别，往往不一定能达到设计的要求，尤其是随着使用时间的增加，布线系统出现问题的概率也会随之增大。因此，对于日常维护中的这类情形，在测试时将会以应用标准进行测试，虽然测试方法并无区别，但判定测试结果时引用的标准显然要低于元器件标准。

双绞线的测试标准分为元器件测试标准、链路测试标准和应用测试标准，对同一条链路判断标准差距较大。NEXT 参数的三种合格判定阈值曲线如图 3.106 所示，可以看出，元器件测试标准要求最高，应用测试标准要求最低。

网络使用中，物理传输介质比较容易出现问题，可用性测试的主要目的是定位故障原因和故障点。

典型故障：模块压接不良引起的线缆故障

在下面的案例中，用福禄克网络公司的 DSX 系列线缆分析仪的测试结果加以详细分析。

网络管理人员经常遇到这样的问题，用户反映网络质量不稳定，有时根本上不了网，这时需要进行可用性测试。将 DSX 系列线缆分析仪接入用户网络端口，执行自动测试功能后，在屏幕上显示的结果如图 3.107（a）所示。

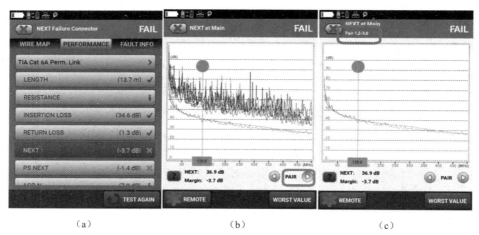

（a）　　　　　　　　　　（b）　　　　　　　　　　（c）

图 3.107　DSX 系列线缆分析仪测试结果

根据图 3.107（a）的显示结果，判断是 NEXT 和 PS NEXT 参数测试失败。一般这两个参数都测试失败，则通过 NEXT 参数进行分析，其当前余量为-3.7dB，初步判定数据传输速率不稳定与 NEXT 有关。具体分析过程如下。

① 查找是哪些线对导致 NEXT 测试失败：进入 NEXT 测试细节显示页面，如图 3.107（b）所示。结果显示，有一组 NEXT 值最差，是线对 1-2 和线对 3-6，如图 3.107（c）所示。

② 查看故障线对曲线：查看故障线对的 HDTDX 分析曲线，如图 3.108 所示。

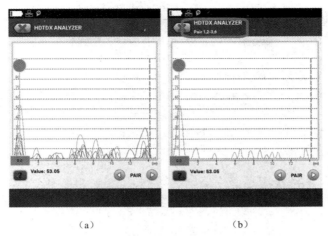

（a） （b）

图 3.108 故障线对的 HDTDX 分析曲线

③ 曲线分析：图 3.108 是基于长度的串音视图，选择了线对 1-2 和线对 3-6。从图 3.108（b）可以看出，0m 处有 53.05%的串音，远高于后面线缆的串音。从而可以判断，线缆 NEXT 测试失败的主要原因是 0m 处的 NEXT 不合格。由于测试标准是永久链路，因此可能是模块压接的问题。

3.5 无线局域网物理层的测试和故障诊断

无线局域网物理层的测试主要集中在连通性测试和性能测试上。无线介质的连通性测试相对于有线介质更为复杂，需要进行无线环境分析、无线信道分配测试和网络配置测试等；性能测试则主要针对信号衰减、用户容量和干扰等。

综合连通性测试及性能测试，无线局域网物理层测试的主要内容包括 WLAN 频谱分析、信号强度分析、无线信道分析、AP 容量分析和设备供电分析。

① WLAN 频谱分析。在 WLAN 部署和运行时，WLAN 所处的无线环境并不是完全纯净的，它面临 ISM 频段其他设备的干扰，典型的有同频干扰和邻频干扰，可能来自同一区域内的其他 AP，另外，也会受到非 Wi-Fi 设备的干扰，如蓝牙设备、无绳电话、无线摄像头、微波炉等无线设备，如图 3.109 所示。

图 3.109 干扰 WLAN 的典型设备

② 信号强度分析。在无线 AP 覆盖的有效范围内，距离 AP 越远，信号越差，而根据接收机的灵敏度，无线终端会根据实际接收信号的强度决定数据传输速率的高低，信号强度越弱，则数据传输速率越低。

③ 无线信道分析。无线信道分配时应注意，相邻无线小区要错开信道，同一信道内的 SSID 数量也需要进行控制。

④ AP 容量分析。每个 AP 可以同时承载的用户数是有上限的，且无线传输时本身的开销比较大，在设计和使用时需要预先进行规划。

⑤ 设备供电分析。无线 AP 会通常使用 PoE 供电，而 PSE 与 PD 的匹配性问题、PSE 功率的管理方式、每个 AP 同时承载的用户数，这些都会改变实际 AP 的可用功率，造成 AP 供电不足，导致亏电。在 Wi-Fi6 的 AP 中，这将导致某些特性受限或被关闭，如 MU-MIMO 和波束赋形等关闭，这会使终端性能变差或不稳定。

3.5.1　无线频谱的状况分析

1. 部署方式

在部署 WLAN 前，以及无线网络性能出现问题时，往往需要对无线频谱环境进行评估分析，以排查无线局域网物理层引起的问题和故障。无线频谱的状况分析一般借助安装于 PC 机中的频谱分析卡或专用频谱测试仪进行无线信号采集，并通过无线频谱分析软件进行后续分析。

一般在部署时可采用单机版的频谱分析工具或者分布式的频谱分析工具，其实现的原理基本相似，即借助频谱分析卡周期性扫描被测区域内的 Wi-Fi 频段，进行时域到频域的转换，得到频域范围内的频谱特性信息。

例如，测试时以 256 点进行 FFT（快速傅里叶变换），采样率为 40MHz，那么进行一次 FFT 的时间约需要 6μs（256/40MHz），分辨率带宽（RBW）约为 160kHz（40MHz/256）。理论上，采样点越多，获得的图形越精确，但这依赖于频谱分析卡的性能。

频谱分析除了需要 FFT 引擎，还需要有相应的统计块以及脉冲检测器和快照缓冲区等，如图 3.110 所示。FFT 引擎的功能是进行时域到频域的转换；统计块的功能是进行时间总计，计算平均值、最大值和占空比；脉冲检测器的功能是进行突发传输检测；快照缓冲区的功能是采集原始信息数据。

图 3.110　频谱分析工具工作模块图

2. 分析方法

以 NetAlly 网络公司的 AirMagnet Spectrum XT 无线频谱分析软件为例来说明如何进行无线频谱分析。该软件配合频谱分析卡及无线网卡，如图 3.111 所示，可以实时捕捉无线网络的频谱和无线数据，并在屏幕上实时显示。频谱分析卡可以测试 5 个频段：2.4GHz、4.9GHz、5GHz 下频段、5GHz 中频段和 5GHz 上频段，覆盖整个 Wi-Fi 工作频段。

在进行无线频谱测试时需要统计多种图形参数，分为频谱分析和 Wi-Fi 数据分析。

（1）频谱分析

① 实时 FFT 图。在实时 FFT 图中，横轴为频率，纵轴为功率，图中显示了当前 FFT 读数、平均 FFT 读数和最大 FFT 读数，同时，显示了无线信号的射频功率，如图 3.112 所示，通过实时 FFT 图，可以测试出对无线网络性能影响最大的 RF 干扰源的频段，可以了解基于整个 WLAN 频带的信号强度情况，可以快速找出是否有某一频带被高强度设备长时间占用。依据这些测试结果进行后续信道调整，可以优化 WLAN。

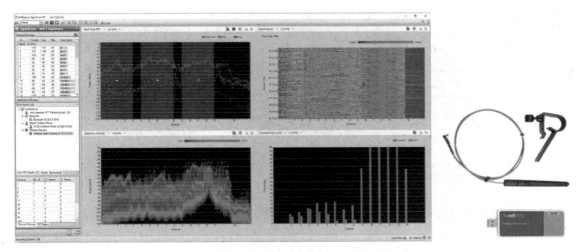

图 3.111　AirMagnet Spectrum XT 配合频谱分析卡及无线网卡

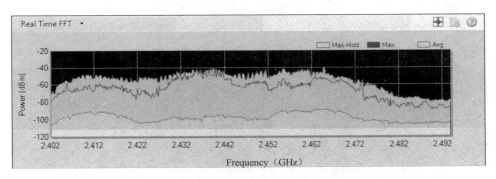

图 3.112　实时 FFT 图

② 频谱密度图。该图可以显示一个特定的频率/功率随时间变化的数值分布情况，读数值为占用百分比，也可以显示 AP 使用的相应频率范围内的信号强度，如图 3.113 所示。

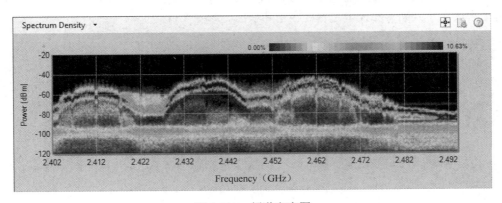

图 3.113　频谱密度图

③ 瀑布图（谱图）。瀑布图是频谱分析中最经典的分析视图，瀑布图滚动扫描显示 RF 环境数据，横轴为频率，纵轴为扫描周期，读数为某一时刻的信号强度，借助图形可以将频谱变化可视化，如图 3.114 所示。瀑布图主要用于分析 WLAN 的 RF 能量断断续续的情况。

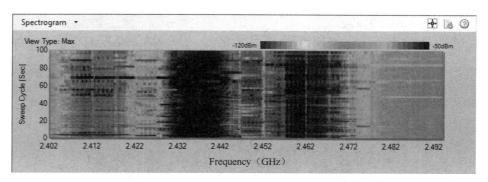

图 3.114　瀑布图

④ 信道占空比图。该图显示 RF 信号高于噪声门限以上的时间占用百分比情况，横轴为信道，纵轴为百分比，分两部分统计，非 Wi-Fi 信号与 Wi-Fi 信号，如图 3.115 所示。通过测试该项参数，可以获得每个信道的占用信息，排除非 Wi-Fi 信号对无线信道的滥用。在实际 Wi-Fi 环境中，非 Wi-Fi 信号可能来自蓝牙设备、数字无绳电话、模拟无绳电话、无线摄像头、微波炉、无线监视器、无线游戏控制器及 RF 阻断设备。

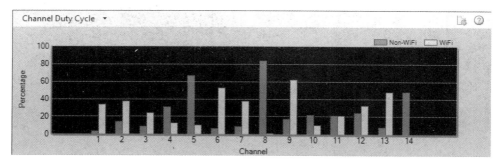

图 3.115　信道占空比图

⑤ 信道功率图。信道功率图显示选定频段内所有信道的最大功率和平均功率，横轴为信道，纵轴为功率，用于判断有关信道是否处在饱和状态，如图 3.116 所示。

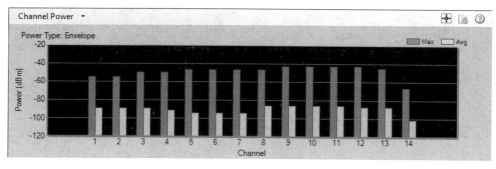

图 3.116　信道功率图

⑥ 信道占空比及干扰功率与时间趋向对比图。该图显示 RF 信号高于噪声门限以上的基于时间轴的分布情况，横轴为时间，纵轴为百分比，读值为不同信道的占用时间趋势。如图 3.117 所示为信道 1、6 和 11 在某段时间内的占空比情况。

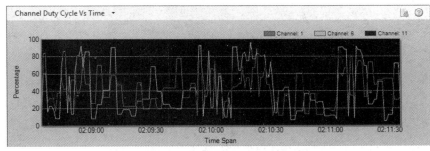

图 3.117　信道占空比及干扰功率与时间趋向对比图

（2）Wi-Fi 数据分析

① AP 信号强度图。AP 信号强度图显示所选频段信号强度最大的三个 AP，横轴为信道，纵轴为 AP 信号强度，如图 3.118 所示。

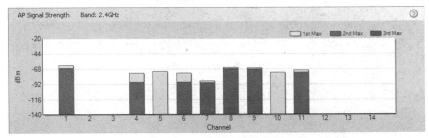

图 3.118　AP 信号强度图

② 信道占用图。信道占用图可以将所选频带可用信道可视化并显示 AP 的占用情况，借助于颜色来区分信号强度和受干扰程度，如图 3.119 所示。在 Wi-Fi 部署时可以提供全面的无线信道使用状况信息，以达到最大网络性能。

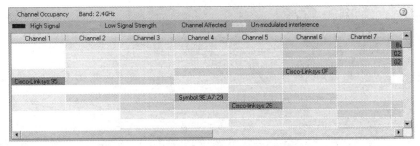

图 3.119　信道占用图

③ 信道排序图。在无线信道分析测试时，按照各项指标对信道进行排序也是非常普遍的分析方式。一般可按照下列方式对信道进行排序：

● 按速率；
● 按介质方式，即 IEEE 802.11a/b/g/n/ac/ax；
● 按地址，即广播、组播和单播；
● 按重试请求和 CRC 错误。

信道按速率排序时，可以图形化显示每个信道的速率情况，以及每个信道中传输的数据字节量，如图 3.120 所示，其中信道 1 的数据传输速率为 2～9Mb/s，传输数据量接近 9MB。

信道按介质方式排序时，显示每个信道中无线介质传送的数据量，如图 3.121 所示。图中信道 1 的主要传输方式是 IEEE 802.11g，传输数据量是 14MB 多。

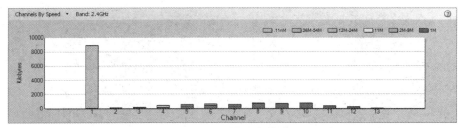

图 3.120　按速率排序

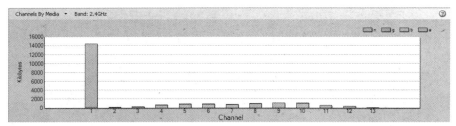

图 3.121　按介质方式排序

信道按地址排序时，显示每个信道中的地址流量分布情况，如图 3.122 所示。图中信道 1 的广播流量占用了近 10MB 的流量，单播流量为 5MB。通过分析，可以排除 Wi-Fi 信道广播流量异常等故障。

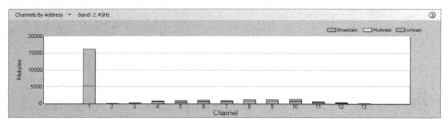

图 3.122　按地址排序

信道按照重试请求和 CRC 错误排序时，可以比较不同信道的重传及错误情况，如图 3.123 所示。

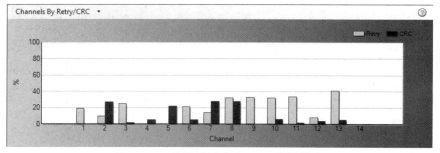

图 3.123　按重试请求和 CRC 错误排序

④ 信道利用率图。信道利用率图展示了每个信道带宽占用百分比数据，同时给出具体的数据传输速率，如图 3.124 所示。从图中可以发现，信道大多处于低速率传输模式，说明可能存在信号强度不够或衰减较大的情况。

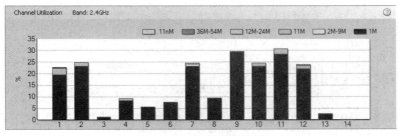

图 3.124　信道利用率图

⑤ 信噪比图。信噪比图展示了所有可用信道上的信噪比，横轴为信道，纵轴为分贝数，如图 3.125 所示。在无线网络设计和性能优化时，会对信噪比做一定要求，一般信噪比需要达到 25dB 以上。

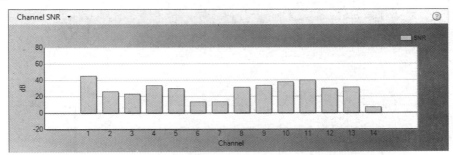

图 3.125　信噪比图

3.5.2　无线信号覆盖的评估测试

1．部署方式

无线信号在传播时不可避免地会发生信号损耗。在室内传输时，距离发射天线 1m 会有 40dB 的损耗。距离加倍，损耗会相应增大约 10dB。无线信号传输损耗与距离的对应关系如图 3.126 所示。

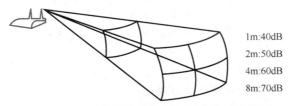

1m:40dB
2m:50dB
4m:60dB
8m:70dB

图 3.126　无线信号传输损耗与距离的对应关系

在接收信号强度大于-85dBm 时，802.11 设备通常可以工作（可以低速率接入，由于信号强度不够无法达到最高速率）。而接收信号强度主要取决于发射端的输出功率及与接收端间的距离，同时还要考虑接收端的最小灵敏度。

设 AP 的发射功率为 20dBm（100mW），距接收点 16m，那么接收点的信号估计为：

20dBm（输出功率）-80dB（路径损耗 40+40）=-60dBm（接收功率）

测试无线信号强度在部署时需要使用一台或多台安装有无线网卡的测试工具，在不同的位置对信号强度进行测试并记录。

2．分析方法

实际的无线信号覆盖环境是由一个个 AP 工作区域组成的更大区域，进行无线信号覆盖测试时通常采用打点测试的方法，即在测试区域选择若干测试点进行信号强度的测试，并记录下来，如图 3.127 所示。

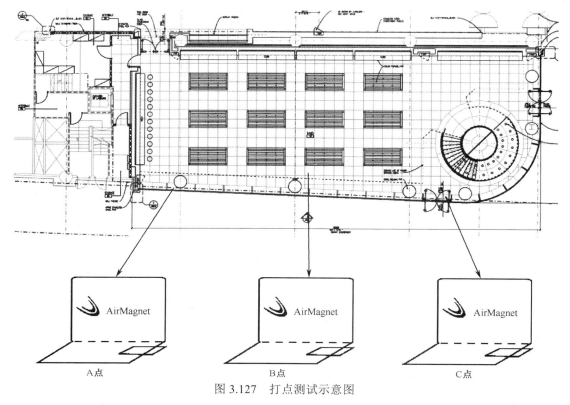

图 3.127 打点测试示意图

打点测试在测试部署上相对比较容易，且测试方法简单，应用广泛。但其缺点也非常明显，不能全面直观地显示被测区域内的信号覆盖情况。因此在此基础上，衍生出了信号热图测试方法。

信号热图测试方法更为直观，其原理和打点测试类似，但是引入了衰减模型仿真，即在测试中对没有进行实际测试的区域采用信道衰减模型的方式，利用已有测试点的采集数据，推算出其余位置的信号分布情况。因此测试的准确程度依赖于测试采集点的密度，采集点越多，实际得出的覆盖热图就更接近实际的信号覆盖情况。

为了使推算结果尽可能准确，需要选择测试环境。如图 3.128 所示为测量环境定义界面，在这里可以选定衰减模型，如室内或室外的衰减模型等，从而使测试勘测结果更为精确。

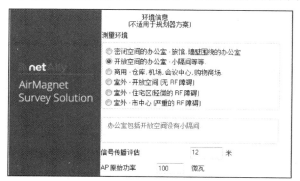

图 3.128 测量环境定义

在进行测试前，需要对测试路径进行规划，尽可能以最优路径来完成被测区域内的采集点最大覆盖。需要在勘测区域地图上标出移动轨迹（红点表示），两个红点之间即为测试路径。通常，在一次勘测中，会经过多条测试路径，如图 3.129 所示，总共有 4 段测试路径。图中的小方块表示软件定时自动打点位置，可以根据需要设置采样时间间隔。勘测区域中没有经过的区域就运用之前选择的衰减模型结合已采集的信息计算而成，由此可以得到勘测区域完整的信号覆盖状况热图。

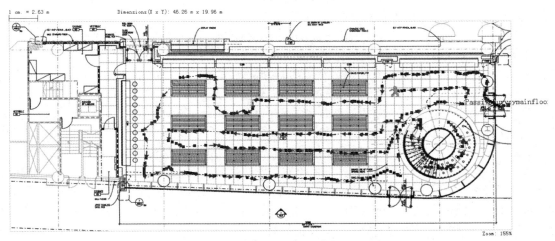

图 3.129　测试路径规划和记录位置点

常用的有两种测试方式：被动测试和主动测试。被动测试仅仅是"监听"信号，从整个环境采集射频数据；主动测试时，需要关联到某个 SSID。被动测试无须进行设置，容易完成测试，一般用于工程验收；主动测试强调实际使用覆盖，更多用于系统的后期维护。

某区域的勘测结果如图 3.130 所示，图中不同的颜色代表不同的信号强度，蓝色代表信号强度最大，橘黄色代表信号强度为-100dBm，已经非常微弱了。

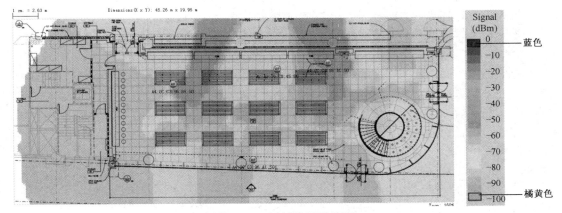

图 3.130　区域信号覆盖图

除测试信号强度外，无线局域网物理层测试内容还包括用户容量，以保证接入用户后有相应的最低速率保障。无线客户端在信号强度变化时其接入速率也会变化，在保证信号强度的同时，也需要考虑实际接入的用户容量。

3.5.3 日常维护中的分析

1. 部署方式

日常无线网络维护中进行底层测试时，需要按相关步骤进行测试。这里以无线网络中部署语音业务为例，在日常维护排障过程中，可以按照以下几个方面进行测试分析。

（1）如果信号强度不足（如-65dBm 或更低），则表明部分区域的信号强度不足以支持一个无线应用的网络部署，其可能的原因有以下两种。

① AP 设备不足。这看上去也许是最简单的故障原因，但不是最容易解决的问题。如果网络中部署的 AP 设备不够，将不能确保整个地区有良好的信号覆盖，信号传输也将受到影响。语音业务需要较强的信号才能保证良好的语音质量，因此足够的 AP 设备对于 Wi-Fi 网络部署尤为重要。虽然增加 AP 设备似乎就能解决这个问题，但是事实上并非如此。在某些情况下，这也许是最好的解决办法，但受工作频段限制，如果 AP 设备布得过密（同时工作在相同或相邻的信道上），那么 AP 设备间将产生相互干扰，会导致更多的问题。在某些情况下，可能需要重新调整 AP 设备的位置，牺牲某些不需要 Wi-Fi 信号的区域，来保证业务繁忙区域有足够的信号覆盖。

② 障碍物。在无线网络环境中，大或厚重的物体会降低其周围的信号强度，形成一块网络盲区。造成这种现象最常见的物体是支柱或厚墙壁，也可能是水体或整屋的家具设施等。此时，移动障碍物往往是不可行的，那么可以采取与解决"AP 设备不足"问题相同的方法来解决这个问题，也就是增加 AP 设备或重新调整 AP 设备的位置。

（2）如果信号强度足够，就需要查看这块区域的物理层信道占空比或利用率。如果终端接入速率正常，如 72.2Mb/s（Wi-Fi4 20MHz）、433Mb/s（Wi-Fi5 80MHz）等，但通话质量仍较差，则表明 Wi-Fi 网络物理层信道可能没有提供足够的可用带宽。这种竞争来自两方面：802.11 设备和非 802.11 设备。干扰形式又分同频干扰和邻频干扰。

① 同频干扰。在高速率的无线网络（部署了 802.11ac 或 802.11ax 设备）中放置低速率设备（如 802.11b 设备），这会使网络整体速率大大降低。在这种情况下，将这些低速率设备清除是最好的解决办法，确保更新后的设备能满足较高的速率要求。同样，同一信道中，也可能存在利用率占用大户，如 Wi-Fi 投影仪，其工作时产生持续流量，占用信道利用率较高，导致其他终端一直处于竞争上网状态，无法获得空闲信道资源，性能变差。

② 邻频干扰。例如，一些周边 AP 设备工作在相邻的信道上。一般建议，2.4GHz 频段中相邻的 AP 设备尽量分布在信道 1、6、11 上，如果一个 AP 设备在信道 1 上，而另一个 AP 设备在信道 2 或 3 上，则必然引起频段重叠，如同在路上开车时，前车压线行驶，导致后方车辆无法超越行驶。另外，捆绑信道时，也需要注意邻频干扰，例如，一个 AP 设备设置了信道 36（40MHz）带宽，而另一个设置了信道 40（20MHz 带宽），那么这两个 AP 设备使用时也会存在信道竞争关系。再如，将 AP 设备放置在非 Wi-Fi 的干扰源（微波炉或游戏机）附近，这些设备工作时也可能与 802.11 设备形成邻频干扰，可以使用频谱分析仪对网络环境中的干扰源进行更深入的分析。

（3）如果物理层数据传输速率是足够的，则问题的症结也许在于数据包重传率较高。过多的数据包重传意味着 AP 设备与终端间的数据传输经常不可达，这会导致语音信息丢失，甚至是掉话。可能的原因是网络中的设备过多。如果网络中的用户终端数大于 AP 设备可支持的最大用户数，那么也会导致数据包在传输过程中发生碰撞。在网络中增加设备数量的方法有两种：一种是增大网络布局（如增加 AP 设备），另一种是提升性能（如优化 SSID 数量，使用终端负载均衡，剔除低效终端）。

2．分析方法

了解无线局域网物理层日常维护的测试方式后，下面以 NetAlly 网络公司的 Aircheck G2 无线分析仪作为主要测试工具介绍如何进行测试分析。

（1）无线信号强度分析

针对无线信号的强度测试可以借助测试工具查看整个被测区域的无线网络情况，重点在于对无线信号强度和 AP 数量的监测，同时注意观察干扰情况和接入设备数量。

被测区域中 SSID 的数量，以及每个 SSID 的 AP 和 AP 的信道占用情况，如图 3.131 所示，SSID 的数量为 22 个，2704 网络中有三个 AP，其中一个 AP 的信道号为 149（80MHz 带宽）。

图 3.131　SSID 的 AP 及 AP 信道占用

（2）干扰评分

对每个 802.11 设备，可以显示信道占用情况，如图 3.132 所示。

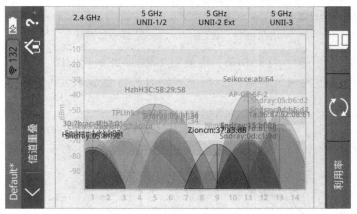

图 3.132　信道占用情况

信道占用情况包括以下信息：

① 设备地址和所属频带。

② 该设备的"中心"信道（频率），用直线或斜线对应信道号来表示。

③ 设备是否进行带宽捆绑，用斜线表示，用于区分主信道和捆绑信道。图 3.132 中 HzhH3C:58:29:58 设置了 40MHz 带宽（非信道 1、6 和 11，属于不合理配置），中心信道号为 3，

向右捆绑 20MHz 带宽，即把信道 7 进行捆绑，实现了 40MHz 带宽，所以主信道号为 3，副信道号为 7，信道号也可表示为（3,+1），其中-1 表示向左捆绑，+1 表示向右捆绑。

④ 设备的信号强度用纵坐标高度来表示，高度越高，信号强度越大。图 3.132 中信号强度最大的 AP 为 Seiko:ce:ab:64。

⑤ 设备占用的信道用跨度来表示。例如，图 3.132 中的 HzhH3C:58:29:58，跨度为从 1 到 9，相差 8，每个数值代表一个 5MHz 基本带宽，所以该 AP 带宽设置为 40MHz。

假设 Seiko:ce:ab:64 为我们家中使用的 AP，则从图 3.132 中可以观察到以下细节：

● 信道 11 存在多个 AP 同频干扰；
● 信道 11 受到多个 AP 邻频干扰；
● HzhH3C:58:29:58 与 Seiko:ce:ab:64 没有形成干扰；

对于图 3.132 中的 HzhH3C:58:29:58 设备，可以观察到以下细节：

● 信道 1～10 的所有其他 AP 都将对该 AP 形成干扰。

IEEE 802.11 标准规定了每种调制类型对 RF 频谱的特定要求，这些要求用于限制一台 802.11 设备对其相邻信道所造成的干扰总量。由于 RF 信道没有明确的边缘，因此，当发送信号时，802.11 设备需要采用滤波或其他技术使其发射到工作信道以外的 RF 总能量降至最低。标准要求将这种信道外干扰降到最低水平，但不可能完全消除。

IEEE 802.11 标准及其修订版本规定了相关发射频谱特性，如图 3.133 至图 3.135 所示。

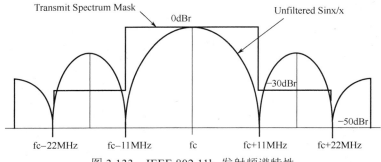

图 3.133　IEEE 802.11b 发射频谱特性

802.11 设备发送信号时允许对相邻信道产生不超过-28～-50dBr（相对于峰值的分贝值）范围的干扰。在 2.4GHz 频段内采用 40MHz 带宽传输时，RF 能量最远可能会在中心频率两侧的 11 个信道中存在。

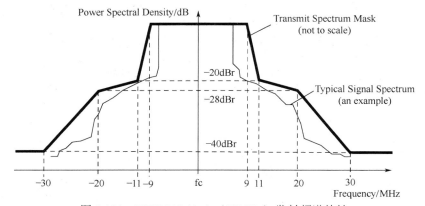

图 3.134　IEEE 802.11a/g（20MHz）发射频谱特性

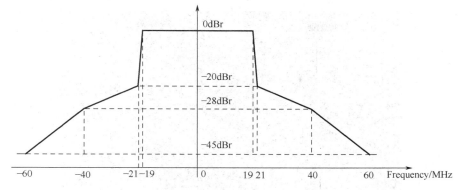

图 3.135　IEEE 802.11n（40MHz）发射频谱特性

可以借助频谱分析软件获得实时占用情况，信道 36 频谱密度图如图 3.136 所示。严格意义上说，信号频谱除了 20MHz 的信号，还会存在非调制干扰，即存在 20MHz 外的无用信号，只是信号非常弱，一般分析时我们将它忽略了。

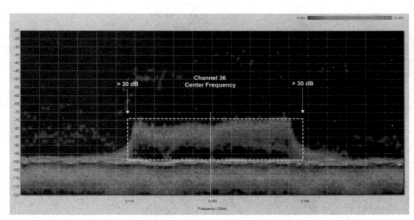

图 3.136　信道 36 频谱密度图（来自 AirMagnet Spectrum XT 频谱分析软件）

（3）速率分析

为了保证 WLAN 的最佳性能，进行速率测试和分析是非常必要的。测试时，在每个使用的信道上查看信道利用率及信道吞吐率两项指标。一般来说，60% 的信道利用率和 43Mb/s（72.7Mb/s）左右的信道吞吐率对于一个 802.11n 网络（1SS 20MHz）来说是一个现实的上限。信道利用率测试结果如图 3.137 所示。测试根据指定的采样时间间隔统计每个采样时间间隔内不同速率的分布情况和总的利用率情况。当前采样的信道利用率为 16.14%，属于正常，但如果出现持续的高信道利用率伴随着 11Mb/s 的最大流量，可能意味着该 802.11n 网络已经没有足够的信道利用率来满足其所有用户的需求，而此时吞吐量却不高，这可能与上网位置离 AP 较远有关，信道利用率可能已经用尽。一个可行的解决方法是降低覆盖区域的大小，并在重点位置添加 AP，让连到 AP 的设备能接收到较高的信号强度，保障接入速率。

（4）数据包错误率

日常维护时的另一项重要测试内容是数据包错误率。图 3.138 是软件检测到的数据帧的统计情况，这些数据帧分为广播、组播、单播和 CRC 共 4 类。

利用率 16.14%

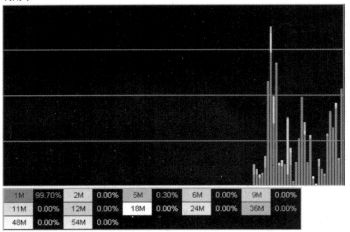

1M	99.70%	2M	0.00%	5M	0.30%	6M	0.00%	9M	0.00%
11M	0.00%	12M	0.00%	18M	0.00%	24M	0.00%	36M	0.00%
48M	0.00%	54M	0.00%								

图 3.137　信道利用率测试结果（来自 AirMagnet Wi-Fi Analyzer 分析软件）

广播	4131	组播	17
单播	57435	CRC	25384
帧总计	86967	CRC ▽	29.19%

图 3.138　数据帧统计（来自 AirMagnet Wi-Fi Analyzer 分析软件）

（5）活跃用户主机测试

无线网络是一个共享环境，过多的主机连在同一 AP 上时，会导致错误和重传的快速增多。这时，需要测试活跃主机数量，判断其是否在设定范围内。测试可以是站点到站点测试方式，如图 3.139 所示；也可以是站点—AP—站点连接测试方式，如图 3.140 所示。

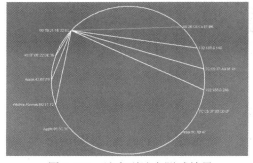

图 3.139　站点到站点测试结果

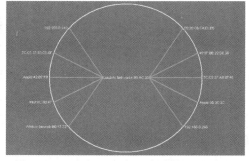

图 3.140　站点—AP—站点连接测试结果

3.5.4　无线局域网物理层的故障诊断

1. 衰减引起的无线故障

无线局域网可部署于不同的场合，可以在室内部署也可以在室外部署，而无线终端在室内的覆盖效果要明显劣于室外。在室内，传播环境变化往往会很大。由于传输中遇到环境变化会造成不同程度的衰减，因此，同样的 AP 和终端部署可能无法满足网络业务需求。

随着物流业的发展，货物无线扫描终端在仓库或物流企业中得到广泛运用。在仓库中，货物按照货架排列，而货架在堆积满货物后，就如同一堵堵高墙，会直接导致信号传输中的衰减。

图 3.141 是一个小型仓库布局图，图中 A、B 和 C 三处由于货架的阻挡，远处(A)信号一般会低于近处(C)，而同一货架上不同货物，如货物为电子产品或者文档类物品等，所形成的衰减效果也存在很大差别。这些都直接或间接造成了路径衰减的增大，从而使得无线网络的有效覆盖范围减小，造成连通性问题或性能问题。

图 3.141　小型仓库布局

借助无线探测工具可以获得基于平面的仓库覆盖区域热图，如图 3.142 所示。从图中可以看到，灰色区域为信噪比没有达到 25dB 的区域。以噪声为-95dBm 计算，要达到 25dB 的信噪比，则信号强度要在-70dBm 以上，这就意味着灰色区域在无线传输过程中，信号强度不满足-70dBm 的要求。当信噪比低至 10dB 以下时，可能出现通信时断时续的现象。

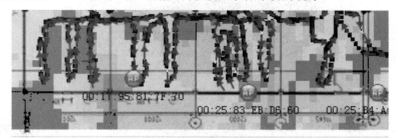

图 3.142　仓库覆盖区域热图

> **小贴士：**
> 信噪比计算——假设无线网卡接收到 AP 的信号强度为-70dBm，背景噪声一般为-95～-90dBm，那么信噪比按最强背景噪声计算 SNR=-70dBm-(-90dBm)=20dB。

在无线传输中，接收到的信号强度除了与距离有关，还与传输路径中的障碍物材质有很大关系。距离长会导致数据传输速率下降，此时发送和接收的应用吞吐量都会受到影响。

2．干扰引起的数据传输速率降低

干扰也是影响 WLAN 性能的重要因素，因此除了监视信号强度和信噪比，还需要引入频谱分析，查看频谱内信道占用情况，检查相邻信道是否存在对本信道的干扰，而干扰又可分为非 Wi-Fi 干扰和 Wi-Fi 干扰。

有很多的应用场合，信号强度良好，但网络性能很差。如图 3.143 所示，LCTech 当前的信号强度达到-35dBm，说明信号非常好，但是无法 Ping 通网关（192.168.1.1），如图 3.144 所示，甚至有时 SSID 也连不上去。

WiFi Devices ▾	View By				
Device/MAC	MAC Address	SSID	Signal dBm	Security	AP Name
6C:E8:73:51:CA:02	6C:E8:73:51:CA:02	1901	-91		1901
6C:E8:73:79:FF:1E	6C:E8:73:79:FF:1E	iFang-01	-89		iFang-01
6C:E8:73:7A:1C:B0	6C:E8:73:7A:1C:B0	iFang-02	-92		iFang-02
94:0C:6D:5C:4A:0E	94:0C:6D:5C:4A:0E	TP-LINK_5C4A0E	-86		TP-LINK_5C4A0E
BC:AE:C5:C3:78:FC	BC:AE:C5:C3:78:FC	cosmo	-91		cosmo
C0:3F:0E:B5:2C:32	C0:3F:0E:B5:2C:32	LCTech	-35		LCTech
E0:05:C5:3C:CB:C4	E0:05:C5:3C:CB:C4	Fu	-90		Fu
EC:17:2F:32:C3:BA	EC:17:2F:32:C3:BA	TP-LINK_PocketAP_32C3BA	-83		TP-LINK_Pocket...
EC:88:8F:7B:56:B4	EC:88:8F:7B:56:B4	aoguan	-84		aoguan

图 3.143　LCTech 信号强度

此时查看频谱分析结果，如图 3.145 所示，发现此时信号占空比有很大问题，信道 1～5 都受到了来自非 Wi-Fi 信号的干扰，其中信道 1 占到了 80%以上，而真正的 Wi-Fi 信号被压制在了很小范围内。这造成 WLAN 工作信道内的可用带宽减少，从而导致用户无线网络接入访问缓慢甚至无法连入。根据图形分析结果，可以看到信道 11 处的无线网络环境还是非常良好的。那么接下来可以考虑首先将 AP 的信道划分到信道 11 处，以避开干扰，另外就是定位和识别干扰源的类型与位置。

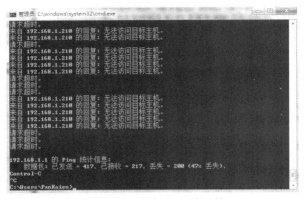

图 3.144　无法 Ping 通网关

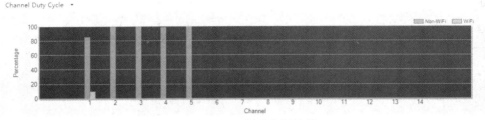

图 3.145　频谱分析结果

定位和识别干扰源一般要区分设备类型。Wi-Fi 设备一般是 AP，因为信标帧为 100ms 发送一次，所以可以借助信标帧内提取的信号强度进行定位，但对于关闭了 SSID 广播的 AP，则很难定位。非 Wi-Fi 设备大部分都有工作频率特性，有的使用固定信道（模拟摄像头、移动侦测器），有的采用跳频工作（蓝牙、婴儿看护器等），因此可以根据这些设备的频谱特征进行匹配，从而判断是何种干扰设备，以及受干扰的信道。如图 3.146 所示，Aircheck G2 测试仪借助频谱库进行匹配，从而识别可能的干扰源及它们的利用率。

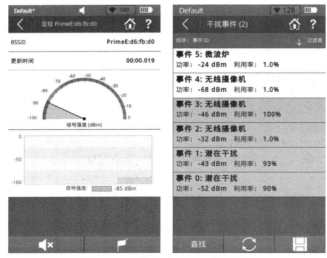

图 3.146　定位和识别干扰结果

3．使用多个 SSID

在设计时需要注意，同一信道内尽可能不设置过多的 SSID。虽然设置多个 SSID 可以方便用户管理，如设置 User 和 Guest 来区分本地用户和来访用户，但信道是共享的通道，多个 SSID 并存必然导致无线资源的竞争，使可用带宽变小，从而使访问变慢。

在 AP+AC（控制器）方式下，AP 中可以开启多个 SSID，并使用相同的信道。其原理是，AC 使用时分机制分配 AP 中不同 SSID 所接收的数据包。所以，无论在 AP 中开启多少个 SSID（AP 可支持多达 16 个 SSID），但 AP 的总容量是不变的，建议同一 AC 管理的 SSID 不要超过 4 个。

4．信道变化引起的故障

一般为了提高信道利用率，很多 AP 会自动选择信道，但过于频繁的信道调整，也会导致用户体验变差。如图 3.147 所示，1 分多钟内，信道切换了 3 次，从信道 36 到信道 44，再切换到信道 52，图中信道带宽为 40MHz，这可能引起网络不稳定。

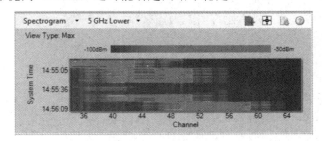

图 3.147　信道频繁变化（来自 AirMagnet Spectrum XT 软件）

5．无线网络容量导致的故障

在完成无线网络部署后，后期在使用过程中经常会遇到用户数量调整和业务调整，此时会面临新的问题。

在无线热点的区域，如会议室或用户人群密集区域，信号强度和干扰问题不一定是最大的问题，而覆盖区域内有效的用户容量将是更为突出的问题。

借助通道占空比的测试，可以了解当前信道实际被占用的情况，判定当前信道是否存在过载的情况。如果信道占空比已经达到 70%以上，那么说明信道已处于高载状态，无线网络应采用类似共享的方式使用信道资源。如果同一时间内，30 个用户连接在同一个 AP 下，并且进行不同程度的业务通信，那么访问缓慢甚至不能上网将是必然的事情。

6．无线网络测试中的定位

在维护无线网络时，经常需要区分本网络内的合法设备和非本网络的设备。非本网络设备经常成为故障的隐患。例如，员工私接 AP 进行组网，一旦这些 AP 接入网络中，那么安全问题将成为首要问题。由于借助该类非许可 AP 接入内网，因此局域网中的防火墙已形同虚设。而另一种情况是智能终端的使用越来越多，而其私人用品的特点将导致可管理性非常差。

基于上述情况，需要对非法 AP 或终端进行有效的定位。由于无线传输模型比较复杂，且现场实际环境千变万化，通常无法仅仅借助信号强弱的方式来识别需要定位的对象。在定位技术方面通常借助于 1/4 法，即把检测区域分为 4 个区域，分别在 4 个区域内进行信号测量，得到 4 个区域内信号强度的情况。如图 3.148 所示，先找到信号区域最强的右下角区域，接下来继续将右下角区域再划分成 4 个更小的区域，然后按照同样的方式再次进行测试统计，逐渐逼近被定位的对象。

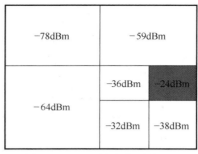

图 3.148   1/4 法定位无线 AP

习题 3

1．简述双绞线采用双绞的原因。

2．双绞线线规 AWG 数值越大越好吗？为什么？

3．详细描述双绞线类型和带宽。

4．常用光纤的工作波长有哪些？

5．光纤的数值孔径是什么？它对不同发散度光源有何影响？

6．简述单模和多模光纤传输方式，并说明为何多模光纤存在色散？

7．列举 4 种以上光纤连接器类型，列举三种以上连接器端面类型。

8．简述多模光纤的 5 种分类。

9．简述 WLAN 主要标准所指定的合法频宽。

10．我国针对 2.4GHz 和 5GHz 频段的 WLAN 可用信道有哪些？

11．WLAN 中，BSS、ESS 和 DSS 分别指什么？

12．简述 WLAN 的 6 种网络架构。

13．WLAN 中，胖 AP 网络和瘦 AP 网络的主要区别是什么？

14．网络链路两端，设备端口一端绑定全双工模式，另一端配置为自适应模式，最终能否自适应全双工模式？为什么？

15．双绞线信号损耗的主要来源有哪些（至少 4 种）？

16．引起光纤损耗的内部原因有哪些？

17．0dBm、−10dBm 和−20dBm 分别对应多少 mW？

18．影响 WLAN 物理层传输质量的因素有哪些？

19．试画出 GB/T 50312−2016 中规定的永久链路测试模型和通道链路测试模型。

20．试画出 NEXT 和 Return Loss 产生原理示意图。

21．简述光纤测试中的一级测试和二级测试。

22．列举光纤 OTDR 测试中的常见故障事件（5 个以上）。

第4章 数据链路层测试和故障诊断

4.1 有线网络数据链路层概述

数据链路层位于 OSI 参考模型中的第 2 层，为网络层提供服务。在数据链路层中，信号传输以帧的方式来实现。帧的运用使网络传输具备了更高的可靠性。

数据链路层中最基本的服务是将源地址网络层发来的数据可靠地传输到相邻节点的目的地址网络层。为达到这一目的，数据链路必须具备一系列相应的功能：将数据组成帧（Frame）；控制帧在物理链路上的传输，处理传输差错，调节发送方的速率与接收方的速率相匹配；在两个网络实体之间提供数据链路通路的建立、维持和释放的管理。

在数据链路层中采用了纠错码来检错与纠错。数据链路层是对物理层传输原始比特流的功能的加强，将物理层提供的可能出错的物理连接改造成为逻辑上无差错的数据链路，使之对网络层表现为无差错的线路。

4.1.1 数据链路层的帧

以太网中，数据链路层以帧为单位进行数据传输。在 TCP/IP 协议中，RFC 894 定义了以太网的 IP 数据报封装格式，RFC 1042 定义了 802.3 网络的 IP 数据报封装格式。标准规定：

① 主机必须能发送和接收采用 RFC 894（Ethernet II）封装格式的分组。

② 主机应该能接收采用 RFC 1042（802.3 网络）封装格式的分组。

③ 主机可以发送采用 RFC 1042（802.3 网络）封装格式的分组，如果主机能同时发送两种格式的分组数据，那么发送的分组必须是可以设置的。默认是 RFC 894 格式。

最常使用的封装格式是 RFC 894 封装格式，其定义的以太网帧称为 Ethernet II 帧，见表 4.1。RFC 1042 定义的以太网帧习惯上称为 802.3 帧，见表 4.2。运用 WireShark 协议分析软件可以观察到解包后的 Ethernet II 帧及 802.3 帧中的各字段，如图 4.1 和图 4.2 所示。

表 4.1 Ethernet II 帧

前序码	目的地址	源地址	类型	数据	冗余检验码
8 字节	6 字节	6 字节	2 字节	46～1500 字节	4 字节

表 4.2 802.3 帧

前序码	帧起始定界符	目的地址	源地址	长度	数据	冗余检验码
7 字节	1 字节	6 字节	6 字节	2 字节	46～1500 字节	4 字节

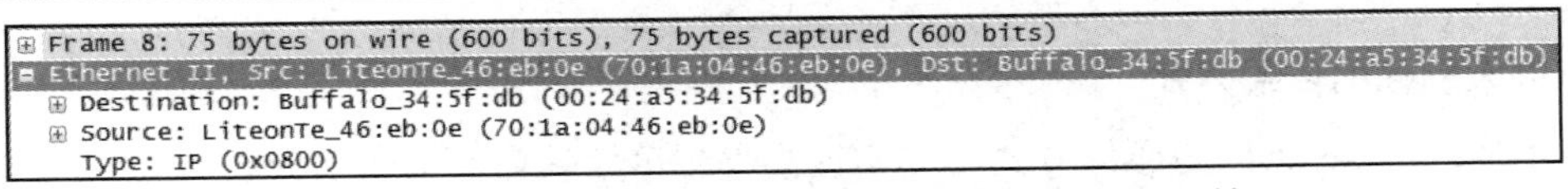

图 4.1 WireShark 协议分析软件捕获的 Ethernet II 帧

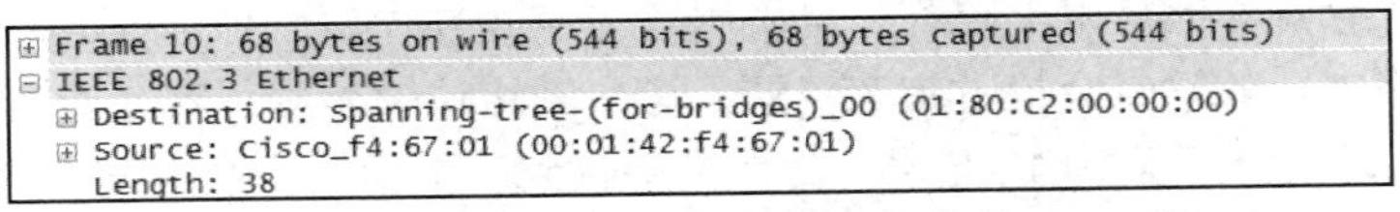

图 4.2 WireShark 协议分析软件捕获的 802.3 帧

Ethernet II 帧和 802.3 帧格式类似，主要的不同点在于前者定义了 2 字节的类型，后者定义了 2 字节的长度。这 2 字节的内容没有重复，可用于区分两种帧格式。

以太网帧中各字段的定义如下。

① 前序码。前序码字段由 8 字节（Ethernet II 帧）或 7 字节（802.3 帧）的交替出现的 1 和 0 组成，设置该字段的目的是实现接收时的帧同步。同时，该字段本身（Ethernet II 帧）与帧起始定界符（802.3 帧）一起能保证各帧之间用于错误检测和恢复操作的时间间隔不小于 9.6ms。

② 帧起始定界符。该字段仅在 802.3 帧中有效，该字段的前 6 位由交替出现的 1 和 0 构成。该字段的最后 2 位是 11（10101011），这 2 位将中断同步模式并通知接收端下面是数据帧。当控制器将接收到的数据帧送入缓存（Buffer）时，会删除前序码字段和帧起始定界符字段。当控制器发送数据帧时，它将这两个字段（如果传输的是 802.3 帧）或一个前序码字段（如果传输的是真正的以太网帧）作为前缀加入帧中。

③ 目的地址。目的地址字段确定帧的接收者。2 字节的源地址和目的地址可用于 802.3 网络，6 字节的源地址和目的地址字段既可用于 Ethernet II，又可用于 802.3 网络。用户可以选择 2 字节或 6 字节的目的地址字段，习惯采用 6 字节。对 802.3 设备来说，局域网中的所有工作站必须使用同样的地址结构。

④ 源地址。源地址字段确定发送帧的设备，与目的地址字段类似。当使用 6 字节的源地址字段时，前 3 字节表示由 IEEE 分配给厂商的地址，而厂商通常为其每个网络接口卡分配后 3 字节。

⑤ 类型。类型字段长度为 2 字节，仅用于 Ethernet II 帧。该字段用于标识数据字段中包含的高层协议。在以太网中，多种协议可以在局域网中同时共存。类型字段取值为 0800H 的帧是 IP 协议帧。因此在 Ethernet II 帧的类型字段中设置相应的十六进制值以提供在局域网中支持多协议传输的机制。

⑥ 长度。用于 802.3 帧的 2 字节的长度字段定义了数据字段包含的字节数。不论是在 Ethernet II 帧还是 802.3 帧中，从前序码字段到冗余检验码字段的最小帧长度必须是 64 字节。最小帧长度规定是为了保证以太网接口卡有足够的传输时间去精确地检测冲突，这一最短时间是根据网络的最大电缆长度和帧传播所需时间确定的。基于最小帧长度 64 字节和 6 字节地址字段的要求，意味着每个数据字段的最小长度为 46 字节。如果传输数据少于 46 字节，则对数据字段进行填充，直至 46 字节。不过，填充字符的个数不包括在长度字段中。

⑦ 数据。数据字段的最小长度必须为 46 字节。这意味着传输 1 字节信息也必须使用 46 字节的数据字段。数据字段的最大长度为 1500 字节，以保证最大帧长度在 1518 字节内。

⑧ 冗余检验码。冗余检验码字段为 4 字节，提供了一种错误检测机制。每个发送器需要计算一个包括地址字段、类型/长度字段和数据字段的循环冗余检验（Cyclic Redundancy Check，CRC）码。

4.1.2 帧的类型

1. 以太网帧的传输方式

① 单播："点对点"的通信方式。交换机接收到单播帧后，只负责向目标端口转发，不会向其他端口进行复制。网络上大部分的流量是单播帧。单播有利于应用服务的多样化，各站点的对话不会受彼此影响。但是由于应答时也采用逐一应答方式，在 C/S（Client/Server，客户-服务器）架构的网络中，各站点会抢占带宽资源，导致网络传输缓慢，容易造成拥塞。

② 广播："点对所有"的通信方式。交换机接收到广播帧后，会向其所有端口进行复制和转发，在广播域内的所有站点均可以接收到广播。广播无法穿过路由器或三层交换机，仅在二

层交换机范围内传送。由于其"点对所有"的特点，广播可以解决单播逐一应答而造成的网络带宽消耗，但由于广播会占用所有站点的端口可用带宽，因此过多的广播也将对网络造成影响。广播帧的 MAC 地址为全 1。

③ 组播：组播通信引入了组的概念，是"点对多点"的通信方式。同一组中的站点可以接收组内的所有数据，交换机接收到组播后只向有需求的站点复制并转发组播帧。站点可以请求加入和退出组。组播克服了单播和广播的不足，同时兼顾了性能和灵活性。但是组播没有纠错机制，发生丢包和错包后难以弥补，只能通过容错机制和服务质量（Quality of Service，QoS）进行优化。互联网数字分配机构（The Internet Assigned Numbers Authority，IANA）将 MAC 地址范围 01:00:5E:00:00:00～01:00:5E:7F:FF:FF 分配给组播使用。

2．错误帧

当通信中发生异常时，在网络中会以各种错误帧的形式进行体现，错误帧主要包括以下几种。

① FCS 错误：在网络传输过程中产生了误码，即 CRC 错误，表示数据传输中有坏帧，导致检验结果不正确，坏帧将被丢弃。

② Runt（短帧）错误：包长度小于 64 字节，但 CRC 正确，称为 Runt 错误，也称超小帧。

③ Fragment（分片）错误：包长度小于 64 字节，且 CRC 错误。

④ Alignment（对齐）错误：数据帧尾不是一个完整的字节，其位数不能被 8 所整除或帧长非整数字节。

⑤ Dribble 错误：正确的 CRC 码后有多余字节。

⑥ Oversize（超长帧）错误：CRC 正确，数据段长度在 1518～1522 字节之间（未启用 Jumbo）。

⑦ Jabber 错误：超长帧的 CRC 错误。

⑧ Collision（碰撞）：数据包在传输中发生冲突。

⑨ 幻象帧：看上去像是一个有效帧，但是没有帧起始定界符。幻象帧的长度必须至少有 64 字节。

4.1.3 交换机转发方式

交换机通过帧转发方式工作，有三种转发方式：存储转发（Store and Forward）、直接转发（Cut-Through）和直接转发无碎片（Fragment Free）。在思科公司的交换设备中，改变帧转发方式命令是 switching-mode，查看当前帧转发方式命令是 show port system，其显示的某端口系统信息如下：

```
查看端口系统信息
hostname# show port system
Switching Mode                          Fragment Free
Use of store and forward for multicast      Disabled
Network Port                            FastEthernet0/27
Half duplex backpressure（100Mbps）        Disabled
Enhanced Congestion Control（100Mbps）      Disabled
```

1．存储转发

存储转发方式是交换机中应用最广的转发方式。如图 4.3 所示，交换机只有接收到一个完整的帧，在 CRC 无误后，才将数据帧从一个端口转发至另一个端口。由于需要对输入端口的数据帧进行检查，因此增加了数据处理延时，从而导致性能略有下降。对进入交换机的数据包进行错误检测可以有效改善网络传输帧的质量，确保交换机不会传输错误帧。

整帧读入交换机中

图 4.3　存储转发方式下交换机读取整个帧信息

2．直接转发

直接转发（也称直通）的交换方式提供了低延时、高性能的交换方式。交换机输入端口检测到一个数据帧时，检查该数据帧的帧头，如图 4.4 所示，在获取了帧的目的地址后，就开始转发帧。一些交换机厂商也把这种转发方式称为快速转发。其优点是转发前不需要读取整个完整的帧信息，延时非常小；缺点是转发时没有检查冗余检验码等信息，不提供错误检测能力。

图 4.4　直接转发方式下交换机读取帧头信息

3．直接转发无碎片

这是改进后的直接转发方式，也称（碎片隔离），是介于存储转发和直接转发之间的一种解决方法。该方法在读取数据帧的前 64 字节后，如图 4.5 所示，再开始转发该帧。这种方式虽然也不提供数据检验，但是能够避免大多数的错误。它的数据处理速度比直接转发方式慢，但比存储转发方式快许多。

在网络测试时需要注意不同的转发方式，存储转发的特性会造成一些测试上的条件限制，当测试工具直接连在交换机的端口上时，镜像端口会过滤掉不规则的数据包，这可能导致镜像端口不能为故障排查提供详尽有用的数据信息。

图 4.5　直接转发无碎片方式下交换机读取数据帧的前 64 字节

4.2　无线网络数据链路层概述

无线网络传输类似于 802.3 有线网络，数据链路层采用帧方式进行数据传输，为网络层提供服务，提供更可靠的传输链路。其中，802.11 MAC 层负责客户端与 AP 之间的通信，主要功能包括扫描、接入、认证、加密、漫游和同步等。

4.2.1　帧的类型

MAC 头的位置及 MAC 帧格式如图 4.6 所示。MAC 帧共 30 字节，其中帧控制（Frame Control）字段为 2 字节。

无线帧按传输方式不同同样分为单播帧、广播帧和组播帧。

① 单播帧：发送给单个接收设备的帧。在这些传输中，帧包含接收机目的地址信息。例如，AP（接入点）发送给客户端的 ACK（确认）帧就是单播帧。

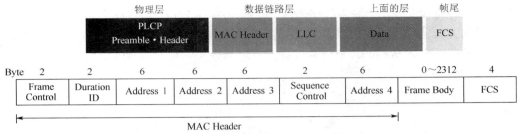

图 4.6 MAC 头的位置及 MAC 帧格式

② 广播帧：向无线网络环境内所有设备发送的帧。这些帧通常不是发送给单个设备的。例如，AP 的信标（Beacon）帧是广播帧的一种。

③ 组播帧：发送给一组中多个设备的帧。组播机制允许 AP 同时向多个设备发送同一个信息帧，可以帮助减少网络带宽的使用。实际上，任何数据帧都可以进行组播传输，典型例子是采用流媒体传输的帧。

通过设置 MAC 头中的帧控制字段，可以将 MAC 帧分为三类。

① 数据帧：用户的数据报。

② 控制帧：协助发送数据帧的控制报文，控制何时发送及何时回应。例如，RTS（Ready To Send）、CTS（Clear To Send）和 ACK 等。

③ 管理帧：负责站点和 AP 之间的功能型交互，进行关联和认证等管理工作。例如，Beacon、Probe（探测）、Association（关联）及 Authentication（认证）等。

如图 4.7 所示，B2～B7 位定义了不同类型的 802.11 帧。其中，B2 和 B3 位定义类型（Type），B4～B7 位定义子类型（Subtype），具体定义如图 4.8 所示。

B0	B1 B2	B3 B4 … B7	B8	B9	B10	B11	B12	B13	B14	B15
Protocol Version	Type	Subtype	To DS	From DS	More Fragments	Retry	Power Management	More data	Protected Frame	Order
bit 2	2	4	1	1	1	1	1	1	1	1

图 4.7 帧控制字段定义

Type(B2,B3)	Subtype (B7~B4)	功能	
Management Type 00	0000	Association Request	关联请求
	0001	Association Response	关联回应
	0010	Reassociation Request	重新关联请求
	0011	Reassociation Response	重新关联回应
	0100	Probe Request	探测请求
	0101	Probe Response	探测回应
	1000	Beacon	信标
	1001	Announcement Traffic Indication (ATIM)	通告流量指示
	1010	Dissassociation	解除关联
	1011	Authentication	认证
	1100	Deauthentication	解除认证
Control Type 01	1010	Power-Save (PS) Poil	省电模式—轮询
	1011	Request to Send (RTS)	请求发送
	1100	Acknowledgement (ACK)	响应
	1110	Contention Free (CF) End	无竞争周期结束
	1111	CF End + CF ACK	无竞争周期结束并回应
Data Type 10	0000	Data	数据

图 4.8 帧类型

帧的方向定义由帧控制字段中的 To DS 和 From DS 来实现，如图 4.9 所示，它们定义了无线通信流量的方向。从 A 点发送到 B 点，则视作 From DS 为 0，To DS 为 0；从 A 点发送到 D 点，则视作 From DS 为 0，To DS 为 1；从 D 点发送到 A 点，则视作 From DS 为 1，To DS 为 0；从 C 点发送到 E 点，则视作 From DS 为 1，To DS 为 1。

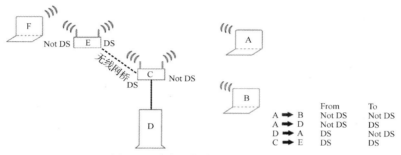

To DS	From DS	Address 1	Address 2	Address 3	Address 4
0	0	RA/DA	TA/SA	BSSID	n/a
0	1	RA/DA	TA/BSSID	SA	n/a
1	0	RA/BSSID	TA/SA	DA	n/a
1	1	RA	TA	DA	SA

图 4.9　无线通信流量的方向定义

地址信息段中的 DA（Destination Address）为目的站点地址，SA（Source Address）为源站点地址，RA（Receiver Address）为当前接收站点地址，TA（Transmitter Address）为当前发射站点地址，BSSID 为基本服务集标识符或网络的名称。

4.2.2　基本信令

在分析无线数据帧时，有必要了解一些基本的信令，这有助于发现无线网络中的连通性故障。

信标（Beacon）：无线网卡在工作时采用被动扫描的方式，系统进程中的无线管理进程会监控 802.11 网络的相关频段，如果接收到 AP 发出的信标，则识别相对应的 SSID。信标会占用信道可用带宽，可以通过调整信标间隔（Beacon Interval）来提高带宽使用效率，一般默认值为 102.4mm（也可近似表示为 100mm）。

探测请求（Probe Request）：终端向 AP 发送的请求报文，AP 接收到请求报文后，返回探测回应（Probe Response）报文，终端根据不同的 AP 的回应报文选择最优的探测回应。

认证请求（Authentication Request）：终端向 AP 发送的认证请求，期望接入，AP 通过认证进行注册后，发送认证回应（Authentication Response）报文。

关联请求（Association Request）：终端向 AP 发送的关联请求，AP 接受关联并进行注册后，发送关联回应（Association Response）报文。

重关联请求（Reassociation Request）：终端向 AP 发送的重关联请求，AP 接受重关联并进行注册后，发送重关联回应（Reassociation Response）报文。

4.3　有线网络数据链路层故障分类

数据链路层为网络层提供服务，负责成帧、差错控制等任务，因此数据链路层故障将直接导致通信数据无法被正确传输。常见的数据链路层故障包括帧错误、配置错误及性能和功能类故障等。

4.3.1　帧错误

在数据链路层中，最基本的单位是帧，帧的传输质量将直接影响网络质量。帧错误形成的原因有很多，最可能导致这些错误的原因有：网卡问题或网卡驱动问题，布线错误或接地问题等。典型帧错误形成原因和故障现象的对应关系见表 4.3。

表 4.3　典型帧错误形成原因和故障现象的对应关系

		故 障 现 象						
		本地碰撞	远端碰撞	延迟碰撞	短帧	长帧	冗余错	幻象
原因	网卡驱动				√	√	√	√
	网卡或 Hub 故障	√	√	√				
	Hub 过多			√				
	线缆过长			√				
	噪声或接地不良	√	√	√		√	√	√

4.3.2　配置错误

交换机在使用时需要进行一定的配置，虽然在很多情况下可以采用默认配置参数，如传输速度、双工状态、链路类型、网线类型和流量控制等。但更多时候，需要对一些特殊参数进行配置以适应不同环境下的网络，主要有最大数据包和环回。

1. 最大数据包

MTU（Maximum Transmission Unit）是网络上传送的最大数据包，其单位是字节（Byte）。以太网中大部分网络设备的 MTU 都是 1500 字节。以太网默认无法接收大于 1518 字节的数据帧（有效数据为 1500 字节）。

如果本机设置的 MTU 值大于网络中路由器或网关的 MTU 值，大的数据包就会被拆开进行传送，会产生很多数据包分片。网络层协议会根据 MTU 值决定是否把上层数据进行分片。当两个站点通信时，两者间的数据需要穿过多个路由器和网络媒介才能到达对端。网络中不同媒介的 MTU 值各不相同。如果上层协议不允许分片，就会导致丢包现象。因此在进行配置时通常把本地的 MTU 值设成与路由器或网关相同的 MTU 值或更小，这样可以减少丢包。

分片直接导致数据帧数量的增加，降低了网络传输效率，但有些高层应用因为某些原因不允许分片，它会在 IP 数据报首部里面加上一个标签 DF（Don't Fragment，DF=1 表示不允许分片）。这样，这个 IP 数据报在传输时，如果遇到 MTU 值小于 IP 数据报长度的情况，转发设备就会根据要求丢弃这个 IP 数据报，然后返回一个错误信息给发送者，这往往会造成某些通信的问题。

高层协议对 MTU 值的要求不同，在配置时需要特别注意。

① UDP 协议本身是无连接的协议，对数据包的到达顺序以及是否正确到达不太关心，所以一般 UDP 应用对分片没有特殊要求。

② TCP 协议是面向连接的协议，TCP 协议非常在意数据包的到达顺序以及是否有错误发生，所以某些 TCP 应用对分片会有所要求。

2. 环回

现今很多交换机都支持端口环回监测功能，可以借助该功能自动判断指定通信端口中是否发生了环路现象。在指定的以太网通信端口上启用环回监测功能后，交换机设备就能定时对所有通信端口进行扫描监测，判断通信端口是否存在交换机网络环回现象。很多交换机的默认设置是关闭环回监测，需要进行手工配置以开启关键链路的环回监测功能。

但这并不意味着需要打开所有端口的监测功能，只有根据需要采用不同的配置，才能使得网络交换设备处于高效运行状态，避免一些不必要故障的发生。

如果端口是重要的级联端口，或者是下挂 Hub（集线器）的 Access（接入）端口，在启用网络环回监测后，一旦检测到有网络环回，就会自动关闭该端口，将导致整个网段中的设备无法上网的严重后果。

配置了 Trunk 模式的端口，由于不同的 VLAN（Virtual Local Area Network）信息均运行于该端口，如果启用网络环回监测，很可能由于某个交换机端口下的环回现象导致 Trunk 端口的关闭，这样影响的网络范围和设备就更多了，因此需要在配置上设成受控状态，避免此类现象的发生。

4.3.3　性能和功能类故障

在分析测试网络整体性能和功能时，需要评估网络的健康状况指标。一般，通过广播、组播和单播的占用比例进行网络整体性能和功能的评估。如果广播占用比例过大，则会导致频繁地中断进程去处理无用的广播帧，直接造成网络传输性能下降。错误帧的比例过高也会导致传输中的重传增加，既浪费了带宽，也使得服务响应变慢。同样，高流量的占用也会导致拥塞，造成网络速度变慢。在端到端的通信中，途经设备的策略配置或者新加入的网络设备，也有可能造成端到端的性能问题。

因此需要对网络整体的系统性能和功能进行评估，评估可以分为主动测试和被动测试。主动测试中通过仿真流量的方式，将测试数据注入被测网络，在接收端进行各项参数的统计；被动测试则采用静默的方式，几乎不产生数据流或仅发送少量请求数据的相关指令，通过接收回应数据来查看网络运行情况。主动测试的监测内容为数据传输速率、吞吐量、延时、丢包率和帧误码率等参数。被动测试的监测内容为链路的利用率，广播和组播的占用比例情况，以及错误和碰撞情况。

4.4　无线网络数据链路层故障分类

4.4.1　性能类故障

在 IEEE 802.11ac 标准制式的 WLAN 中，每个蜂窝小区理论上可能有 433Mb/s 甚至 866Mb/s 的共享带宽。WLAN 的 AP 数量受限于带宽，过多的通信帧和大量的关联客户端帧数据会造成 AP 超载。过多的组播帧和广播帧也会给 WLAN 设备带来额外的负担，导致性能下降和出现连接问题。

常见性能类故障包括信道过载、漫游问题、信道上的组播帧和广播帧过多及设置问题。

1．信道过载

信道过载可能有多种原因。当 AP 所关联的客户端过多时，会发生 AP 关联表溢出。一般，802.11n 网络建议 15～20 个客户端，802.11ac 网络建议 30～40 个客户端。当 AP 达到限额后，尽量不要接受其他客户端的关联请求。

另外，存在带宽利用率问题，由于 CSMA 的冲突避免协议，要获得接近 100%的利用率实际上是不可能的，60%～70%的利用率已十分高了。但在无线网络中，利用率高不代表吞吐量高。信道的利用率趋势如图 4.10 所示，当前信道利用率已经是 32.65%，但大部分数据均在 1Mb/s 的速率下运行，实际达到的吞吐量并不会太高，其原因可能是客户端分布距离远，以及多用户同时使用。

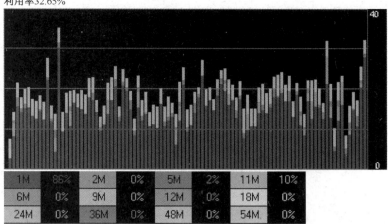

图 4.10 信道的利用率趋势

2．漫游问题

要解决大型区域信号覆盖问题，简单地增大功率是没有用的，比较理想的方式是使用蜂窝式组网使得每个小区域都有信号覆盖，而小区域间通过漫游进行区域切换。

但蜂窝式组网很容易使 AP 信号覆盖区域有太多的重叠，造成漫游时的"粘连"，从而导致终端 Wi-Fi 质量变差。一般建议 AP 信号覆盖区域重叠范围不超过 15%～20%，这样终端就可以正常漫游到最佳的 AP。

由于各种原因，漫游很容易出现不稳定的现象，如掉线、重连等问题。以下列举三种漫游方式，说明其中存在的问题。

（1）多个独立 AP 或宽带路由器实现漫游

通过部署多个独立 AP 或宽带路由器的方式，设置相同的 SSID 和密码，实现漫游。这其实并不是一种好的解决方案，多个路由器无线上互不协同通信，本质上还是多个网络，虽然可以解决信号覆盖的问题，但此时信号并不是无缝漫游的。

（2）AP＋AC 实现漫游

目前大部分无缝漫游方案都是借助 AP+AC 实现的。AC（AP Controller，AP 控制器）实现客户端毫秒级在 AP 之间的切换，基本不掉包。而要做到 Wi-Fi 无缝漫游，设备是否支持 IEEE 802.11k/v/r 等标准非常关键。

- IEEE 802.11k 标准帮助客户端获取并比较周围 AP 的信号强度，然后生成列表，在需要漫游时只需在列表上的信道扫描获取漫游的目标即可，节省了时间，也利于信道负载均衡。
- IEEE 802.11v 标准帮助优化漫游触发，AP 通过客户端的信号强度、信道负载等情况主动触发客户端扫描，并引导客户端实现漫游。
- 当终端从一个 AP 漫游到另一个 AP 时，IEEE 802.11r 标准会使用一项名为"快速基本服务集转换"（FT）的功能更快地进行认证。FT 适用于预共享密钥（PSK）和 IEEE 802.1x 认证方法。

漫游设备的配置非常重要，如图 4.11 所示，在笔记本电脑的网卡属性配置中，首选频段和漫游主动性的配置，会直接影响客户端选择切换到哪一个 AP 的动作。如果漫游主动性选择了保守模式（最低值），那么在实际使用时，虽然保证了连接的稳定性，但容易产生信号粘连，无法实现不丢包切换。

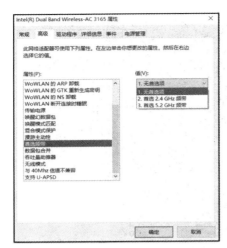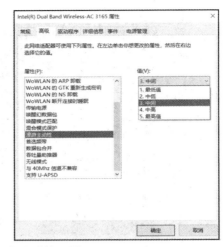

图 4.11   网卡设备漫游的配置

（3）Mesh 方案实现漫游

Mesh 方案一般适用于家庭或小型办公网线不理想的情况，通过无线或有线网络实现回程，比 AC+AP 方案灵活很多。一般为了保证漫游，需要注意布置好无线回程，尽量减少对节点间回程信号的阻挡。

3．信道上的组播帧和广播帧过多

（1）基本速率的设置

与有线网络相同，接入速率在端口启用时固定下来，无线网络中需要根据终端的位置动态调整接入速率。而对于管理帧和控制帧，一般采用基本速率进行传送，如图 4.12 所示。通过登录 AC 或者借助测试设备，可以获得 AP 设备配置的基本速率信息，而数据帧可以使用更高的扩展速率进行传送。WLAN 中的组播帧和广播帧一般都低速传输，如采用 BPSK 或 QPSK 调制方式（IEEE 802.11n 2.4GHz 时速率为 1Mb/s 或 2Mb/s），这样做的好处是可以通知足够远的站点或信号接收不理想的站点，但这也使得 WLAN 比 LAN 对广播帧和组播帧更加敏感。这种低速传输会低效地使用无线符号资源，而每秒的符号资源是有限的，以 1Mb/s 或 2Mb/s 的速率与以 433Mb/s 和 866Mb/s 的速率使用无线资源，其效率相差巨大，这实际等于减少了其他数据传送的 WLAN 带宽资源。除了带宽效率低，IEEE 802.11ax 以前，低速组播帧和广播帧还需要更长的时间来完成输出过程，增加了其他等待信道空闲的设备的延时，给流媒体等延时敏感的应用带来抖动。虽然从 IEEE 802.11ax 开始，采用了 OFDMA，允许借助 RU 同时传送不同用户的数据包，效率更高，延时有所降低，但这类广播资源占用带来的问题没有得到根本改善。

（2）多个 SSID 的设置

要保持适当的 Wi-Fi 性能，SSID 的数量也非常关键。限制活动的 SSID 数量可以减少网络管理帧（尤其是信标帧）使用的信道开销。启用过多的并发 SSID 会导致更多来自信标帧的网络开销，其造成的影响是，信道上大量可用的通信符号时间被耗用，导致无线网络性能下降。借助 Revolution Wi-Fi SSID 开销计算器，如图 4.13 所示，可根据最小数据传输速率、SSID 数量、信道上相邻 AP 的数量以及信标帧的大小来确定无线网络上的开销。图 4.14 为 SSID 开销分布表，假设信标帧以 6Mb/s 的速率发送，那么可以得到在 300 字节帧长下、发送间隔为 102.4ms 时不同的开销情况。假设某一空间同一信中 AP 数量为 8 个，SSID 数量为 5 个，那么由图 4.14 可得 SSID 开销为 18.01%，这意味着可用于数据传输的利用率大大减少。一般认为 10%以下的 SSID 开销是比较合理的。

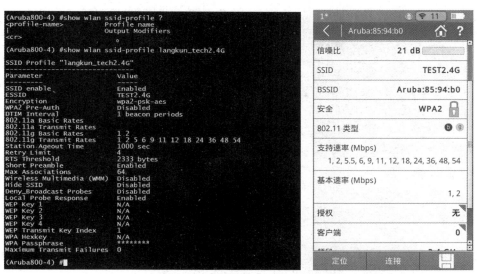

图 4.12　AP 设备配置的基本速率信息

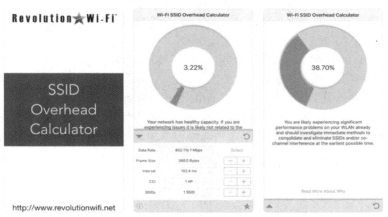

图 4.13　SSID 开销计算器

Wi-Fi SSID Overhead Calculator

VARIABLES:		ASSUMPTIONS:
Beacon Data Rate (Mbps)	802.11g 6 Mbps	802.11b Long Preamble used for 1 Mbps; Short Preamble used for 2, 5.5, 11 Mbps
Beacon Frame Size (Bytes)	300	802.11g short slot time is assumed, with no 802.11b clients within range
Beacon Interval (ms)	102.4	WMM is enabled and beacons are transmitted using Best Effort AC

Amount of Overhead:	0-10% Low	10-20% Medium	20-50% High	>50% Very High

Number of APs on Channel*	Number of SSIDs									
	1	2	3	4	5	6	7	8	9	10
1	0.45%	0.90%	1.35%	1.80%	2.25%	2.70%	3.15%	3.60%	4.05%	4.50%
2	0.90%	1.80%	2.70%	3.60%	4.50%	5.40%	6.30%	7.20%	8.10%	9.00%
3	1.35%	2.70%	4.05%	5.40%	6.75%	8.10%	9.45%	10.80%	12.16%	13.51%
4	1.80%	3.60%	5.40%	7.20%	9.00%	10.80%	12.61%	14.41%	16.21%	18.01%
5	2.25%	4.50%	6.75%	9.00%	11.25%	13.51%	15.76%	18.01%		22.51%
6	2.70%	5.40%	8.10%	10.80%	13.51%	16.21%	18.91%		24.31%	27.01%
7	3.15%	6.30%	9.45%	12.61%	15.76%	18.91%	22.06%		28.36%	31.51%
8	3.60%	7.20%	10.80%	14.41%	18.01%		25.21%		32.41%	36.02%
9	4.05%	8.10%	12.16%	16.21%		24.31%		32.41%		40.52%
10	4.50%	9.00%	13.51%	18.01%	22.51%		31.51%		40.52%	
11	4.95%	9.90%	14.86%	19.81%	24.76%		34.67%	39.62%	44.57%	49.52%
12	5.40%	10.80%	16.21%	21.61%	27.01%		37.82%			54.02%
13	5.85%	11.71%	17.56%	23.41%	29.26%	35.12%	40.97%	46.82%	52.67%	58.53%
14	6.30%	12.61%	18.91%	25.21%	31.51%	37.82%	44.12%	50.42%	56.72%	63.03%
15	6.75%	13.51%	20.26%	27.01%	33.76%	40.52%	47.27%	54.02%	60.78%	67.53%
16	7.20%	14.41%	21.61%	28.81%			50.42%	57.63%	64.83%	72.03%
17	7.65%	15.31%	22.96%	30.62%			53.57%	61.23%	68.88%	76.53%
18	8.10%	16.21%	24.31%	32.41%	40.52%	48.62%	56.72%	64.83%	72.93%	81.04%
19	8.55%	17.11%	25.66%	34.22%	42.77%	51.32%	59.88%	68.43%	76.98%	85.54%
20	9.00%	18.01%	27.01%	36.02%	45.02%	54.02%	63.03%	72.03%	81.04%	90.04%
21	9.45%	18.91%	28.36%	37.82%	47.27%	56.72%	66.18%	75.63%	85.09%	94.54%
22	9.90%	19.81%	29.71%	39.62%	49.52%	59.43%	69.33%	79.23%	89.14%	99.04%
23	10.35%			41.42%	51.77%	62.13%	72.48%	82.84%	93.19%	100.00%
24	10.80%		32.41%	43.22%	54.02%	64.83%	75.63%	86.44%	97.24%	100.00%
25	11.25%		33.76%	45.02%	56.27%	67.53%	78.78%	90.04%	100.00%	100.00%
26	11.71%		35.12%	46.82%	58.53%	70.23%	81.94%	93.64%	100.00%	100.00%

图 4.14　SSID 开销分布表

小贴士：

如果信标帧发送速率为 1Mb/s，则对于同一信道内 4 个 AP、4 个 SSID 的配置，信道开销为 51.59%；速率为 2Mb/s 时，信道开销在 26.34%；速率为 6Mb/s 时，信道开销在 8.85%，因此建议：

① 当需要实现高密环境部署时，建议禁用低的速率集，如 1Mb/s 和 2Mb/s 等；

② 同一信道部署的 AP 数量越多，管理开销越大，高密部署时，需要降低 AP 发射功率；

③ 限制速率集并非越高越好，如调整为禁用 18Mb/s 以下的速率，这意味着终端达标区域变小，需要更多数量的 AP 进行覆盖，这会增加部署成本。

4. 设置问题

（1）前导码设置过长

对延时要求较高的业务，需要设置短前导码，以减少前导码的解码时间，提高网络效率。

（2）协议混用

802.11b 不支持 PHY 层和 PLCP 子层。为了避免冲突，必须在 MAC 层使用低效的数据帧。802.11n 工作于混合模式时，必须发送 RTS（Request to Send）帧给 802.11b 客户端，并等待 802.11b 客户端的 CTS（Clear to Send）回应。RTS/CTS 交换成功后，802.11n 才能开始发送数据。这种低效的工作方式会显著影响网络性能。所以一般将 802.11n 设置在 5GHz 频段，以排除 802.11b 对网络性能的影响。

同样，在 802.11b 和 802.11g 混合的 WLAN 环境中，802.11g 指定保护机制来防止 802.11g 和 802.11b 客户端的互相干扰。802.11b 设备使用 CCK 调制方式，无法检测到同样运行于 2.4GHz 频段的 802.11g 信号，802.11b 客户端可能在 802.11g OFDM 传输上进行发送，从而造成数据包碰撞。802.11g 标准指定了两种保护机制来解决这个问题：RTS/CTS 和 CTS-to-self。一般由 802.11g 的 AP 来对保护机制的使用进行通知和触发，但保护机制会影响网络性能。

4.4.2 配置问题导致的弱安全性故障

1. 广播 SSID

WLAN 的 SSID 通常由 AP 在信标帧中给出，便于客户端发现可用的 WLAN 以及 AP 提供的服务。但攻击者可以使用 NetStumbler 等工具通过扫描 AP 广播的 SSID 来发现潜在的攻击目标。尽管获知 SSID 名称并不代表非法客户端可以进入网络，却可以进行其他形式的攻击，如采用拒绝服务攻击造成网络不可用。此类弱安全性问题可以通过关闭广播的方式加以解决，如图 4.15 所示，可以将信标广播关闭。但这也意味着用户无法搜到可用的 SSID，使用时需要权衡利弊。

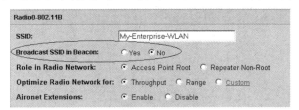

图 4.15　AP 中的信标配置界面

2. Ad-hoc 模式

如图 4.16 所示，运行于 Ad-hoc（点对点组网）模式的无线客户端，通常不像基础设施模式那样有严格的安全性规则保护。

图 4.16　Ad-hoc 模式连接示意图

因为缺少必要的安全措施，所以企业 WLAN 通常不支持点对点组网。IEEE 802.1x 的鉴权和动态密钥加密可能导致 Ad-hoc 模式客户端由于加密算法太弱而暴露传输中的数据。此外，弱鉴权算法可能允许未授权设备进行关联。如果 Ad-hoc 模式客户端同时连接了有线网络，整个有线网络也将处于危险之中。Ad-hoc 模式客户端存在高危险性，应该作为非法 AP 进行识别。

3. 安全漏洞

众所周知，使用静态 WEP 密钥加密的 WLAN 设备易受到 WEP 密钥破解攻击，一般建议采用更高安全认证级别的 WPA 加密方式。而即便采用了 LEAP 框架的无线系统，黑客工具仍可以通过离线字典式攻击破解 LEAP 密码来对运行 LEAP 的无线网络进行攻击。在检测到使用 LEAP 工具的 WLAN 后，这个工具能取消鉴权，迫使合法用户进行重连接并提供用户名和密码凭证。黑客在截获尝试重新连接的合法用户的数据包后，可以分析离线流量并用字典内的值进行密码破译。

> **小贴士：**
>
> 暴力渗透一般常见的有两种：① 暴力破解法；② pin 码破解。
>
> 下面以第一种为例进行说明。暴力破解，其实就是反复试，直到试出正确的密码。攻击者很多时候会利用 De-auth 进行解除认证攻击，实现破解。
>
> 使用 Kali Linux 工具，如图 4.17 所示，可以进行攻击，造成网络问题。当密码设置非常简单时，如 12345678、1234abcd、admin123、19900310 等类似密码，攻击者使用破解软件可以很容易地破解密码。
>
>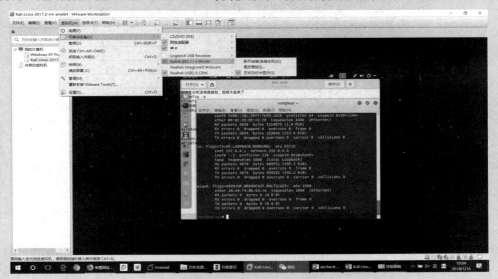
>
> 图 4.17　Kali Linux 工具
>
> Kali Linux 破解时通过 De-auth 强制让合法的无线客户端与 AP 断开，当合法客户端从 WLAN 中断开后，一般会自动尝试重新连接到 AP 上。在这个重新连接过程中，通信数据就产生了。利用 airodump 可以捕获到无线路由器与合法客户端四次握手的过程，生成一个包含四次握手的 cap 包。然后再利用字

典进行暴力破解。

如果一直捕获不到握手报文,可以采用 aireplay 命令进行强制解除认证,从而获得握手报文。De-auth 攻击部分如图 4.18 所示,获得了某 AP 的握手密钥。

图 4.18　获得了某 AP 的握手密钥

快速渗透步骤如下:

airmon-ng start wlan0 /*启动监听模式*/

airodump-ng -c 6 -w new_test --bssid C0:3F:0E:B5:2C:32 wlan0mon/*捕获握手密钥*/

crunch 1 8 123456789 | aircrack-ng new_test-*.cap -e LCTech -w -　/*创建字典并进行破解*/

幻影 WIFI 也使用"跑"字典的暴力渗透方式,如图 4.19 所示。

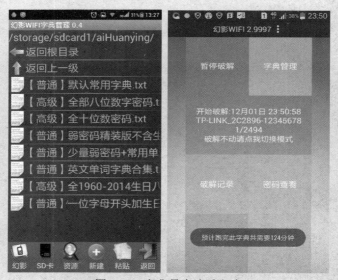

图 4.19　字典暴力渗透方式

4．无线 AP 蜜罐

对公众开放的 Wi-Fi,通常不需要任何高级鉴权机制来进行连接,仅仅弹出网页让用户进行登录。

用户连接时,无线网卡会向 SSID 发送探测请求。黑客软件可以被动地监控无线网络中的探测请求帧以识别 Windows 客户端的网络 SSID。在获取所需的网络信息后,黑客软件将网络名称与所提供的常用网络名称表进行对比。一旦检测到匹配,黑客软件客户端就可以伪装成 AP。这样,用户客户端就会在未察觉的情况下鉴权并关联至伪造的 AP。用户客户端完成关联后,黑客软件可以配置运行指令,用于剔除 DHCP 后台程序或者其他针对新受害人的扫描程序。

5. 密码泄露问题

如果 Wi-Fi 密码使用得当，渗透将是一个费时费力的过程，安全性是有保障的。但由于使用习惯的问题，造成 Wi-Fi 密码很容易被破解。市场上有各种 Wi-Fi 万能钥匙之类的破解软件，大都是通过用户分享 Wi-Fi 密码联网破解的，并非正常意义上的算法渗透。前面使用过的用户把密码分享给 Wi-Fi 万能钥匙，后续用户安装了这个 App 后，可以很方便地使用前面用户分享出来的密码，自动进行连接。

4.4.3 攻击类问题导致的故障

由于 802.11 管理帧和 802.1x 鉴权协议没有任何加密机制，很容易被侦测到，所以客户端很容易遭受拒绝服务攻击。例如，攻击者可以假装成 AP 不断向客户端发送未关联帧或未鉴权帧破坏客户端的无线服务。

除了 802.11 鉴权和关联状态攻击，还有一些与 802.1x 鉴权攻击类似的情景。例如，802.1x EAP-Failure 或 EAP-logoff 消息都是没有加密的。攻击者可以伪装后发送这些假消息以破坏 802.1x 鉴权状态，最终破坏无线服务。

攻击原理有以下两种。

1. 拒绝服务攻击（阻塞客户端）

802.11 定义了客户端状态机来追踪客户端鉴权和关联状态。无线客户端和 AP 都根据 IEEE 标准执行这一状态机，如图 4.20 所示。已成功关联的客户端为了保持继续通信过程必须保持在状态 3。处于状态 1 和状态 2 的客户端不能参与 WLAN 的数据通信过程直至其完成鉴权和关联到达状态 3。802.11 定义了两种鉴权服务：开放系统鉴权和共享密钥鉴权。无线客户端需要通过鉴权与 AP 进行关联。

攻击者可以伪造来自已关联客户端的无效关联请求，诱使 AP 与已关联客户端解除关联。拒绝服务攻击伪造来自处于状态 3 的已关联 AP 的无效关联请求帧（非法服务和状态码），并发送给 AP。一旦接收到无效鉴权请求信息，AP 就会更新客户端至状态 1，断开无线服务。这一原理也被广泛用于从瘦 AP 架构的网络 AC 中剔除非法客户端。

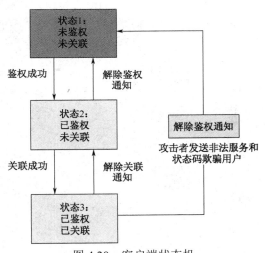

图 4.20　客户端状态机

2. 拒绝服务攻击（阻塞 AP）

当试图与无线 AP 进行关联时，客户端必须先发送一个探测请求帧，判断并确定周边环境中无线设备的容量。在标准的网络部署中，接收到探测请求帧的 AP 将发送一个包含各种数据（如 AP 所支持的数据传输速率和鉴权要求等）的探测回应帧，之后客户端才可能继续关联请求。这个过程是一个可能被攻击者利用的 802.11 传输漏洞。拒绝服务攻击的一种形式是，允许攻击者阻止目标客户端接收来自无线环境中 AP 的有效探测回应帧。在探测回应泛洪的过程中，攻击者生成大量来自一系列"伪造"MAC 地址的探测回应帧，并发送给指定客户端。因为需要处理伪造的泛洪帧，导致客户端将无法识别来自 AP 的有效探测回应帧。这就发起了拒绝服务攻击，客户端在关联网络时将出现延时或失败。

4.5　有线网络数据链路层的测试和故障诊断

协议分析软件对于二层协议的流量分析是非常好的测试工具，其属于被动接收式分析，对网络不会产生附加流量，因此得到了广泛使用。对于数据帧的分析，首选镜像 SPAN 方式，其次是测试接入点（Test Access Point，TAP）方式。此外，在网络日常维护中还会借助被动测试工具，如 SNMP 网管系统或者其他数据监测系统进行数据链路层流量的测试。

本节介绍有线网络数据链路层测试的三类应用环境：① 故障分析和排除，网络中出现故障或性能下降时，对数据进行精确分析，查明故障原因；② 监控网络运行，对网络整体运行进行 7×24 小时监控，并且对异常现象进行记录甚至做出告警；③ 性能评估，在新应用上线前对现有系统进行性能评估，或者对新建网络进行性能评估。

4.5.1　故障分析和排除环境中的测试

1. 部署方式

网络管理中经常遇到需要查看流量大小、流量帧长分布，以及判断数据链路层是否有错误，对数据链路层进行数据帧的分析从而排除故障等情况，通常采用的方式是将协议分析仪接入网络中进行数据帧采集。

协议分析仪一般安装于 PC 机上，其测试端口数量有限，一般只有一个网口用于接入，有些支持串行接入，具体接入方式如图 4.21 所示。

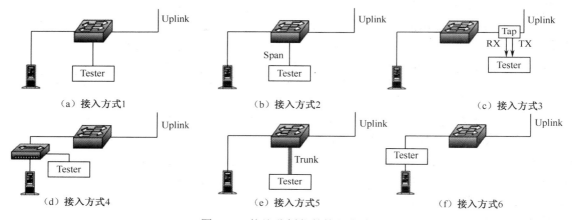

图 4.21　协议分析仪的接入方式

上述 6 种接入方式的优缺点见表 4.4。目前用于分析的主要是前三种，但其他接入方式也有其独特的适用场合，可以作为条件受限时的补充接入方式。

（1）接入方式 1

接入方式 1 直接接入交换机端口进行数据帧的获取，与接入方式 4 的 Hub 直接接入不同。在 Hub 环境中，整个 Hub 上的端口属于同一个共享环境，每个端口上的流量都可以被其他端口看到，协议分析时可以监测到所有 Hub 端口上的流量。而在交换机中，如果不做镜像配置，交换机只负责在该端口上转发广播、组播和与协议分析仪关联的单播流量，因此协议分析仪做分析时监测不到其他站点间的对话，信息非常有限，但可以用作广播、组播流量的分析。

表 4.4　不同接入方式的优缺点对比

接 入 方 式	描　　　述	优　　点	缺　　　点
接入方式 1	直连任意端口	测试方便	只能收到组播、广播和本端口的流量
接入方式 2	镜像 SPAN	不必中断链路	需要配置交换机，并增加 CPU 的开销
接入方式 3	TAP	真实流量，协议分析	需要另接 TAP 设备，连接时需要断开网络
接入方式 4	Hub	测试方便	只适用于低流量网络
接入方式 5	连接到 Trunk 口	不必中断链路	需要专业分析仪，PC 网卡不支持
接入方式 6	串行接入	真实流量，协议分析	性能容易导致网络质量下降

（2）接入方式 2

接入方式 2 采用的是镜像 SPAN（Switched Port Analyzer）方式，这是一种非常普遍的分析方式。其作用是将特定的数据流（可以是某个端口，某组端口，或者某个 VLAN）复制给一个监控端口。一般交换机受机器性能影响，可以启用的镜像线程有限，典型的是两个线程。镜像时，可以只分析接收流量或发送流量，也可以选择双向模式。为了不丢包，目标端口速率要大于或等于源端口的带宽。例如，目标端口速率为 1000Mb/s，可以监控 5 个 100Mb/s 速率的端口。即使是全线速全双工状态下，每个被监控端口的上下行流量最大为 200Mb/s，5 个端口累计为 1000Mb/s，而如果监控源端口的速率为 1000Mb/s，就有可能因为双向模式的流量相加后大于 1000Mb/s 而造成丢包。

在镜像配置时，配置对象可以有多种类型：

① 一个或多个 access switchports（Local SPAN）；

② 一个或多个 routed interface；

③ EtherChannel；

④ trunk port；

⑤ 整个 VLAN（VSPAN）。

在 SPAN 状态下，镜像数据可以是输入（inbound）或者输出（outbound），也可以是双向（both）。

创建 SPAN 源和目标的实例如下：

```
Switch(config)# monitor session 1 source interface fa0/10 rx
Switch(config)# monitor session 1 source interface fa0/11 tx
Switch(config)# monitor session 1 source vlan 100 both
Switch(config)# monitor session 1 filter vlan 1-5
Switch(config)# monitor session 1 destination interface fa0/15
```

第一条命令创建了一个 monitor session，分配了线程号 1。当需要指定一个目标端口时，必须使用同一个 session 号。命令的后半部分定义了端口 fa0/10，镜像的是接收流量（RX）。

第二条命令添加了第二个端口到镜像 session 1，镜像的是发送流量（TX）。

第三条命令添加了一个 VLAN 到镜像 session 1，镜像的是端口所有流量（both）。

第四条命令指定需要监测的 Trunk 链路流量的 VLAN。

第五条命令定义目标端口。

配置了源和目标后，镜像过程就完成了。在镜像目标端口上，可以连接协议分析仪进行数据分析。

在进行流量监控时，需要注意镜像命令仅在本交换机上有效，其实质是，交换机通过 CPU 将部分端口的流量复制到指定端口上。在网络中需要进行跨交换机分析时，应使用 RSPAN 技术进行远程镜像。要特别注意，在进行 RSPAN 时由于镜像流量大小不确定，很可能造成网络的拥塞。此外，RSPAN 不支持二层协议的 BPDU 包或其他二层交换机协议。在分析前需要先在 VTP 服务器上配置 RSPAN VLAN。VTP 服务器可以自动将正确的信息传播给其他中间交换机，否则，要确保每台中间交换机都配置了 RSPAN VLAN。

创建 RSPAN VLAN 的实例如下：

```
Switch(config)# vlan 901
Switch(config)# remote span
Switch(config)# end
```

如图 4.22 所示的是由三个交换机构成的网络链路，创建一个完整的 RSPAN 实例（从 Switch1 的 fa0/10 镜像到 Switch3 的 fa0/12）的具体配置如下。

图 4.22　网络链路

Switch1 配置：

```
Switch（config）# vlan 123
Switch（config-vlan）# remote-span
Switch（config）# monitor session 1 source interface fa0/10
Switch（config）# monitor session 1 destination vlan 123
```

Switch2 配置：

```
Switch（config）# vlan 123
Switch（config-vlan）# remote-span
```

Switch3 配置：

```
Switch（config）# vlan 123
Switch（config-vlan）# remote-span
Switch（config）# monitor session 1 source vlan 123
Switch（config）# monitor session 1 destination interface fa0/12
```

SPAN 或 RSPAN 在应用中有一定的局限性。

① 不能进行一对多分析。交换机设置镜像时，由于镜像会话数有所限制，往往不能实现一对多的监控。而实际网络运行中，这又是一个普遍的测试需求。

② 不能进行多个一对一分析。由于交换机本身是网络运行设备，无法牺牲大量端口来实现网络测试的基本需求，导致在需要进行多个一对一分析时，端口数量不够用。

③ 已 SPAN 的端口不能再次 SPAN。在 SPAN 技术中，多段数据合并也是个难题，这需要将不同交换机镜像端口中的数据再进行一次汇总合并，这在现有的多数交换机和其他网络设备中是无法实现的。

④ SPAN 不能保留物理层错误。SPAN 需要借助网络设备的上层 CPU 资源来完成，因而对于物理层的错误信息无法全面知晓。

（3）接入方式 3

接入方式 3 采用的是 TAP 方式。TAP 是一个网络测试和故障诊断中的基础设施。在进行数据链路层测试时，TAP 通常串接于链路中，可以真实地获取网络物理层传输中的信息，并将信息提供给协议分析仪，使得故障现象得以真实还原。

TAP 方式在极大拓展了网络测试和分析范围的同时降低了部署难度，它从根本上改变了被动测试网络时监测分析工具的接入方式，使得整个测试在大规模网络中的部署难度大大降低，并且系统性更完整，为大型网络测试和分析平台的应用奠定了基础。

TAP 方式有三个主要缺陷：

① 对整网进行 TAP 部署时，需要考虑状态监测，避免引起单点故障。

② TAP 不能获取网络设备内部的信息。

③ TAP 的部署需要大量的资金投入。

2．分析方法

WireShark 是广受欢迎的免费捕包和协议分析软件，可以抓取计算机中通信的数据包。通过数据包的分析，可以了解计算机网络的工作状态。其主界面如图 4.23 所示。

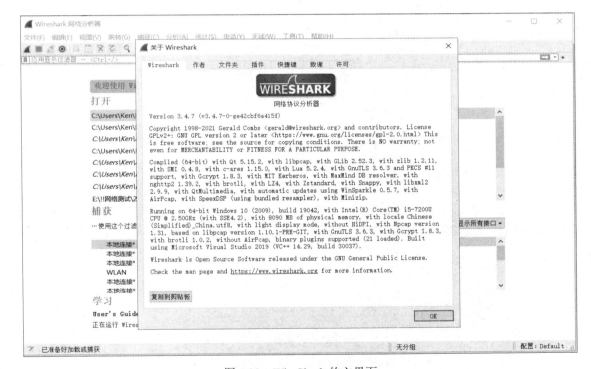

图 4.23　WireShark 的主界面

选择菜单命令"捕获→选项"，打开的对话框如图 4.24 所示，选择要捕获的网卡接口，单击"开始"按钮。

捕获流程如图 4.25 所示，WireShark 软件通过网卡捕捉网络（Ethernet）上传输的数据帧，首先判断是否设置了捕获过滤器（Capture Filter），然后将数据保存到捕获缓存（Capture Buffer）中，再判断是否设置了显示过滤器（Display Filter），最后得到捕获显示界面（Capture View）。

图 4.24　选择要捕获的接口

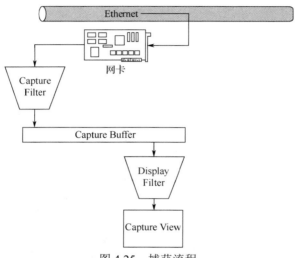

图 4.25　捕获流程

WireShark 的捕获显示界面分为三个区域：捕获的数据包显示区域，选中的数据包解码区域，以及原始包十六进制数显示区域，如图 4.26 所示。还可创建各类过滤器，如图 4.27 所示。

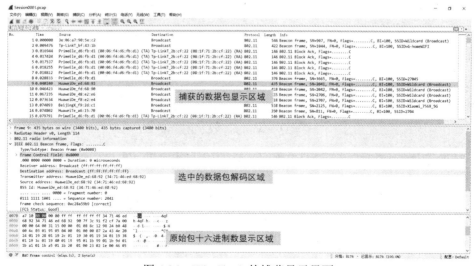

图 4.26　WireShark 的捕获显示界面

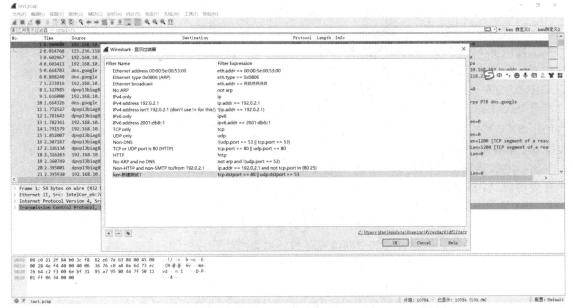

图 4.27　在过滤器中设置过滤方式

4.5.2　监控网络运行环境中的测试

1.部署方式

在网络日常运行过程中，需要监测网络中的流量，但因为流量巨大，所以通过捕获数据报文的方式进行测试分析已经不太现实，也没有必要。这时的分析更侧重于流量趋势的统计、数据帧的统计和排名情况等。

简单网络管理协议（SNMP）完全可以胜任这一任务，它是工作在应用层的协议，在网络分析接入时无须指定特殊的分析端口，可以将 SNMP 分析服务器部署在任意位置，只要确保该服务器可以访问整个网络即可。通常，基于管理性和安全性的考虑，将 SNMP 分析服务器部署在机房或数据中心。

SNMP 可以对数据链路层的有关信息进行监控，通过 SNMP 可以对网络设备的管理信息库（Management Information Base，MIB）进行查询，获得各种信息，包括数据链路层的流量统计信息。这在日常网络的维护中是非常便利的。

SNMP 在网络管理和监控测试中得到广泛应用，其基本架构如图 4.28 所示，关键组成部分说明如下。

① 可管理设备或 SNMP 代理。这些设备支持SNMP，在工作时会运行 SNMP 代理线程。可管理设备可以是路由器、交换机、防火墙或者服务器等。SNMP 代理运行于可管理设备上，其作用是搜集、存储和传输管理信息。

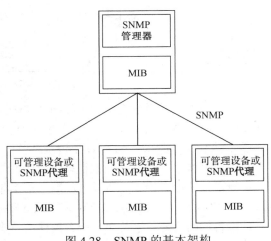

图 4.28　SNMP 的基本架构

② MIB。MIB 是管理对象的集合。管理对象是指标识管理信息的特定参数。由于网络基础设备（如交换机和路由器）生产厂商众多，各自基于自身系统网络管理的需要，不仅在产品中加入了标准的 MIB 信息（公有 MIB），还加入了特殊的管理集合（私有 MIB），以加强产品系统的功能。测试系统支持尽可能多的 MIB 库，可以获得最为全面的网络信息。SMNP 通过查询代理 MIB 中相应对象的值，实现对网络设备状态的监视。

③ SNMP 管理器。管理器大多数位于 SNMP 服务器（网络管理服务器）上，网络管理服务器使用 SNMP 对 SNMP 代理发送查询。在 SNMP 管理服务器中，通过后续处理，可以以图形的方式显示定制信息。

SNMP 工作时，管理对象的访问要通过 MIB 的虚拟信息存储库才能进行。MIB 中的对象按照管理信息结构（Structure of Management Information，SMI）中的机制进行定义。

MIB 是网络管理数据的标准，在这个标准里规定了网络代理设备必须存储的数据项目、数据类型以及允许在每个数据项目中的操作。通过对这些数据项目进行存取访问，就可以得到该网络设备的所有统计内容。再通过对多个网络设备统计内容的综合分析即可实现基本的网络管理。

例如，某个网络设备支持的 MIB 库包括 MIB II（RFC 1213）、Ethernet-like（RFC 1398）和 FDDI（RFC 1285）。在进行网络测试时，该设备就可以通过 SNMP 查询语句对 RFC 1213、RFC 1398 和 RFC 1285 定义的管理对象集合进行访问，从而获取数据和状态信息。采用 MIB Browser 软件对 MIB II（RFC 1213）的结构进行查看，结果如图 4.29 所示。

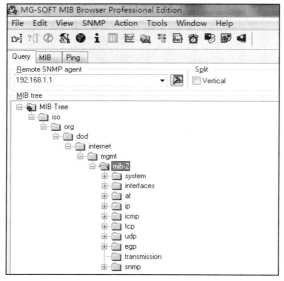

图 4.29　MIB II（RFC 1213）的结构

MIB 库里的结构像是一棵树，在 SNMP 代理中提供大量的对象标识符（Object Identifiers，OID），每个 OID 都有一个唯一的键值。SNMP 管理器可以向 SNMP 代理查询键值中的特定信息，如图 4.30 所示。SNMP 的 OID 是可读/写的。

SNMP 有一个基本认证框架，让管理员发送通信字符串（Community String）来对 OID 进行读取或写入认证。绝大多数设备的默认通信字符串是 public（只读）和 private（读/写）。SNMP 通过 UDP 端口 161 和 162 进行通信。在 SNMP 管理器或服务器进行监控测试时，需要设置与可管理设备相同的通信字符串。配置通信字符串时，尽量不要配置 public 或者 private，因为容易被猜到，进而引起安全漏洞。

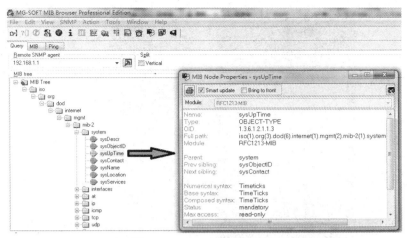

图 4.30　MIB 中对象的 OID

2．分析方法

SNMP 分析系统种类非常多，包括安装于 PC 机或服务器中的软件分析系统和内嵌于网络测试设备中的分析系统等。NetAlly 网络公司的 Etherscope nXG 便携式网络分析测试仪是应用较多的便携式分析工具，如图 4.31（a）所示。

SNMP 的网络分析测试工具工作于应用层，在测试时需要建立设备到 SNMP 代理的通信。Etherscope nXG 接入网络前需要设置测试仪的 IP 地址、掩码和网关，配置界面如图 4.31（b）所示。为确保在远程也可以使用 SNMP 实现测试数据的统计获取，必要时还需添加 DNS 信息。另外，为了确保测试仪可以访问网络可管理设备，还需要配置与可管理设备一致的通信字符串，如图 4.31（c）所示。

|　（a）　|　（b）　|　（c）　|

图 4.31　配置 IP 地址和 SNMP

配置完成后，测试仪可以进行其他网段的扩展发现或通过其他设备发现（交换机、路由器和 Wi-Fi 客户端等）优化配置，如图 4.32 所示。运行时，测试仪对可管理设备发出请求，对回应数据进行分析。

(a)   (b)

图 4.32   扩展网段搜索范围

如图 4.33 所示，地址为 172.24.151.254 的分析仪发送了多个 SNMP 的请求，请求中包含可管理设备的 IP 地址，以及需要查询的 OID 号，接收到请求的可管理设备通过 SNMP 报文回应。图 4.33 中的第 7 帧是 IP 地址为 172.24.222.135 设备的回应帧。

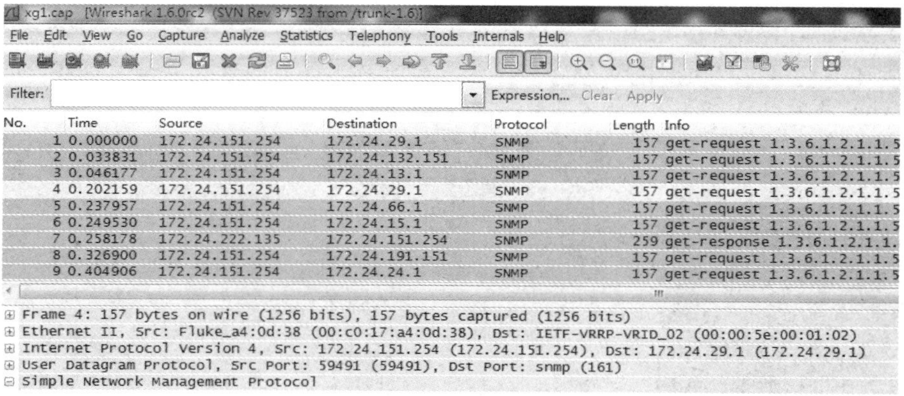

图 4.33   SNMP 捕包结果

Etherscope nXG 通过持续不断的 SNMP 查询，就可以实现网络链路上信息的统计测试。SNMP 获得的 System Group（系统组）信息如图 4.34 所示，图（a）是 MIB 中对应的系统组信息树状结构，图（b）是测试仪获得的测试结果。

如图 4.35 所示是 Etherscope nXG 访问某一交换机的结果（接口组信息），当前分析的交换机为 Tech_room，选择查看 Gi0/1 端口，速率为 1Gb/s，进和出的利用率均小于 0.1%，同时显示了输入和输出中的单播包、组播包和广播包的分布比例，收/发帧数及当前值、平均值、最大值的情况，还可以进一步查看丢包和错误情况。

在获得测试数据后，可以将交换机上的端口数据统计情况参考《基于以太网技术的局域网（LAN）系统验收测试方法》（GB/T 21671－2018）进行比较，判断网络中各重要端口的网络健康状况。主要健康指标如下。

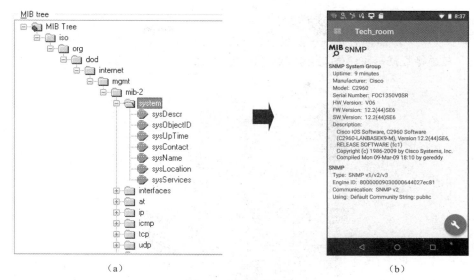

（a） （b）

图 4.34　系统组信息

图 4.35　接口组信息

① 链路利用率：网络链路上数据的实际传输速率与该链路所能传输的最大物理传输速率的比值。链路利用率分为最大利用率和平均利用率。最大利用率的数值与测试统计采样的时间间隔有关，采样时间间隔越短，越能反映出网络流量的突发特性。半双工交换式以太网要求链路利用率小于 40%，全双工交换式以太网要求链路利用率小于 70%。

② 错误率：网络链路上实际产生的各类错误帧数占总帧数的比例。错误帧的类型包括长帧、短帧、CRC 错误帧、碰撞帧和对位不齐帧等。测试时，不含碰撞帧的错误率应小于 1%。

③ 广播率和组播率：广播和组播会占用每个接收端的可用带宽。网络健康指标要求广播率不大于 50 帧/秒，组播率不大于 40 帧/秒。

4.5.3　性能评估环境中的测试

1. 部署方式

数据链路层测试可以获得链路传输速率、吞吐量、丢包率和背靠背帧数等参数。当存在多级交换拓扑架构或经过其他网桥设备时，在交换环境下进行端到端性能的测试是非常必要的。

在网络测试点的选择上，需要按照最大路径来选择，即按照末端节点到中心节点的方式进行部署，测试工具以成对的方式进行配置。本节使用的是 Etherscope nXG，形成端到端的数据链路层通道。在进行数据链路层性能评估测试时，选择 A+B+C 三级通道认证的方式，如图 4.36 所示。

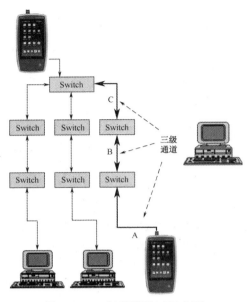

图 4.36　三级通道认证示意图

2．分析方法

确认测试部署方式后，就可以借助数据链路层压力测试工具进行性能评估测试。流量压力测试工具可以是安装于两台 PC 机上的软件，也可以是内嵌在专用硬件平台上的测试仪。

一般需要对链路的吞吐量、丢包率、延时、抖动、误码率等参数分别进行测试，并对结果进行评估，判断是否达到或超过标准。

（1）吞吐量

吞吐量表示在网络空载和无丢包条件下链路能够达到的最大数据转发速率。需要按照不同长度（包括 64、128、256、512、1024、1280 和 1518 字节）的帧分别进行测试，以验证不同帧长下的吞吐能力。吞吐量测试如图 4.37 所示。

在测试时分别在被测网络两端选取测试节点，应包括接入层到汇聚层链路、汇聚层到核心层链路、核心层间骨干链路，以及经过接入层、汇聚层和核心层的端到端链路。主控端向受控端直接发送 100%的线速流量，受控端也做反向 100%的线速流量发送，彼此互为接收端，并针对上行和下行测试情况统计结果。当接收端统计到有丢包情况时，将降低测试速率，直到接收端不再有丢包为止。将此时的发送速率记录下来，并作为该字节流量测试时的最大吞吐量。

吞吐量合格判定值见表 4.5，不同网速下的判定标准不同。以 64 字节帧长和百兆以太网为例，表 4.6 中吞吐率的计算方法：每帧加上前导码（8 字节）和帧间隙（12 字节），所以 64 字节每帧实际上是 64+8+12=84 字节每帧，按照百兆以太网的最低帧率 104166fps 进行计算，可得每帧速率为 69999552b/s，相当于 70%的百兆以太网速率。

图 4.37　吞吐量测试

表 4.5　吞吐量合格判定值（参考 GB/T 21671－2008）

测试帧长	十兆以太网		百兆以太网		千兆以太网	
	帧率/fps	吞吐率	帧率/fps	吞吐率	帧率/fps	吞吐率
64 字节	≥14731	99%	≥104166	70%	≥1041667	70%
128 字节	≥8361	99%	≥67567	80%	≥633446	75%
256 字节	≥4483	99%	≥40760	90%	≥362318	80%
512 字节	≥2326	99%	≥23261	99%	≥199718	85%
1024 字节	≥1185	99%	≥11853	99%	≥107758	90%
1280 字节	≥951	99%	≥9519	99%	≥91345	95%
1518 字节	≥804	99%	≥8046	99%	≥80461	99%

注：fps 为帧每秒。

（2）丢包率

丢包率是指由于网络性能不佳造成的数据帧无法被转发的比例。丢包率测试需要在被测系统两端接入测试设备，也可以通过路由环的方式（由一台设备的两个测试端口形成收发环路）进行测试。丢包率测试需要分别测试 64、128、256、512、1024、1280 和 1518 字节的帧长。发送速率是端口速率的 70%，合格的丢包率为不大于 0.1%。

测试时，需要在空载网络下进行，测试节点选择应包括接入层到汇聚层链路、汇聚层到核心层链路、核心层间骨干链路，以及经过接入层、汇聚层和核心层的端到端链路。

（3）延时

延时与两端之间的传输距离、经过的设备数量、带宽和利用率有关。在测试时，一般通过环回的方式进行测量，单向传输延时为往返延时除以 2。一般采用 1518 字节的帧长进行测试，最大延时不应超过 1ms。

测试时，需要在空载网络下进行，测试节点选择应包括接入层到汇聚层链路、汇聚层到核心层链路、核心层间骨干链路，以及经过接入层、汇聚层和核心层的端到端用户链路。

（4）抖动

向被测网络发送一定数目的 1518 字节的数据帧，在数据帧的发送和接收时刻都打上相应的时间戳（Timestamp），计算发送和接收的时间戳之差，共取 20 次测试结果，传输延时是对 20 次测试结果的平均值，延时抖动是 20 次测试结果与平均值的差值。

（5）误码率

误码率（FrameBERT）测试对帧进行按位检查，包括前序码和帧起始定界符，并与帧冗余检验（CRC）码进行比较。错误的帧会被丢弃。为了便于计算误码率，假定被丢弃的帧恰好为一个误码。如图 4.38 所示，测试时可以选择双端部署或者远端打环测试。

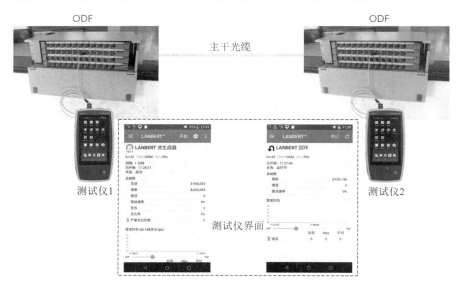

（a）双端部署

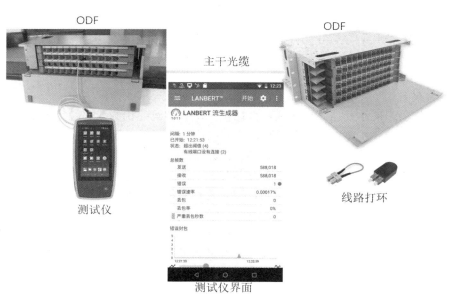

（b）远端打环测试

图 4.38　双端部署或者远端打环测试

4.5.4 数据链路层故障分析案例

典型案例 1：选择正确的利用率分析方式

网络测试时经常会混淆利用率的概念，没有区分平均利用率和峰值利用率。在很多测试工具和测试软件中给出的利用率与采样率相关。采样率越大，得到的利用率值偏差也会越大，这可能导致误判或错判。

许多基于 SNMP 的网管软件或测试工具中，默认为 5s 甚至 30s 统计一次利用率，然后基于采样点数值绘制出流量趋势图形。

图 4.39 是某测试设备 1hour 的流量采样图，黑色曲线是 1min 采样间隔获得的平均曲线，灰色曲线是 1min 采样获得的每分钟峰值曲线。可以看到，虽然是同一流量，却得出了差异较大的利用率值。

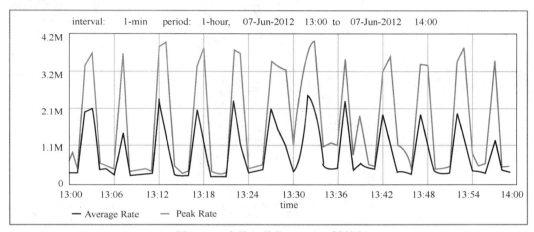

图 4.39 流量（单位：b/s）采样图

如图 4.40 所示为某用户的数据传输系统，数据处理终端缓存容许的最大流量是 40Mb/s，系统内的所有接口均为百兆位口，理论上只要将数据采集终端上传的流量控制在 40Mb/s 以内，即利用率在 40%以内，即可保证数据的传输。

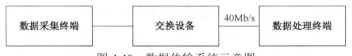

图 4.40 数据传输系统示意图

但实际情形是，网络中还是会存在大量丢包问题，那么问题到底发生在哪里呢？

如果将 1s 分为 10 个 100ms 的时间段，当前以太网口的速率是 100Mb/s，那么即便前 4 个 100ms 以 100Mb/s 的速率进行传送，后 6 个 100ms 什么数据也不传送，链路的利用率还将是 40%，这对于网络系统来说没有问题。对于数据处理终端来说，由于缓存处理能力有限，在更小的采样间隔内，流量是按大于 40%的利用率来传送的，从而导致系统出现丢包现象。

由此不难看出，平均利用率是一个粗略的统计方式，在测试时为了了解网络的真实情况，选用测试方式和测试工具时需要明确采样间隔，不同的采样间隔得到的数据差异非常大。在 GB/T 21671 标准中定义了平均利用率不大于 70%的要求。70%平均利用率既保证了即使在峰值流量偏大时，系统仍保留有足够的余量，同时也尽可能地利用了带宽资源。

某单位网络有多个分支机构，各机构规模大小不一，通过租用运营商链路实现分局和总局的网络互连。近期做了网络带宽升级，运营商承诺各分局到总局之间每个节点的带宽分别满足杭州为 500Mb/s，苏州为 300Mb/s，以及外高桥（两个）为 100Mb/s 的传输要求。现需要对链路进行评估，确定各链路的吞吐量、丢包率、延时和抖动，为部署新应用提供链路性能保障。测试时可以在中心侧部署一个 10Gb/s 的测试工具。图 4.41 中，左侧部署了 NetAlly 公司的 Etherscope nXG 测试仪，右侧在不同的节点处分别部署了 LinkRunner 10G、LinkRunner G2 和 LinkRunner AT 2000 等对端配合压力测试工具，测试时会产生流量。

如图 4.42 所示为测试完成后获得的结果，可以看到，吞吐量均满足设计要求，没有发生丢包，杭州站点的延迟时间最大，为 28ms，苏州站点的延迟时间为 20ms，外高桥节点正常。

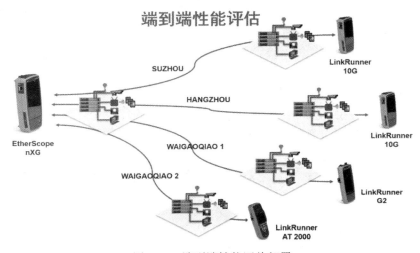

图 4.41　端到端性能评估部署

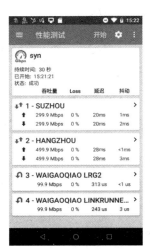

图 4.42　获得的结果

4.6　无线网络数据链路层的测试和故障诊断

在无线网络中，不论 AP 还是终端，都是以共享无线信道的方式传送数据的，而 802.11 数据链路层则为无线设备终端间传输数据提供了有效链路，在分析上更类似于有线网络中的 Hub 共享环境。

与有线网络协议分析软件类似，对于二层协议的无线流量分析，几乎所有的测试数据和分析也都来自帧。在这一层无线协议分析中也会采用主动测试和被动测试这两种方式。对于被动接收式分析，需要无线采集卡工作于混杂模式下，保留 CRC 错误以便进行相关统计。而在性能测试时，会借助专用测试工具或 iPerf 等类似性能测试工具来测量链路的吞吐能力。

本节介绍无线网络数据链路层测试的三类应用环境。

4.6.1　故障分析和排除环境中的测试

1. 部署方式

在无线网络二层协议分析时，通常借助安装于笔记本电脑中的特殊无线网卡结合协议分析软件进行测试。测试点的位置一般取决于故障发生点的位置，测试过程分为被动监测和主动仿真两个环节。被动监测主要查看数据链路层数据帧的情况和数据统计，另外通过软件评判无线系统是否存在设置上的故障。主动测试一般借助无线测试工具本身,仿真客户端发起连接并记录通信流程,查看访问日志,从中分析故障原因。

2.分析方法

故障分析和排除工具的操作不断简化,测试时会提供诊断结果和专家建议。NetAlly 网络公司的 AirMagnet 无线分析软件是典型的基于 PC 机的分析工具,其界面如图 4.43 所示。另外,还有便携式的分析工具,如 NetAlly 网络公司的 AirCheck G2 手持式无线测试仪。

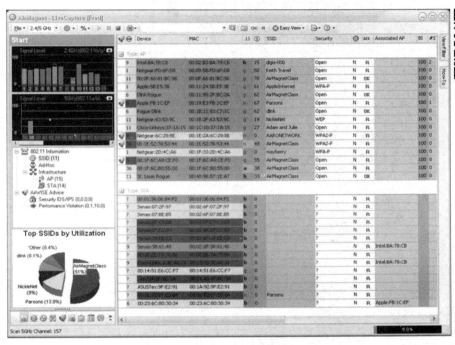

图 4.43　AirMagnet 界面

(1)统计类分析

AirMagnet 首先会根据捕获的无线帧分析网络配置参数,当检测到错误时,系统就会产生告警。在一个安全的 WLAN 环境中,不允许基础设施模式设备和 Ad-hoc 模式设备使用相同的 SSID,两种模式有各自的 SSID,并能在同一无线环境中共存;否则,客户端连接可能变得不可靠和不稳定。这通常是配置错误引起的。这种错误配置可能造成相应设备及邻近设备的连接问题。

统计类分析可以提供故障诊断的必要信息:站点类型统计,如图 4.44 所示;帧类型统计,如图 4.45 所示;帧数量统计,如图 4.46 所示;无线帧占用比例统计,如图 4.47 所示。

图 4.44　站点类型统计

广播	4131	组播		17
单播	57435	CRC		25384
帧总计	86967	CRC	▽	29.19%

图 4.45　帧类型统计

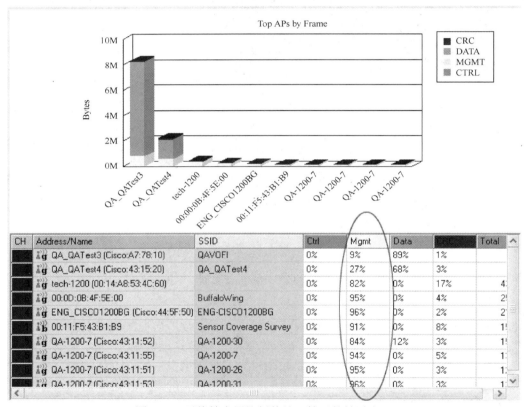

+ 🔊 Speed				
☐ ⚠ Alert	0			
⊟ 📶 Frames/Bytes	997	90645		
Retry frames	19	1 %		
Ctrl. frames	464	46 %		
Mgmt. frames	50	5 %		
Data frames	343	34 %		
CRC frames	140	14 %		
Ctrl. Bytes	15812	17 %		
Mgmt. Bytes	4657	5 %		
Data Bytes	50646	55 %		
CRC error Bytes	19530	21 %		
⊞ 📶 Ctrl. Frames/Bytes	464	15812		
+ 🔧 Mgmt. Frames/Bytes	50	4657		
⊞ 🖥 Data Frames/Bytes	343	50646		

图 4.46　帧数量统计

Top APs by Frame

CH	Address/Name	SSID	Ctrl	Mgmt	Data	CRC	Total
g	QA_QATest3 (Cisco:A7:78:10)	QAVOFI	0%	9%	89%	1%	
g	QA_QATest4 (Cisco:43:15:20)	QA_QATest4	0%	27%	68%	3%	
g	tech-1200 (00:14:A8:53:4C:60)		0%	82%	0%	17%	4:
g	00:0D:0B:4F:5E:00	BuffaloWing	0%	95%	0%	4%	2!
g	ENG_CISCO1200BG (Cisco:44:5F:50)	ENG-CISCO1200BG	0%	96%	0%	2%	2!
b	00:11:F5:43:B1:B9	Sensor Coverage Survey	0%	91%	0%	8%	1!
g	QA-1200-7 (Cisco:43:11:52)	QA-1200-30	0%	84%	12%	3%	1!
g	QA-1200-7 (Cisco:43:11:55)	QA-1200-7	0%	94%	0%	5%	1:
g	QA-1200-7 (Cisco:43:11:51)	QA-1200-26	0%	95%	0%	3%	1:
g	QA-1200-7 (Cisco:43:11:53)	QA-1200-31	0%	96%	0%	3%	1:

图 4.47　无线帧占用比例统计（管理的帧过多）

（2）建议类分析

AirMagnet 会检测出一些细微的设置错误并告知用户，还能向用户建议优化的配置参数，如图 4.48 所示，以保证 WLAN 配置参数保持一致和性能优化。

例如，在使用相同的 SSID 时，一个 AP 设备使用短前序码，而另一个 AP 设备使用长前序码，那么当无线站点在这两个具有不同配置的 AP 设备间漫游时就会出现问题。

如果无线客户端与 AP 关联不成功或鉴权失败，会周期性地重复进行尝试，直至关联成功。测试工具可以对那些处于持续重试模式的客户端进行检测，根据不同情况向 WLAN 管理人员告警。如果有多个用户处于未关联模式，则很可能存在无线网络基本结构（AP 或备用鉴权服务器）故障。测试工具生成这一告警，并报告未关联客户端的 SSID。WLAN 管理人员便可以使用测试工具来查找所报告的未关联客户端的关联和鉴权问题。

（3）仿真类分析

除了上述两种被动监测得到的分析结果，还可以采用主动测试方式获得连接日志，以此来排除其他故障，通过模拟 AP 的关联、DHCP、Ping 或路径追踪来进一步分析问题。

如图 4.49 所示是 NetAlly 网络公司的 AirCheck G2 测试仪的模拟连接测试结果，图中显示了关联的整个过程及时间，如果有问题，可以很容易地判定出是哪个步骤出现的问题。

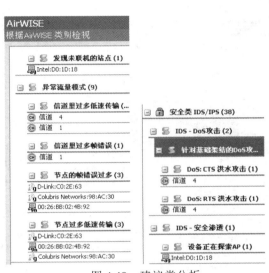

图 4.48　建议类分析　　　　　　　　图 4.49　主动仿真测试结果

（4）干扰类分析

IEEE 802.11 采用 CSMA/CA 作为 MAC 层的协议，其采用的是半双工通信机制。非 Wi-Fi 干扰和 Wi-Fi 干扰都会影响 Wi-Fi 性能。在 802.11 中，信道检测包含两个部分，物理载波监听和虚拟载波监听，其中物理载波通常称为 CCA（Clear Channel Assessment，空闲信道评估）机制。设备通过检测来判断信道是否可用，若可用，再发送数据，若有占用，则等待。其中有两种检测，Signal Detection（SD，信号检测）和 Energy Detection（ED，能量检测），如图 4.50 所示。对于 Wi-Fi 设备，信号检测大于-82dBm 时会认为信道繁忙，将等待下一次发送。对于非 Wi-Fi 信号，能量检测大于-62dBm 时会认为信道繁忙，将进行等待。

但在 802.11ax 后，规则稍有改变，采用自适应 CCA 机制和动态门限，引入 BSS Coloring（着色）技术。802.11ax 设备通过向 PHY 层头部添加字段（即 BSS Coloring 字段）来区分 BSS。节点在竞争时，根据检测到 PHY 层头部的 BSS Coloring 字段来分配 MAC 层的竞争行为。若 BSS Coloring 字段信息相同，那么代表在同一个 BSS 内（intra-BSS）。若 BSS Coloring 字段信息不同，那么代表这里是重叠覆盖区域，在多个 BSS 间（inter-BSS）。如果现在 inter-BSS 的节点检测到信道是忙的，由于知道这个信道不是自己的 BSS 正在进行传输，那么其可以认为信道是 Idle（空闲）状态，进而继续 backoff。如果 backoff 到 0，那么其可以进行传输。在传统 802.11 中，若在 BSS 间（inter-BSS），当节点检测到信道忙时，需要推迟自己的传输，直到信道空闲才可以发送。这就是 802.11ax 中的自适应 CCA 机制（Adaptive CCA）。如图 4.50 所示，通过提高 OBSS（Overlap BSS/ inter-BSS）信号检测阈值，同时保持 MYBSS 内（MY BSS/ intra-BSS）的较低信号检测阈值（两个阈值，大约有 4dB 的差值），来减少 MAC 层竞争时的问题，提升 MAC 层的效率。

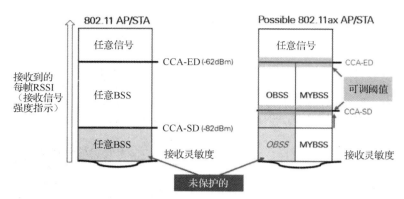

图 4.50　信号检测和能量检测

测试仪如果可以测得 AP 的功率或干扰的功率，如图 4.51 所示，就能评估其对网络造成的干扰。

图 4.51　信号功率和干扰功率（来自 NetAlly Etherscope XG 测试工具）

典型分析案例：无线漫游性能测试

无线组网时，每个 AP 覆盖的范围不同，终端的漫游质量也会存在差异，阈值是存在差异的。为了获得漫游前后的网络质量，应规划好测试路径，如图 4.52 所示，测试时获得发生切换的 3 个点，分别为 A、B 和 C。从如图 4.53 所示的三个测试图中可以看到漫游前后的网络质量，图中竖条代表发生漫游的时间点。

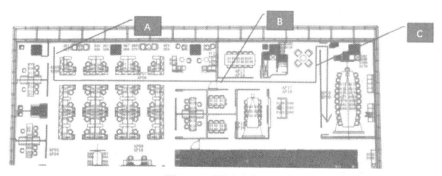

图 4.52　测试路径

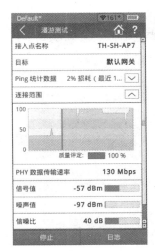 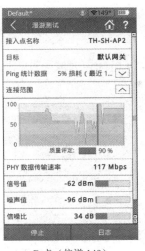 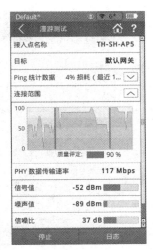

| A 点（信道 161） | B 点（信道 149） | C 点（信道 6） |

图 4.53　漫游前后的网络质量（图片来自 NetAlly AirCheck G2）

还可以借助热图，评估重叠区域和漫游。一个非常有效的方法是用专业的勘测软件（如 AirMagnet 或 Ekahau）进行测试并分析数据。获得测试数据后，可以显示每个 AP 的覆盖区域，如图 4.54 所示。

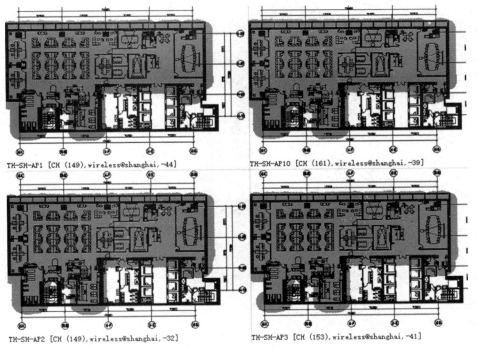

图 4.54　每个 AP 的覆盖区域（图片来自 NetAlly AirMagnet）

这类测试时，需要导入一张准确的所有覆盖区域的平面图，最好上面标有 AP 的位置。这样路测走动或者后续分析结果时，可以看到终端在整个覆盖区域内可能连接的是哪个 AP。

另外，路测时建议同时采用主动和被动模式。主动模式是指终端会像普通终端一样连接 SSID 并在 AP 之间漫游。被动模式意味着软件还会捕获所有 AP 的信号数据，这样就可以将其他 AP 的信号强度与主动终端所连接的 AP 的信号强度进行比较，通过热图可以很容易地分析出终端是否连接在了最优的 AP 上。

优化漫游的常见方法见表 4.6。

表 4.6　优化漫游的常见方法

方　　　法	说　　　明
2.4GHz 频段和 5GHz 频段设置为同一个 SSID	终端可以选择哪个频段更优
AP 上启用快速漫游（IEEE 802.11r）	AP 通过客户端的信号强度、信道负载等情况主动触发客户端进行扫描，并引导客户端漫游
启用快速重新连接	在任何使用 IEEE 802.1x 认证的 Wi-Fi 终端上启用快速重新连接
调整 AP 漫游灵敏度	使得 AP 漫游更快或变稳
调整终端漫游灵敏度	使得终端漫游更快或变稳
禁用 AP 支持的较低速率	强制加快漫游速度，需要终端设备的支持

典型分析案例：攻击行为识别

暴力破解蹭网的现象不时存在，了解无线连接的过程，就可以很容易地通过日志分析了解是否存在攻击行为。如图 4.55 所示，图（a）为正常连接的日志，图（b）为发生解除认证攻击时的日志，可以看到正常认证和关联步骤后，会交换密钥，但异常时则收到了解除身份认证的要求，说明可能存在解除认证的攻击行为。

（a）　　　　　　　　　　（b）

图 4.55　攻击行为识别（图片来自 NetAlly AirCheck G2）

4.6.2　监控网络运行环境中的测试

1．部署方式

二层协议的无线网络流量分析主要监控信道利用率或特定 AP 的利用率。从部署方式来看，一般使用基于 SNMP 架构的分析方式及基于直接数据源的方式，同 4.6.1 节类似。

2. 分析方法

首先要关注的就是信道的利用率和吞吐量（Throughput）。测试软件通常可以借助信道分析功能，查看不同信道的利用率和吞吐量情况。

如同只能容纳一辆车通过的单车道公路一样，无线信道的利用率好比单车道单位时间内有车通过的比率，而信号发送速率好比车的速度，吞吐量则是单位时间内通过的车流量。如图 4.56 所示，信道利用率为 32.65%，图 4.56 左侧深色部分，大部分无线网络流量在 1Mb/s 的速率上传送，最终导致图中右侧实际吞吐量非常低，只有 1Mb/s 不到（相当于大部分车在低速通过，虽然车道占用率很高，但单位时间内通过的车流量却很小）。

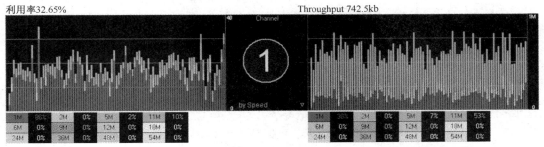

图 4.56　信道的利用率和吞吐量分析（图片来自 NetAlly AirMagnet 测试工具）

在性能优化上，当高传输速率不为设备所支持时，就需要检查 AP 的配置。

获得利用率的结果后，还需要关注利用率的组成结构。在测试时要特别注意广播、组播和单播的利用率。利用软件可快速统计各种帧类型所占的比例和数量，如图 4.57 所示。

除了基于信道的利用率分析，还需要观察基于 AP 的利用率分布情况，为后期容量和负载平衡给出数据参考依据，如图 4.58 所示。

其他参数的趋势统计也可以作为流量分析和问题排查的辅助手段。

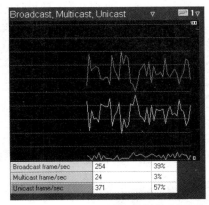

图 4.57　广播、组播和单播的利用率

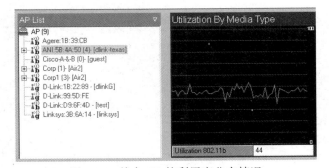

图 4.58　单个 AP 的利用率分布情况

🧰 典型分析案例：无线网络监控

现在的 AP 设备拥有诸多新功能可帮助网络管理员更好地管理和了解网络。例如，优倍快（Ubiquiti）公司的 airView 是无线网络物理层的分析工具，airTime 为无线网络数据链路层的分析工具，如图 4.59 所示，可以帮助网络管理员准确地找到所需要的信息。

图 4.59   airView 和 airTime

airTime 可显示哪些 AP 正在与哪些站点或客户端进行通话，正在发出什么类型的消息，以及其时效性如何（如采用的数据传输速率是多少）。在进行以上分析的同时无须中断 AP 与客户端的连接，可以实时分析所有 SSID、站点、数据类型和干扰，并且不会影响设备性能。

图 4.60（a）的分析显示，当前为信道 1，总信道利用率为 52%，这是在该信道内所有检测到的 AP 的信号。

图 4.60（b）中，最内圈环形区域代表该信道内的所有 AP，鼠标指针悬停到其上方时会显示相应的 BSSID。中间一圈环形区域代表接收站点，其中蓝色表示连接到 AP 自己，如果中间一圈环形区域显示为蓝色则代表 AP 正在传送的是非数据的帧。最外圈环形区域代表其为哪类数据，如管理帧、探测帧等。

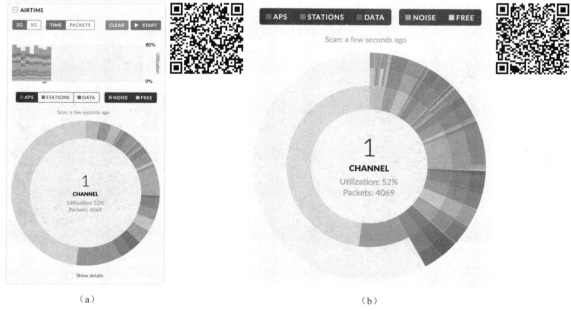

（a）   （b）

图 4.60   airTime 分析界面

从图 4.61 可以看出，如果 82:2a:a8:eb:78:32 的最小数据传输速率从 1Mb/s 改为 6Mb/s，网络 craig-guest-test 的利用率从占用 6.37%的空口时间降到 1.23%，应答帧调整后所占空口时间明显少了，节约的部分空口时间［图（b）左上角绿色部分］用在了传输实际数据上。

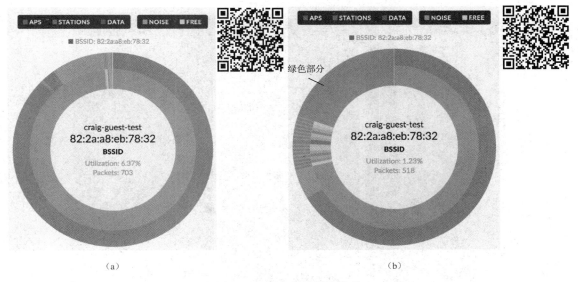

图 4.61　优化后的监控变化

4.6.3　性能评估环境中的测试

1．部署方式

无线网络性能测试有别于上述提到的测试方式，在部署时需要借助端到端的数据发起和统计。在测试中经常会用到的测试工具有 Speedtest 软件和 IxChariot 软件等。

Speedtest 一般安装于智能终端（如手机）上，是专门的测速软件，一般对端为公网服务器，测试时智能终端和测速服务器之间可以测得最大吞吐量或延时。使用 Speedtest 测试软件，几乎不需要部署，只需要在智能终端上安装该软件，然后单击开始测试。

IxChariot 采用主动式测量，其测试原理是，通过产生模拟真实的流量，采用 End to End（端对端）的方法测试网络设备或网络系统在真实环境中的性能。通过平台发送测试策略，在终端安装 Endpoint，测试在 Endpoint 之间完成，测试结果由 Console（控制台）进行统计。

IxChariot 部署时需要安装控制台和 Endpoint。其中控制台可以运行于各种 Windows 平台上，Endpoint 可以运行在几乎目前流行的所有操作系统上。Endpoint 执行控制台发布的 Script 命令，从而完成需要的测试。

2．分析方法

① Speedtest 测试

其操作非常简单，但测试时需要注意测试位置，确保信号处于最佳接收状态。可以查询 3.3.3 节的内容了解 Wi-Fi 受影响的因素。因为对端服务器为公网服务器，理论上测试的是终端到公网服务器间的有效最大速率。此时需要了解测试终端支持什么无线协议，如果是支持 Wi-Fi5 的客户端，那么实际 2.4GHz 频段是采用 Wi-Fi4 技术进行连接的，因为 Wi-Fi5 不能运行于 2.4GHz 频段。另外，还需要留意 AP 设置的带宽，一般 2.4GHz 频段都是 20MHz 带宽，5GHz 频段才会设置 40MHz 以上带宽。

Speedtest 测试界面如图 4.62 所示，图（b）和图（c）两次测试结果差异很大，其原因是，图（b）连接到了 2.4GHz 频段上的 SSID，而图（c）连接到了 5GHz 频段上的 SSID。由于带宽配置不同，所以测得结果也不相同，后者更接近于实际出口带宽。

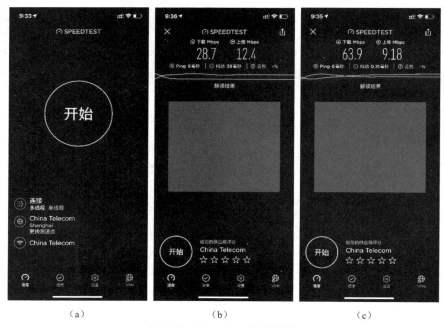

图 4.62 Speedtest 测试界面

② IxChariot 测试

IxChariot 测试情况要比 Speedtest 复杂一些，需要控制台进行策略配置和分发。下面例子中配置了一台手机端 Endpoint，启用 4 个并发连接，连接到同一 AP 上，同时向部署于有线网络中的 Windows 端 Endpoint 进行压力测试，Windows 端为 1Gb/s 有线端口。

如图 4.63 所示，第一次测试，信道带宽配置为 40MHz，频谱显示占用信道 36～40，测试结果如图 4.64 所示，测试持续了 1min19s，平均速率为 312.956Mb/s。

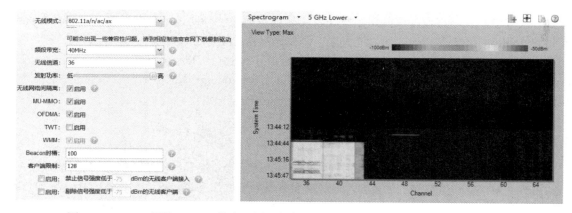

图 4.63 5GHz 频段 40MHz 带宽配置下的频谱分析（来自 AirMagnet SpectrumXT）

如图 4.65 所示，第二次测试，信道带宽配置为 80MHz，频谱显示占用信道 36～48，测试结果如图 4.66 所示，测试持续了 47s，平均速率为 653.436Mb/s。

图 4.64　40MHz 带宽配置下的总吞吐量

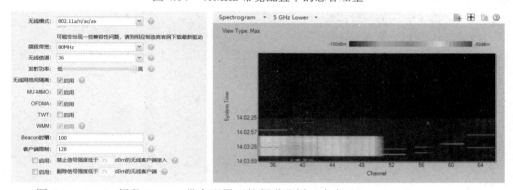

图 4.65　5GHz 频段 80MHz 带宽配置下的频谱分析（来自 AirMagnet SpectrumXT）

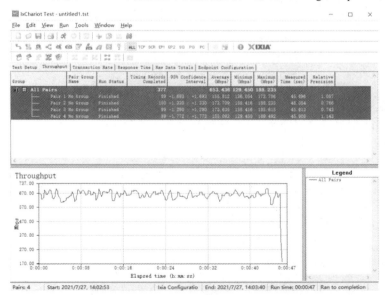

图 4.66　80MHz 带宽配置下的总吞吐量

与 Speedtest 不同，本例测试评估的是终端到 AP 的性能，而不是终端到公网服务器的性能。带宽提升后，在没有干扰的情况下，性能提升还是非常明显的。但在商用环境中，由于 5GHz 频段也会受到邻频干扰，建议配置信道带宽为 40MHz。

习题 4

1. 简述以太网帧的三种类型。
2. 错误帧的类型主要包括哪些？如何定义？
3. 交换机的转发方式有哪三种？有何优缺点？
4. WLAN 中，帧控制字段将帧分成哪三种类型？
5. 简述协议分析仪的常用接入方式（5 个以上）。
6. 利用 SNMP 网管系统测试网络流量时，利用率如何计算？
7. 简述有线网络性能测试的常见参数。
8. 简述 Wi-Fi 性能测试的常见参数。
9. 简述误码率和丢包率的定义与区别。
10. 协议分析软件中，捕获过滤和显示过滤有何区别？各自的优势是什么？
11. 试写出镜像操作的命令过程。
12. 列举优化 Wi-Fi 漫游的几种方式。
13. 当基本速率在 6Mb/s 时，同一信道内为 6 个 AP、3 个 SSID 的配置，其信道开销为多少？

第 5 章 网络层测试和故障诊断

网络层位于 OSI 参考模型中的第 3 层，其作用是为传输层提供服务。在网络层中，信号的传输以数据包（Packet）的方式来体现。网络层负责网络地址与物理地址之间的转换，并提供路由功能，以便数据从一端以最优路径到达对端。

网络层将数据链路层中的帧组成数据包，封装网络层 IP 报头，加入 IP 逻辑地址信息，并在数据包中加入优先级和拥塞控制信息以确保数据包传输的质量。

5.1 网络层测试相关知识

1. 逻辑地址

数据链路层的 MAC 地址是真实的物理地址，网络层的地址是虚拟逻辑地址，即现今网络中使用的 IP 地址。IP 地址是通过指令、自动配置或界面配置而获得的，它由网络部分和主机部分组成，网络部分又借助掩码加以区分。地址和掩码的设置错误，经常会导致路由不通或不可达等问题。

2. IP 数据报

数据链路层中，帧的大小为 64B～1518B，其中有效数据是 46B～1500B，这就是 IP 数据报的部分。

在 TCP/IP 协议参考模型中，IP 协议负责把传输层传送过来的数据组装成 IP 数据报，并把 IP 数据报传递给数据链路层。IP 协议是 TCP/IP 协议的关键部分，其制定了统一的 IP 数据报格式，使得不同技术的通信网可以在这一层中透明传输，而不需要考虑底层的区别。

IP 数据报的格式如图 5.1 所示。

图 5.1 IP 数据报的格式

① 版本。IP 数据报的第一个字段是版本，长度为 4bit，用于表示所使用的 IP 协议的版本，如 IPv4 或者 IPv6。IPv4 版本对应的值为 4，IPv6 版本对应的值为 6。

② 首部长度。该字段定义 IP 数据报的报头长度，长度为 4bit。

首部长度的前一部分是固定长度，共 20B，是所有 IP 数据报必须具有的。在首部固定长度部分后面是一些可选字段，其长度是可变的。IP 首部最大长度为 60B。

③ 服务类型（Type of Service）。该字段长度为 8bit，通常路由设备会读取这个字段，并根据这个字段的设置对优先级、延时以及可靠性等进行调整，以提高 QoS。

④ 总长度。当前 IP 数据报的总长度。该字段长度为 16bit，在以太网中能够传输的最大 IP

数据报长度为65535B。

⑤ 标识（Identification）。该字段长度为 16bit。IP 软件在存储器中维持一个计数器，每产生一个 IP 数据报，计数器就加 1，并将此值赋给标识字段。但这个"标识"并不是序号，因为 IP 是无连接服务，IP 数据报不存在按序接收的问题。当 IP 数据报由于长度超过网络的 MTU 而必须进行分片时，这个标识字段的值就被复制到所有的 IP 数据报的标识字段中。相同的标识字段的值便于使分片后的各 IP 数据报能被正确地重装。

⑥ 片标志（Flags）。该字段长度为 3bit。各位含义分别为：第一位无意义；第二位是分片标志位，1 表示分片；第三位表示是否为最后一片标志位，0 表示最后一片，1 表示还有分片。

⑦ 生存时间（TTL）。该字段长度为 8bit。每个路由器都应该至少将 TTL（Time to Live）的值减 1，因此 TTL 通常用于表示 IP 数据报在被丢弃前最多能经过的路由器个数。当计数到 0 时，路由器丢弃该 IP 数据报。

Linux 操作系统回应的 TTL 字段值为 64，UNIX 操作系统回显应答的 TTL 字段值为 255。在进行网络测试分析时，可以借助 TTL 值判断对端设备采用的是什么操作系统，方便排查一些由于地址设置问题引起的网络连通性问题。

⑧ 协议。该字段长度为 8bit。TCP 协议对应的值为 6，UDP 协议对应的值为 17，ICMP 协议对应的值为 1。

⑨ 头检验和。该字段为 IP 首部的 CRC 检验值。

3．网段、子网和拓扑结构

网段指一个计算机网络中使用同一个物理层直接通信的那一部分。在 Hub 环境中，所有 Hub 上的设备被认为处于同一个网段中，即在同一个冲突域中。在交换机环境中，每个端口及其所连设备被认为处于同一网段，即在同一个冲突域中。

在实际使用中，网段和子网的概念往往混用，如把 192.168.1.0/24 称为一个网段，但是，从概念角度，应该称为一个子网。

一个子网是一个广播域，一个网段是一个冲突域。交换机上每个端口都可以作为一个网段或一个冲突域，但彼此之间不会转发冲突和碰撞。如果在进行网络分析时，交换机端口上存在碰撞错误信息，可以认为是在该端口网段内发生的，其原因有可能是级联了一个 Hub 设备或者双工状态不匹配。

通常，为了便于进行网络管理，会根据地域、环境和功能等将网络中的 IP 地址划分成若干个子网。子网一般通过路由或网关设备进行隔离，每个子网都是一个广播域，具有一个网络地址和广播地址，如 192.168.0.0/29 子网，网络地址为 192.168.0.0，掩码地址为 255.255.255.248，广播地址为 192.168.0.7，可用地址为 6 个。

在网络测试中，网络拓扑结构是非常重要的。在进行网络分析和性能评估时，需要了解网络的拓扑连接情况，包括子网分布情况，可以加快设备部署以及减少故障排查的时间。

4．ARP 协议

网络层中数据在发送前，需要借助 ARP 协议（地址解析协议）来完成组包和组帧。数据包发送时需要具备目标 IP 地址和源 IP 地址，数据帧发送时需要具备目标 MAC 地址和源 MAC 地址。源 IP 地址和源 MAC 地址通常指发送端主机。通过上层协议可以获知目标 IP 地址，但是目标 IP 地址对应的 MAC 地址需要通过 ARP 协议进行广播，以获得所需的 MAC 地址。如果目标 IP 地址为同一网段地址，则需要寻找该 IP 对应的 MAC 地址；如果目标 IP 地址为非本网段地址，则需要寻找网关对应的 MAC 地址。

在网络维护中，经常需要查找 IP 地址和 MAC 地址的对应关系，很多 MAC 地址扫描软件通过轮询方式可以建立 IP 地址和 MAC 地址的对应关系。科来 MAC 地址扫描器扫描界面如图 5.2 所示。

5．ICMP

ICMP 的主要作用是传递控制信息，以及报告错误、交换受限控制和状态信息等。当遇到 IP 地址无法访问目标、IP 路由器无法按当前的数据传输速率转发 IP 数据报等情况时，会自动发送 ICMP 消息。ICMP 的诊断报文类型见表 5.1。

表 5.1　ICMP 的诊断报文类型

类　型	描　述
0	回应（Ping 应答，与类型 8 的 Ping 请求一起使用）
3	目标不可达
4	源消亡
5	重定向
8	回应请求（Ping 请求，与类型 0 的 Ping 应答一起使用）
9	路由器公告（与类型 10 一起使用）
10	路由器请求（与类型 9 一起使用）
11	超时
12	参数问题
13	时标请求（与类型 14 一起使用）
14	时标应答（与类型 13 一起使用）
15	信息请求（与类型 16 一起使用）
16	信息应答（与类型 15 一起使用）
17	地址掩码请求（与类型 18 一起使用）
18	地址掩码应答（与类型 17 一起使用）

图 5.2　科来 MAC 地址扫描器扫描界面

源主机到目标主机的连通性测试最常用的方法就是使用 Ping 命令，Ping 成功，代表网络下三层的配置和物理连接已正常。在运行时采用 ICMP 协议，通过 Ping 命令发送一个 ICMP ECHO request 请求消息给目标地址，并报告是否收到 ICMP ECHO reply 回应，如图 5.3 所示。在协议分析软件进行报文分析时，可以看到 ICMP 请求和回应数据。如图 5.4 所示，借助 Wireshark 软件可以看到 request 和 reply 信息。

```
来自 192.168.1.1 的回复: 字节=32 时间=52ms TTL=64
来自 192.168.1.1 的回复: 字节=32 时间=2ms TTL=64
来自 192.168.1.1 的回复: 字节=32 时间=2ms TTL=64
来自 192.168.1.1 的回复: 字节=32 时间=1ms TTL=64

192.168.1.1 的 Ping 统计信息:
    数据包: 已发送 =103，已接收 =101，丢失 =2（1% 丢失），
    往返行程的估计时间（以毫秒为单位）:
    最短 =1ms，最长 =282ms，平均 =25ms
```

图 5.3　Ping 的回应

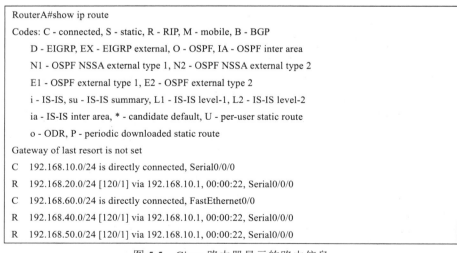

图 5.4　Wireshark 软件捕获的 Ping 报文

除了 Ping 命令，ICMP 的另一种应用是 Tracert 命令，运行时向目标发送不同 TTL（Time To Live，生存时间值）的 ICMP 回应数据包，目标是诊断程序到目标所经过的路由。Tracert 先发送 TTL 值为 1 的回应数据包，并在随后的每次发送过程将 TTL 值加 1，直到目标回应或 TTL 达到最大值，从而确定路由数。但如果路径中的路由器不经询问直接丢弃 TTL 过期的数据包，在 Tracert 命令的运行结果中就看不到路由信息了。Tracert 命令可以用来检测故障的位置，可以得到 IP 在哪个环节上出了问题，虽然无法确定是什么问题，但可以找到问题发生的位置。

6. 路由

路由也是网络层测试中的重点，当路由器从某个端口上接收到数据包后，根据数据包中的目标地址进行路径选择，随后转发到另一个端口。与数据链路层依据 MAC 地址转发不同，路由转发依据的是 IP 地址。网络测试中，路由测试的关键内容是路由的连通性及路由的质量。

路由的连通性测试可以通过简单工具，如命令行工具 Ping 或者 Tracert 来检验。而路由的质量问题要复杂得多，需要考虑路由长度、延时、可靠性、带宽情况和负载等因素，相应的测试方法和工具也较为复杂。比较常用的方法是借助交换机的 OS 获得路由信息。Cisco 路由器显示的路由信息如图 5.5 所示。

```
RouterA#show ip route
Codes: C - connected, S - static, R - RIP, M - mobile, B - BGP
       D - EIGRP, EX - EIGRP external, O - OSPF, IA - OSPF inter area
       N1 - OSPF NSSA external type 1, N2 - OSPF NSSA external type 2
       E1 - OSPF external type 1, E2 - OSPF external type 2
       i - IS-IS, su - IS-IS summary, L1 - IS-IS level-1, L2 - IS-IS level-2
       ia - IS-IS inter area, * - candidate default, U - per-user static route
       o - ODR, P - periodic downloaded static route
Gateway of last resort is not set
C    192.168.10.0/24 is directly connected, Serial0/0/0
R    192.168.20.0/24 [120/1] via 192.168.10.1, 00:00:22, Serial0/0/0
C    192.168.60.0/24 is directly connected, FastEthernet0/0
R    192.168.40.0/24 [120/1] via 192.168.10.1, 00:00:22, Serial0/0/0
R    192.168.50.0/24 [120/1] via 192.168.10.1, 00:00:22, Serial0/0/0
```

图 5.5　Cisco 路由器显示的路由信息

在实际网络测试中常涉及多类路由和跨网段性能测试，如网络带宽测试、延时测试和丢包率测试等。当网络环境改变时，如新加入路由设备或启用三层交换结构，或者加入防火墙功能等，往往需要进行路由性能测试。

7. DHCP

动态主机配置协议（Dynamic Host Configuration Protocol，DHCP）用于实现 IP 地址的集中管理和自动分配。使用 DHCP 时采用租约的方式，可以配置租用时间。对于用户频繁变化的网络环境来说，DHCP 是非常实用的协议。同时它也支持为计算机分配静态地址，如某些固定地址的重要应用服务器。

DHCP 流程可分为 4 个过程，也可速记为 DORA 过程，如图 5.6 所示。

① 请求 IP 租约，此时客户端发送 Discovery 报文。

② 提供 IP 租约，DHCP 服务器收到 Discovery 报文后，从地址池中选择 IP 地址通过 Offer 报文进行回应。

③ 客户端发送 Request 报文确认选择 IP 租约。

④ DHCP 服务器发送 Ack 报文确认 IP 租约。

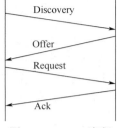

图 5.6　DHCP 流程

5.2　网络层故障分类

5.2.1　地址分配故障

地址分配问题是网络层故障中最常见的错误之一，设备配置一般需要指定 IP 地址、掩码、网关及 DNS 等信息。地址配置错误将导致不同的网络故障，典型地址配置错误问题见表 5.2。

表 5.2　典型地址配置错误问题

配 置 问 题	可能导致的故障
IP 地址设置错误	网络层无法到达
掩码设置错误	导致主机误被划入其他网段，造成路由无法访问
网关设置错误	导致网络不通，或者路由不可达
DNS 设置错误	网络物理连通正常，但无法获得目标 IP 地址，无法组包进行通信

DHCP 服务在实际应用中也经常会遇到一些故障，导致客户端不能获得正确的地址信息，造成网络通信不正常。例如，在一个子网内存在多个 DHCP 服务器；DHCP 租约时间过长，导致地址被占用而不够分配等。

5.2.2　地址解析故障

网络通信时，需要有两个逻辑通信地址——目标 IP 地址和源 IP 地址，在通信时需要借助 ARP 协议进行地址解析和转换，使之成为物理上可达的通信链路。ARP 协议进行地址解析时不采用认证机制，同时采用广播发送的方式，因此存在一定的漏洞，例如，可借助 ARP 报文进行监听或借助 ARP 欺骗攻击网络。另外，当存在交换机环路时，ARP 报文也容易造成广播风暴。

1. ARP 欺骗

出于速度和功能的考虑，局域网中 ARP 协议采取信任模式，但这会留下安全隐患。如图 5.7 所示，黑客站点在接收到 192.168.3.10 的 ARP 请求后，可以得到节点的 IP 地址和 MAC 地址。黑客就可以伪装成 192.168.3.1，然后告诉 192.168.3.10 一个假地址，而真实主机 192.168.3.10 对黑客伪装的 192.168.3.1 发来的信息并不质疑，使得 192.168.3.10 发送给 192.168.3.1 的数据都被黑客截取。虽然目前大部分网络中服务器和客户端一般处于不同的广播域或者 VLAN 中，可以避免冒用服务器的 ARP 欺骗，但对于网关以及同一广播域内的设备，ARP 欺骗还是可能造成比较大的影响的。

请求
192.168.3.10
目标MAC地址：FFFFFFFFFFFF
目标IP地址：192.168.3.1
源IP地址：192.168.3.10
源MAC地址：3FD34EA23C21

192.168.3.5黑客回应
目标MAC地址：3FD34EA23C21
目标IP地址：192.168.3.10
源IP地址：192.168.3.1
源MAC地址：3FD34EA23C20

192.168.3.1网关回应
目标MAC地址：3FD34EA23C21
目标IP地址：192.168.3.10
源IP地址：192.168.3.1
源MAC地址：1C32B4EA24C1

图 5.7　ARP 伪造网关欺骗的原理

ARP 的两种典型欺骗方式如下。

① 对网关设备 ARP 表进行欺骗，黑客站点不断发出错误的 MAC 地址对应报文，造成网关 ARP 表中记录的都是错误的 MAC 地址，网关回应客户端时，都被发送给错误的 MAC 地址，从而导致客户端无法上网。

② 伪造网关欺骗，宣称自己是网关，使客户端都向其发送数据，而不是通过正常的网关或路由设备进行访问，从而导致客户端不能上网或达到数据监听目的。

2．广播风暴

广播风暴是与 ARP 协议相关的一种网络故障类型，当交换机存在环路时会造成 ARP 请求帧或 ARP 应答帧在网络中重复广播，广播报文逐渐占满整个带宽，引起广播风暴。

形成广播风暴的物理原因可能有多种，如网线环路、网卡损坏或交换机端口损坏。病毒和攻击也可能导致广播风暴。

5.2.3　路由故障

网络层路由的测试和分析中，不同于网络建设时需要做大量路由相关设备的配置操作，这一层在维护测试时的重点有以下三个方面。

① 性能问题。终端用户可能会抱怨网络很慢，没有达到以往正常时的状态。

② 连接问题。一个或多个节点反映不能连接到网络上。

③ 上层问题。可以连接到网络上并访问一些应用，但是在使用某些应用时会出现问题，如邮件、OA 系统等。

严格来说，上层问题属于应用层的测试范围，但在进行网络层测试时，路由访问策略很容易造成连通性上的问题，故在这里也将其列出。

对路由故障测试分析的工作重点在于测试整个网络中的数据移动的延时，分析目的地不可达的原因，以及验证网络服务和应用程序是否可用。

根据有关数据统计，路由故障主要由配置不当引起。动态路由和静态路由各有其优势，不当的配置很容易造成路由故障，导致网络不通。在配置静态路由时，很可能由于默认路由导致三层环路，或路由无效；而在配置动态路由时，网段和子网掩码反码的设置错误可能导致路由失效，路由器配置错误，使正常的子网地址被理解为广播地址。

5.2.4　性能类故障

　　在网络层设计中，需要考虑组网后节点设备的处理性能。和交换机背板性能不同，路由设备、防火墙或流控设备很容易受到网络层站点数或会话数量的影响，导致吞吐能力下降、延时加大，最终影响上层传输能力。

　　节点故障很容易形成网络层通信中的短板。例如，路由策略、防火墙策略设置不当造成网络节点处的拥塞；数据包在设备缓存中不断积压，导致传输效率降低等。虽然此时连通性可能没有问题，但就用户体验来说，会感觉网络服务质量很差。

　　导致性能故障可能的因素包括：

　① 网络逻辑拓扑被改变；

　② 流量超过日常监控基线；

　③ 网络设备的软件配置被改变；

　④ 网络设备的 CPU 利用率过高，进程分配不合理。

5.3　网络层的测试和故障诊断

　　网络层分析的重点在于分析网络 IP 地址的连通性和性能，以及路由效率。在不同测试环境条件下，所选择的测试方法不尽相同。本节介绍网络层测试的三类应用场景：① 故障分析和排除，适用于网络出现连通性故障，服务应用不能访问的情形；② 监控网络运行，对网络整体运行进行 7×24 小时监控，并且对异常现象进行记录，甚至做出告警；③ 性能评估，在跨多个网络的新应用上线前对现有系统进行性能评估。

5.3.1　故障分析和排除场景中的测试

1．部署方式

　　数据链路层强调冲突域内的故障诊断，而网络层则偏重广播域乃至多个广播域内的流量分析。由于此时交换机不仅承载接入业务，也具备了组网的功能，因而在部署时需要考虑如何将不同广播域的流量汇总到测试分析设备中。

　　如果测试点位于同一交换设备上，那么比较简单而有效的方式就是做镜像；如果需要监控不同网络设备上的多个信息接口，则要考虑采用 TAP 方式组网监控。

　　对主干链路一般可以采用外接 TAP 的方式来进行分析，这样既可以保证流量分析的准确性，又可以减少交换机的负载。

　　常用 TAP 又分为汇聚型、镜像型和混合型。

　　（1）汇聚型 TAP

　　单链路汇聚型 TAP 的结构原理图如图 5.8 所示，A 口和 B 口为被监控链路，TAP 复制双向流量并叠加后输出，部署示意图如图 5.9 所示。

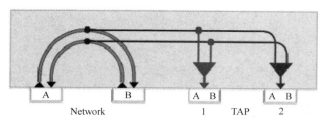
图 5.8 单链路汇聚型 TAP 的结构原理图

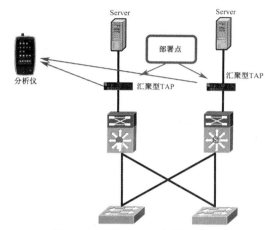
图 5.9 汇聚型 TAP 部署示意图

（2）镜像型 TAP

镜像型 TAP 适合多链路的分析，其结构原理图如图 5.10 所示，A 口和 B 口分别为交换机镜像口输出或汇聚型 TAP 输出，汇总后输出供分析用。

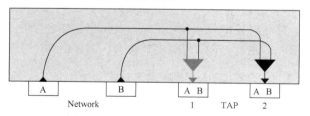
图 5.10 镜像型 TAP 结构原理图

部署示意图如图 5.11 所示，镜像型 TAP 汇总了 4 路汇聚型 TAP 的流量，实现了 4 路服务器同时进行汇总分析，并且不占用交换机资源。

（3）混合型 TAP

大型网络中采用多对多加自定义的方式进行流量导入，此时需要更为复杂的混合型 TAP 进行监控点的流量导入。

混合型 TAP 适合复杂多链路的分析，接入示意图如图 5.12 所示，它实现了路由和防火墙，以及防火墙和交换机之间两段流量的获取。而且可以采用过滤配置，将数据分配给不同的网络测试和分析设备，如 IDS 入侵检测设备、取证采集设备、协议分析仪和应用监控平台等，这给网络测试分析带来了极大的便利。

TAP 的品牌较多，国外的有 Gigamon、VSS 和 Arista，国内的有盛科网络、恒光信息等。VSS 的多端口 TAP 接入示意图如图 5.13 所示，它实现了 8 条网络路径同时接入分析的功能，位于右侧的 8 个监控口可以根据软件任意进行配置，从而非常方便地实现多个一对一的功能。

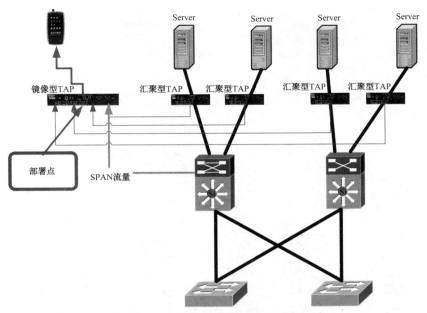

图 5.11 镜像型 TAP 部署示意图

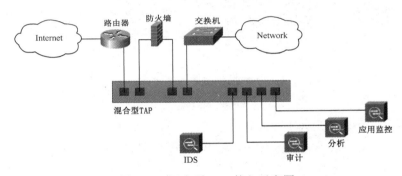

图 5.12 混合型 TAP 接入示意图

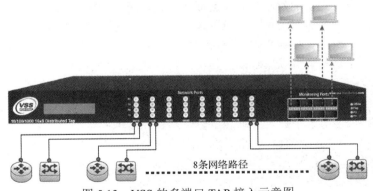

图 5.13 VSS 的多端口 TAP 接入示意图

如今骨干网络已经达到了 10G/40G 甚至 100G/200G，在这样的骨干网络里，出于安全和监控考虑，需要部署各类系统和工具，如 NGFW 防火墙、IPS 入侵防御、DLP 数据丢失防护、IDS 入侵检测、取证审计、APM 应用性能管理、NPM 网络性能管理，以及其他内联或带外设备。所有防护措施没有办法像防火墙一样被串联部署到网络里面，这将导致两类问题：① 数据过载，网络带宽远远超过防护措施所提供的处理能力；② 大量的数据无法获取，无法分析。因此业界在流量汇聚部署上开始向网络化和 SDV（Software-Defined Visibility）发展。Gigamon 公司的平台就是这样的分析系统，它部署在网络中，由它来承载各种类型的安全设备，并且实现高性能转换。平台可以同自动化运维平台相结合，实现安全设备近乎即插即用，以及全网态势感知。如图 5.14 所示为 Gigamon 叶脊（leaf-spine）网络监控部署，其在网络中设置监控点，信息被汇总至 Gigamon 平台，而安全设备可实现即插即用，获得真实的网络数据，在不影响业务的情况下，实时部署到网络中，并且实时运行起来。

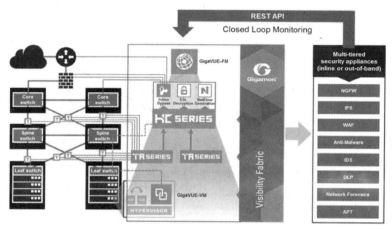

图 5.14　Gigamon 叶脊（leaf-spine）网络监控部署

2．分析方法

（1）连通性的测试和验证

应针对不同的故障表现选择不同的分析方式。如果故障为网络层连通性问题，一般使用 Ping（包括 Telnet 网络设备进行 Ping 测试）测试功能或设备发现扫描软件来验证从测试端到目标设备是否路由可达。此时，使用准确的网络文档或支持拓扑图生成的网络分析工具，可以节省大量的时间。

由于路由器可以设置访问控制列表，因此过滤可以基于源地址、特定的协议类型或其他标准来进行。访问控制列表是由网络管理员创建和维护的，它们有多种用途，如通过限制源地址提供安全性。如果一个访问控制列表出错，导致主机被过滤和数据被丢弃，这可能会导致各种问题，其中一些可能是非常难以排除的，如单向通信或特定服务的故障。此时结合协议分析软件进行测试是非常有必要的，它可以帮助确定访问控制列表是否按预期执行。

在 Ping 或类似工具不能定位问题时，可以将测试节点设在路径的某一段中，如将 TAP 串接在路径中，通过协议分析软件捕包验证测试数据是否经过该测试节点，分段查询问题节点位于何处。同时还可以借助协议分析软件查看双向通信的情况，判断问题位于上行还是下行。如果上行接收到测试数据，下行没有接收到回程测试数据，那么可以判定问题处于下行链路中。

具体问题视 TAP 或测试节点的部署位置而定，如果位于客户端，则可以判断网卡是否发出了数据包，如果位于服务器端，则可以判断服务器是否接收到请求包以及是否做出了回应。

（2）异常流量分析

当路由器或防火墙端口发生超大流量时，可以借助协议分析软件或三层网络分析仪查看网络层 IP 地址流量排名，找出异常客户端。一般分析内容如下。

① IP 地址流量排名，对排名在前几位的 IP 地址进行分析确认，以排除异常。

② IP 地址会话流量排名，对排名在前几位的 IP 地址会话进行分析确认，以排除异常。

③ IP 地址流量趋势，判断与以往趋势是否相符。

④ 在线活跃 IP 地址数，如果超过设备的处理能力，则需要考虑进行扩容。

⑤ 网段或 VLAN 流量分布，如果利用率占用很高，特别是端口流量超过 60%，考虑到峰值突发的情况，那么此时端口流量已饱和，应该升级端口速率或增加网段进行分流，以保证传输通道能够支持正常的流量。

5.3.2 监控网络运行场景中的测试

1. 部署方式

网络层发生故障时，往往需要了解端到端的路径，不仅要有整网的 IP 地址规划和分配情况，同时也要有整网的拓扑结构情况。在进行分析时，首先要获取这些信息，然后获得具体设备的路由配置信息，因此在测试方法和测试工具的选择上需要考虑能够获得这些信息。

考虑到部署和实现的难易程度，一般会借助网络设备本身的 OS 或者基于 SNMP 架构的测试工具进行信息的获取。

在部署时，如果借助本身的 OS，那么部署情况会简单得多，需要保证的是网络设备的可访问性，一般通过 Web 或 Telnet 实现远程的查看。如果由于路由不通而无法取得，则需要通过 Console（控制台）连接到设备（交换机）上，如图 5.15 所示。

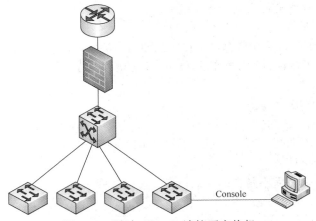

图 5.15　通过 Console 连接至交换机

通过 Console 进行配置时，需要将 Console 线连接至网络设备的 Console 口，再另行配置 PC 机的串口。如果 PC 机的 CRT 或者超级终端上有正常字母输出，则表示连接正常；否则需要检查串口的波特率、数据位、校验位、停止位和流控等相关选项。

借助网络测试仪进行分析测试时，需要给测试仪配置管理 VLAN 的 IP 地址，接入位置如图 5.16 所示，并且需要开启网络设备的 SNMP 代理功能，以确保网络测试仪可以访问网络。

2. 分析方法

（1）OS 命令测试

show 命令：在路由故障诊断中可以使用多种 show 命令。

● show interface：显示接口统计信息。

● show controllers：显示接口卡控制器信息。

● show buffers：显示路由器中的 buffer pools（缓冲池）统计信息。

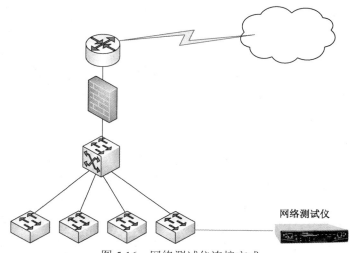

图 5.16　网络测试仪连接方式

- show memory：路由器使用内存情况。
- show processes：路由器活动进程信息。
- show version：显示系统硬件版本信息。
- show ip route：显示路由表项信息。

Ping 命令：确定网络是否连通。

Trace 命令：追踪路由。

Debug 命令：提供端口传输信息，节点产生的错误消息，以及故障诊断的相关数据。

借助上述命令，可以检查设备配置和路由协议的配置。当路由出现问题时，需要检查路由协议配置是否有问题。

① RIP 路由协议的分析

- RIP 是否配置错误或被关闭。
- 路由协议是否不匹配，例如，是否混用了 RIP1 和 RIP2。
- 子网掩码配置错误。
- 配置 RIP 需要等待而不是立即生效，属于慢收敛问题。
- 检查路由表项。

② OSPF 路由协议的分析

- 检查是否配置了 router id，并确保没有重复的 router id。
- OSPF 是否配置错误或被关闭。
- 检查 OSPF 接口是否配置正确，是否属于正确区域。
- 检查是否正确引入所需的外部路由。

（2）网络测试仪分析

以 NetAlly 网络公司的 Etherscope nXG 便携式网络分析测试仪为例进行网络层测试，其外观如图 5.17 所示。

1）获得地址

Etherscope nXG 自动搜索 DHCP 服务器并给自己分配 IP 地址。如果当前网络不提供 DHCP 的服务，可手动配置一个空闲的 IP 地址。Etherscope nXG 自动识别 VLAN 信息、端口速率信息等，结果如图 5.18 所示。

图 5.17　Etherscope nXG

图 5.18　地址设置

　　Etherscope nXG 搜索网络后，给自己分配一个该子网内的 IP 地址 10.76.10.103。获取 IP 地址后，Etherscope nXG 开始搜寻网络中的设备。

　　测试仪的设备发现功能有主动发现和被动发现两种模式。主动发现是指设备在接入网络后，发出 ARP、ICMP、SNMP、TCP SCAN 等数据包请求去发现网络中存在哪些设备。被动发现是指测试仪处在监听模式下，通过监听网络流量中的信息来判断该数据包的源和目标地址，以获取网络中存在的设备。如果网络中存在的某些设备没有进行通信，那么测试仪很可能无法找到这些设备。在被动发现模式下，一些存在的设备可能无法被找到。

　　2）设备统计

　　Etherscope nXG 在进行网络层分析测试时，会对网络中的设备进行统计。其统计方法是，通过组合的过程发现网络设备，并生成设备清单，过程如下。

　　① 监测链路上接收到的数据包，发现的新设备被添加至发现结果中。当发现有路由器时，根据设备配置，如图 5.19（a）所示，查询其配置的子网，并将其加入后续发现过程。当发现有无线 AP 设备时，监听源和目标，确定关联关系。

　　② Etherscope nXG 发送一组广播包，激励设备进行响应，发送 IP 包、IPv6 包和 NETBIOS 包。

　　③ Etherscope nXG 确定链路广播域中的哪个子网已被使用，对本地发现的子网进行 ARP 扫描，将发现的设备添加至发现结果中。

　　④ 可在步骤①发现结果内配置的子网中执行 Ping 扫描（ICMP 回应），发现的设备被添加至发现结果中。

　　⑤ 向路由器的 SNMP 路由表 MIB 询问下一跳设备。如果下一跳设备为路由器，则添加至网络中并查询其相关信息。如果这些设备又显示下一跳设备，将同样查询这些路由器并添加至发现结果中。另外，高级发现过程可以查询 Cisco 设备的 CDP 缓存 MIB，其 CDP 缓存内的每个设备都将被添加至发现结果中并同样进行查询。

　　在发现的同时形成列表。如图 5.19（b）、（c）和（d）所示为 Etherscope nXG 统计设备情况。

　　3）设备分类

　　通过发现功能，Etherscope nXG 可以获得网络中的大部分地址及子网信息，并借助 SNMP 查询结果将设备分类为路由器和交换机，报告 VLAN、端口/插槽和设备列表信息。

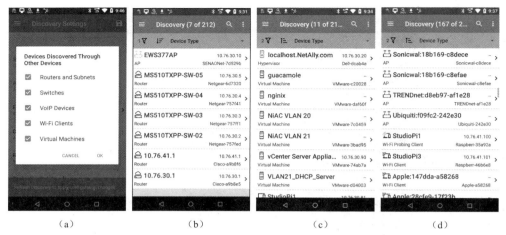

图 5.19　设备发现统计

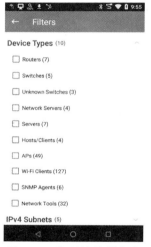

图 5.20　发现结果的分类

网络设备厂商使用的私有 MIB 和协议与标准 MIB 和协议有所不同，Etherscope nXG 发现路由器和交换机的能力依赖于设备的配置及其符合标准的程度。Etherscope nXG 支持部分厂商的私有 MIB。

测试仪通过主动 SNMP 查询和流量监测发现交换机。采用的分析方法如下。

① 监测管理帧类型——Cisco 发现协议（CDP）、数据链路层发现协议（LLDP）。

② 监测生成树帧类型——IEEE 802.1d BPDU 生成树。

③ SNMP 查询——IEEE 802.1d 桥 MIB。

④ 私有 MIB 查询——华为、锐捷、思科交换机列表。

在发现结果中包含当前子网的数量、VLAN 的划分情况及 VTP 的配置。发现结果按设备类型进行分类，如交换机、路由器、服务器、AP、Wi-Fi 客户端、可网管设备等，如图 5.20 所示。

借助 SNMP 可以获得路由表信息和设备端口的工作情况，包括端口错误和流量信息等，如图 5.21 所示。这些结果有助于快速检查 VTP 及 VLAN 的配置问题导致的网络故障。

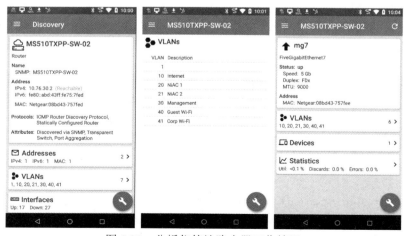

图 5.21　分析仪统计路由器工作情况

4）诊断路由

测试仪的路由分析有两种方式。

① 通过 SNMP 读取路由表信息

通过 SNMP 请求，将路由表信息以图形的方式给出。在没有网络管理员权限的情况下，也可以获得诊断网络路由故障的重要信息。网络测试时，这一特点非常便捷。因为不同品牌的网络设备，其路由查看命令可能会不同，并且需要进行界面登录，切换时往往比较耗时。而借助 SNMP 读取 MIB 中的路由表，则无须考虑界面和访问命令的差异等问题。ipRouteTable 字段为公有 MIB，大部分网络设备均可支持它，这可以大大加快路由表相关信息的查询速度。如图 5.22 所示为借助 MIB 浏览器读取到的 ipRouteTable 字段的结构。

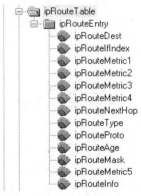

图 5.22　通过 MIB 浏览器读取到的 ipRouteTable 字段的结构

② 专用路径分析功能

路径分析一般采用 Tracert 命令。Tracert 命令使用方便，可以快速定位路径中的问题。但是，ICMP 存在一定的使用限制。当路由器或网络设备禁用 ICMP 时，往往容易出现路径节点无法显示的情况。

目前的局域网环境中存在大量的交换式网络，网络发生故障时，往往集中于单个广播域，此时 Tracert 命令无法提供足够的二层信息，给出明确的物理连接路径。

图 5.23　Etherscope nXG 的路径分析界面

而专业的测试仪在测试时会考虑更多此类的特殊情况，如果路由器禁止 Ping 或者防火墙设置了 ICMP 禁止策略等，则采取应用层协议进行读取的方式，加上 TCP 报文的测试，这样不仅可以查看二层的物理端口连接路径，同时还可以实现跨广播域追踪交换机路径，报告各跳路由器之间的交换机路径，提供远端故障处理的可视性。相对于 Ping 操作来说，可以提供更多信息，如路径通道中交换机和路由器的健康状况以及故障问题报告，还可查看接口相关信息等帮助判断路由问题。其原理是借助 ICMP、CDP 和 SNMP 等多种方式获得端到端的路径图，以弥补 Tracert 命令使用时的限制。

图 5.23 显示了信息经过的每个节点，节点可以是路由器，也可以是交换机，同时可以查看交换机的端口情况。路径：从 MS510TXPP-SW-02 交换机的 xmg9 万兆口进，从 g1 千兆口出。

5.3.3　性能评估场景中的测试

1．部署方式

在网络系统中加入新的业务或升级前，需要进行系统级的承载能力测试，了解新的应用或网络规模扩建可能带来的影响，从而提前避免网络可能产生的拥堵或故障问题。测试主要针对网络层的 IP 流量，为上层协议正常运行提供数据支撑。网络层性能测试一般需要专业的测试仪，如信而泰公司的 BigTao-V 系列网络测试仪，它采用模块化的设计，提供 2 个或 6 个插槽，支持从 10Mb/s 到 100Gb/s 多种速率的测试模块任意组合，实现针对网络设备和网络系统的二、三层流量测试及协议仿真。BigTao-V 系列网络测试仪由机箱、V 系列测试模块、Renix 测试软件三部分组成，如图 5.24 所示。

（a）机箱　　　　　　　　　　（b）V系列测试模块　　　　　　　（c）Renix测试软件

图 5.24　BigTao-V 系列网络测试仪

使用该测试仪对网络系统中路由器进行性能测试，如图 5.25 所示，配置 V6016C 16 端口 RJ45 1G 功能测试模块，以配合 Renix 测试平台（二、三层流量测试与协议仿真）。

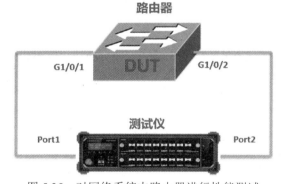

图 5.25　对网络系统中路由器进行性能测试

2．分析方法

分析的一般过程为：① 添加机框；② 占用端口；③ 选择向导；④ 选择参数；⑤ 配置接口；⑥ 配置流量；⑦ 配置测试参数；⑧ 配置延时参数；⑨ 运行测试；⑩ 查看结果；⑪ 导出报告。如图 5.26 所示为 Renix 测试向导和参数选择界面。

测试完成后生成测试报告，如图 5.27 所示。

综上所述，结合压力进行测试是非常常见的测试方法，但是需要注意，本例使用的验证方式为 RFC 2544，如果有可能，应选择应用仿真，以得到更为真实的测试结果。

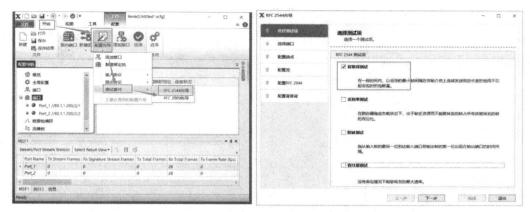

图 5.26　Renix 测试向导和参数选择界面

Renix测试报告-由Renix结果分析工具生成

报告名称: Rfc2544_throughput_summary.db
生成时间: 10:37:24 2020/08/17

配置信息

产品信息

机箱IP	机箱类型	板卡编号	板卡类型	端口地址
10.0.11.106	BigTao220	2	V6016C 16xGE Copper	//10.0.11.106/2/9
10.0.11.106	BigTao220	2	V6016C 16xGE Copper	//10.0.11.106/2/10
10.0.11.106	BigTao220	2	V6016C 16xGE Copper	//10.0.11.106/2/11
10.0.11.106	BigTao220	2	V6016C 16xGE Copper	//10.0.11.106/2/12

Trial: 1 - 2/3

发包数	收包数	丢包数	丢包率 (%)	最大时延 (us)	平均时延 (us)	最小时延 (us)	最大抖动 (us)	平均抖动 (us)	最小抖动 (us)
357142856	357142856	0	0	4.296	4.2325	3.352	0.416	<0.000001	0
202702700	202702700	0	0	4.808	4.7385	3.864	0.448	<0.000001	0
108695652	108695652	0	0	5.832	5.752	4.856	0.448	<0.000001	0
56390976	56390976	0	0	7.88	7.79475	7.016	0.16	<0.000001	0
28735632	28735632	0	0	11.976	11.87775	11.4	0.128	<0.000001	0
23076920	23076920	0	0	14.024	13.917	13.048	0.416	<0.000001	0
19505848	19505848	0	0	15.944	15.83775	15.032	0.208	<0.000001	0

图 5.27　测试报告

5.4　网络层的测试和故障诊断案例

5.4.1　典型案例 1：利用协议分析软件分析异常数据帧

在进行网络层测试时，通过协议分析软件可以发现网络层的问题。某公司网络的某片区域网络时断时续，网络连通时速率正常且速度稳定，网络故障时连最基本的连通性也无法保障，且故障时间没有规律。

由于故障现象为网络时断时续，初步怀疑网络中存在病毒。针对这一现象，采用协议分析软件进行捕包，通过对数据的分析来判断主机情况。捕包分两步进行，首先在网络正常时进行捕包，目标是建立样本文件和基线，相当于分析时的自定义标准；然后在网络故障重现时再次进行捕包，采用专门主机模拟正常访问的流程，使捕包过程能够记录下该测试专用主机的访问流程。

从图 5.28 的故障时的协议分析情况来看，发现 10.130.191.2 在地址解析时比较异常，MAC

地址始终在两个 MAC 地址上切换，地址为 00:d0:04:af:98:00 和 00:90:0b:1f:e9:d1。调用网络正常时的数据文件观察 10.130.191.2 对应帧的 MAC 地址为 00:d0:04:af:98:00，说明 MAC 地址为 00:90:0b:1f:e9:d1 的设备已经中毒。随即对该地址进行定位，隔离该设备后网络恢复正常，故障时和消除故障后的主机 ARP 信息分别如图 5.29 和图 5.30 所示。

Filter: (arp) && (eth.type == 0x0806)　Expression... Clear Apply

802 11 Channel　Channel Offse　FCS Filter:　Decryption Mode: None　Wireless Settings...　Decryption

No.	Time	Source	Destination	Protocol	Info
4359	7.037891	Pentacom_af:98:00	64:31:50:33:b8:b7	ARP	10.130.191.2 is at 00:d0:04:af:98:00
4414	7.124853	SmdInfor_1a:01:ed	Broadcast	ARP	Who has 10.130.191.92? Tell 0.0.0.0
4415	7.128375	SmdInfor_74:3d:64	Broadcast	ARP	Who has 10.130.191.71? Tell 0.0.0.0
4470	7.292981	LannerEl_1f:e9:d1	00:36:05:82:bf:b3	ARP	10.130.191.2 is at 00:90:0b:1f:e9:d1
4513	7.371982	LannerEl_1f:e9:d1	00:36:05:82:bf:b3	ARP	10.130.191.2 is at 00:90:0b:1f:e9:d1
4525	7.405003	SmdInfor_6f:86:01	Broadcast	ARP	Who has 10.130.191.13? Tell 0.0.0.0
4621	7.532157	bc:30:5b:d1:42:16	Broadcast	ARP	Who has 10.130.191.2? Tell 10.130.191.109
4622	7.532343	Pentacom_af:98:00	bc:30:5b:d1:42:16	ARP	10.130.191.2 is at 00:d0:04:af:98:00
4625	7.534754	HewlettP_b6:d2:fc	Broadcast	ARP	Who has 10.130.191.2? Tell 10.130.191.181
4626	7.534983	Pentacom_af:98:00	HewlettP_b6:d2:fc	ARP	10.130.191.2 is at 00:d0:04:af:98:00
4630	7.538551	bc:30:5b:d1:42:16	Broadcast	ARP	Who has 10.130.191.2? Tell 10.130.191.109
4633	7.538727	Pentacom_af:98:00	bc:30:5b:d1:42:16	ARP	10.130.191.2 is at 00:d0:04:af:98:00
4635	7.538987	LannerEl_1f:e9:d1	64:31:50:33:b8:b7	ARP	10.130.191.2 is at 00:90:0b:1f:e9:d1
4713	7.670988	LannerEl_1f:e9:d1	bc:30:5b:d1:42:16	ARP	10.130.191.2 is at 00:90:0b:1f:e9:d1
4813	7.871990	LannerEl_1f:e9:d1	bc:30:5b:d1:42:16	ARP	10.130.191.2 is at 00:90:0b:1f:e9:d1
4846	7.947215	HewlettP_c4:9e:61	Broadcast	ARP	Who has 10.130.194.2? Tell 10.130.194.142
4852	7.950082	SmdInfor_3d:4c:85	Broadcast	ARP	Who has 10.130.191.175? Tell 0.0.0.0
4853	7.963179	HewlettP_c4:9e:61	Broadcast	ARP	Who has 10.130.194.2? Tell 10.130.194.142

图 5.28　故障时的协议分析情况

```
Microsoft Windows [版本 6.1.7600]
版权所有（c）2009 Microsoft Corporation。保留所有权利。

C:\Users\PanKaien>arp -a

接口: 10.130.191.249 --- 0x1c
  Internet 地址          物理地址              类型
  10.130.191.2          00-90-0b-1f-e9-d1     动态
  10.130.191.3          00-90-0b-1f-e9-d1     动态
  10.130.191.255        ff-ff-ff-ff-ff-ff     静态
  224.0.0.2             01-00-5e-00-00-02     静态
  224.0.0.22            01-00-5e-00-00-16     静态
  224.0.0.252           01-00-5e-00-00-fc     静态
  239.4.5.6             01-00-5e-04-05-06     静态
  239.255.255.250       01-00-5e-7f-ff-fa     静态
```

图 5.29　故障时的主机 ARP 信息

```
C:\Users\PanKaien>arp -a


接口: 10.130.191.249 --- 0x1c
  Internet 地址          物理地址              类型
  10.130.191.2          00-d0-04-af-98-00     动态
  10.130.191.3          00-07-0e-75-11-41     动态
  10.130.191.255        ff-ff-ff-ff-ff-ff     静态
  224.0.0.252           01-00-5e-00-00-fc     静态
  239.4.5.6             01-00-5e-04-05-06     静态
  239.255.255.250       01-00-5e-7f-ff-fa     静态
```

图 5.30　消除故障后的主机 ARP 信息

5.4.2　典型案例 2：合理调整子网掩码

　　某公司由于业务整合，研发一部和研发二部合并为研发部，相应调整了网络结构，但是运行一段时间后，发现研发部内部传送文件的速度时快时慢。如图 5.31 所示为合并前的网络架构。公司网络核心层的交换机是三层交换机，汇聚交换机也是二层交换机，研发一部网段为 192.168.0.0，研发二部网段为 192.168.1.0。

　　通过网络拓扑发现，研发一部和研发二部之间的通信需要经过核心层的三层交换机进行路由，基本判断是网络设置不合理导致的。

　　在网络中接入 Etherscope nXG，配置交换机 SNMP 通信字符串，对网络进行测试，选择汇聚交换机地址。在研发一部网络中任选一台主机作为文件服务器，在研发二部网络中任选一台主机作

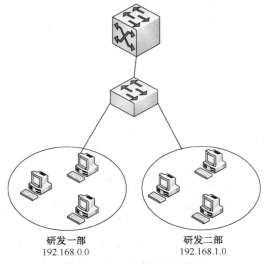

研发一部
192.168.0.0

研发二部
192.168.1.0

图 5.31　合并前的网络架构

为客户端，客户端从服务器下载大文件（测试文件大小建议在 2GB 以上）。通过 Etherscope nXG 发现，交换机与上层交换机的级联端口流量很大，表明由于所属网段不同，二层交换机需要把流量交给三层交换机处理，但实际通信设备终端在同一交换机上。级联的链路一般带宽最多为 100Mb/s 或 1000Mb/s，远小于交换机的背板带宽，所以流量交给三层设备进行交换的方式反而降低了网络效率。

　　由于研发部合并后，开始共同开发项目，很多测试流量在部门间进行传送，互访流量变大，导致两个原本属于不同子网的用户业务量增大，逐渐影响网络质量。要解决这个问题，可以利用超级网络机制，将两个网段（192.168.0.0/24 和 192.168.1.0/24）合并成一个子网掩码为 255.255.254.0 的超级网络，这样 192.168.0.0/23 和 192.168.1.0/23 就在同一个网络里，相互之间的通信由二层交换机进行，如图 5.32 所示。

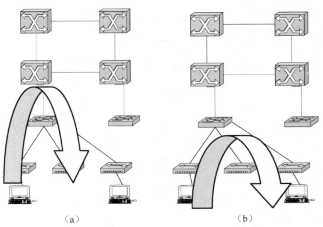

（a）　　　　　　　　　　　　　　　（b）

图 5.32　网络掩码调整后的流量优化

　　C 类地址只能支持 254 台主机，在实际网络中有时可能不够用。B 类地址可以支持 65534 台主机，又太多了。为此，IP 网络允许划分成更小的网络，称为子网，这样就产生了子网掩码。当把一个 IP 网络分成多个子网时，通常需要分成几个不相等的部分，可变长子网掩码（VLSM）

允许一个网络可以用不同的掩码进行配置。为了更高效地利用网络，减少不同网络之间通过网关互通，可以将多个相邻的 IP 网络合并成一个超级网络。合理使用子网掩码，可以实现对 IP 地址空间进行有效的利用，并提高网络性能。子网、子网掩码、可变长子网掩码、超级网络和无类域间路由（Classless Inter-Domain Routing，CIDR）等机制提高了 IP 地址空间的有效利用率。同时无类域间路由技术支持路由聚合，限制了 Internet 骨干路由器中路由信息的增长，减少了路由波动变化，减轻了路由器的负担。

习题 5

1. 试画出 IP 数据报的格式。
2. 描述 DHCP 地址分配的过程。
3. 地址配置错误的原因可能有哪些（4 种以上）？
4. 简述汇聚型 TAP 和镜像型 TAP 的区别。
5. 通过交换机 OS，输入什么命令可以获知端口利用率和错误信息？
6. Etherscope nXG 测试仪器通过何种方式可以获得端口利用率和错误信息？
7. 简述 Etherscope nXG 测试仪器的设备统计过程。
8. 简述 Etherscope nXG 测试仪器的设备分类方式。
9. 简述 ARP 欺骗的原理。
10. 简述故障分析排除场景中异常流量的分析内容。
11. 路由协议异常时，常用的路由配置检查内容有哪些？

第6章　传输层测试和故障诊断

传输层位于 OSI 参考模型中的第 4 层、TCP/IP 模型中的第 3 层，其功能是为应用层提供服务。其主要作用是完成从一个端点到另一个端点的可靠传输服务（区别于网络层的一个端点到另一个端点的可靠传输信息）。传输层的工作多由用户端的设备完成，网络层的工作主要由端到端的节点，如路由交换设备完成，网络层负责路由选择和传送。当网络层通信质量变差，有丢包和较大延时发生时，传输层的错误处理机制会协助处理这些状况，并进行重传或调整，从而提高通信的可靠性。

在网络测试中，区分网络层和传输层的概念相当重要，传输层协议为不同主机上运行的进程提供逻辑通信，网络层协议为不同主机提供逻辑通信。在测试应用服务可用性时，强调的是端口的连通性，而非 IP 地址的连通性。如果某台 Web 服务器关闭了 80 端口，而替换为 8080 端口，那么在网络层测试 Ping 的连通性是没有问题的，而在传输层测试 80 端口的结果是无法连通。

从本质上来讲，传输层的存在使得传输服务有可能比网络服务更加可靠。丢失的分组和损坏的数据可以在传输层上检测出来，并且由传输层进行补偿。传输层在提供进程逻辑通信的同时，为上层应用层提供了透明的和可靠的端到端数据传输服务，而应用层无须知道传输层通信传输系统的细节。

传输层在 TCP/IP 模型中的典型协议是 TCP 和 UDP，每个协议为上层应用程序提供不同的服务模型。目前的计算机都可以接受这两种传输层协议。传输层的主要作用：建立和拆除传输层的会话连接、点到点的通信控制和保证传输的可靠性等。

6.1　传输层测试相关知识

1. 传输层端口

传输层为上层应用提供了透明的传输通道，应用层工作于客户端的设备，准确地说，是应用程序或进程，每个客户端的应用程序或进程可以同时存在多个，为了使数据在通信中能够被正确识别，引入了端口号。如图 6.1 和图 6.2 所示分别是 Wireshark 协议分析软件捕获的 TCP 和 UDP 端口信息。

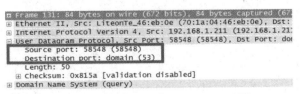

图 6.1　Wireshark 捕获的 TCP 端口信息　　　　图 6.2　Wireshark 捕获的 UDP 端口信息

协议分析软件在解码时会读取和识别端口号信息，以帮助应用层解码更高层的指令或数据。如图 6.3 所示，当接收端接收到数据包后，识别出端口号是 53（DNS 服务），查询的是 web×××.qq.com 域名对应的 IP 地址的请求信息，在应用层解码时就会调用 DNS 解码器进行解码。

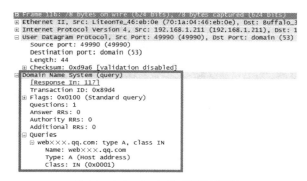

图 6.3   Wireshark 的应用层解码

端口号的范围为 1～65535，分为知名端口、注册端口和动态私有端口三类。

① 知名端口：范围为 0～1023，系统预留。

② 注册端口：范围为 1024～49151，用户分配。

③ 动态私有端口：范围为 49152～65535，动态和私有。

常规应用原则是，不为服务分配动态私有端口，而是采用注册端口。端口在进行 PAT 端口映射时，理论上一个 IP 地址可以分配 64511 个（=65535–1024）PAT 值。

通过检测端口号，网络上层可以获知业务流量的类型。不同应用层使用不同的传输层协议。表 6.1 和表 6.2 分别为常用的 TCP 和 UDP 端口。

表 6.1   常用的 TCP 端口

TCP 应用	端　口　号	TCP 应用	端　口　号	TCP 应用	端　口　号
FTP data	21	SKINNY	2000	Oracle	1521
FTP	20	Telnet	23	Sybass	2638
HTTP	80	Gopher	70	X Window#0	6000
HTTPS	443	NNTP	119	X Window#1	6001
Kerberos	88	IMAP	143	X Window#2	6002
RTSP	554	LDAP	389	Media Player	1755
SMB	445	NetBios Name	137	Quick Time	545
POP2	109	NetBios Datagram	138	Napster	6699
POP3	110	NetBios Session	139	Rexec	512
SMTP	25	MS SQL Server	1433	Rshell	514
H.323 Hostcall	1720	MS SQL Monitor	1434	Whois	43
SIP	5060	TACACS	49	BGP	179

表 6.2   常用的 UDP 端口

UDP 应用	端　口　号	UDP 应用	端　口　号	UDP 应用	端　口　号
DNS	53	BOOTP Server	67	Time	37
Kerberos	88	BOOTP Client	68	IPX	213
ISAKMP	500	TFTP	69	NFS	2049
SMB	445	NTP	123	RIP	520
H.323 Gatedisc	1718	SNMP	161	Sun RPC	111
H.323 Gatestat	1719	SNMP Trap	162	SYSLOG	514

UDP 应用	端 口 号	UDP 应用	端 口 号	UDP 应用	端 口 号
MGCP	2427	Radius	1812	SIP	5060
MEGACO	2944	Radius Accounting	1813		

在 Windows 平台下，以管理员方式运用 netstat -bno 命令查看当前计算机的应用程序信息和端口使用情况，如图 6.4 所示。

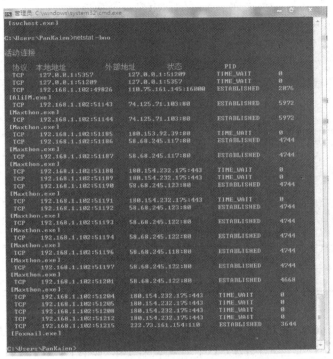

图 6.4　用 netstat -bno 命令查看应用程序信息和端口使用情况

Netstat 是非常有用的网络信息获取工具，命令格式如下：

> netstat [-a] [-b] [-e] [-f] [-n] [-o] [-p proto] [-r] [-s] [-t] [interval]
>
> -a：显示所有活动连接的列表。
>
> -b：显示在创建每个连接或侦听端口时涉及的可执行程序。在某些情况下，已知可执行程序承载了多个独立的组件，这时会显示创建连接或侦听端口时涉及的组件序列。在此情况下，可执行程序的名称位于底部的[]中，它调用的组件位于顶部，直至达到 TCP/IP。注意，此选项可能很耗时，并且如果没有足够权限可能失败。
>
> -e：显示以太网统计数据。此选项可以与 -s 选项结合使用。
>
> -f：显示外部地址的完全限定域名（FQDN）。
>
> -n：以数字形式显示所有活动连接的列表。
>
> -o：显示拥有的与每个连接关联的进程 ID。
>
> -p proto：显示 proto 指定的协议连接。proto 可以是 TCP、UDP、TCPv6 或 UDPv6 中的任何一个。如果与-s 选项一起用来显示每个协议的统计，则 proto 可以是 IP、IPv6、ICMP、ICMPv6、TCP、TCPv6、UDP 或 UDPv6 中的任何一个。
>
> -r：显示路由表。
>
> -s：显示每个协议的统计信息。在默认情况下，显示 IP、IPv6、ICMP、ICMPv6、TCP、TCPv6、UDP 和 UDPv6 等协议的统计信息；与-p 选项一起可用于指定默认的子网。
>
> -t：显示当前连接卸载状态。
>
> interval：重新显示选定的统计，即各个显示之间暂停的间隔秒数。按 Ctrl+C 组合键停止重新显示统计。如果省略，则 Netstat 命令将打印（输出）当前的配置信息一次。

2. TCP 报文

TCP 为应用进程提供可靠服务，网络层提供的却并不是可靠的服务。不同的通信子网架构、网络带宽延时等都可能对网络层传输造成影响。TCP 报文的结构和工作方式比较复杂，包括连接管理、流量管理、应答和定时管理等，最终为应用进程提供了一种可靠的、面向连接和端到端的服务。

在连接管理时，分为建立连接、数据传输和释放连接三个过程。在数据传输过程中，需要发送确认报文并且启用定时，若逾期未收到确认报文，则释放连接。

TCP 传输的特点是，在进行端到端传送较大数据量时，将降低带宽使用率并付出一定的数据包开销。这也造成了许多网络中普遍存在的一些问题。例如，网络带宽进行升级扩容，从 10Mb/s 专线升级到 100Mb/s 专线，但下载速率却没有 10 倍的提升效果，因为延时情况并未得到明显改善，大量确认报文还是按照与原来相同的路径传输，因此网络提速效果并不明显。

TCP 报文格式如图 6.5 所示。

源端口号		目标端口号	
顺序号			
确认号			
数据偏移	保留	标志位	窗口大小
检验和		紧急指针	
选项			
数据			

图 6.5 TCP 报文格式

① 源端口号：16bit，发送 TCP 报文进程使用的端口号。

② 目标端口号：16bit，记录接收 TCP 报文进程使用的端口号。

③ 顺序号：32bit，表示第一个数据字节序号。

④ 确认号：32bit，表示期望对方下次发送数据的第一个字节序号。

⑤ 数据偏移：4bit，TCP 报文首部的长度。

⑥ 保留：6bit，全 0。

⑦ 标志位：6bit，TCP 的 6 种连接控制位。标志位字段值为 1 时有效，其定义如下。

● URG：紧急数据指针有效标志，表示本段中包含紧急数据。

● ACK：确认标志，表示本段中确认号有效。

● PSH：请求将当前字段送给应用程序，无须等待缓冲区满后进行。

● RST：复位连接标志，表示本段为复位段。

● SYN：建立同步连接标志。

● FIN：本地数据发送结束，终止连接标志。

⑧ 窗口大小：16bit，双方需要维持的窗口数量。

⑨ 检验和：16bit，CRC 值。

⑩ 紧急指针：16bit，当标志位 URG=1 时，有效。

⑪ 选项：双方协商的最大报文长度。

⑫ 数据：TCP 报文传送到数据。

3．UDP 用户数据报文

UDP 是面向无连接的传输方式，适用于实时性要求较高的应用场合。例如，语音和视频流等对延时比较敏感，一般采用 UDP 进行传输。而在局域网中，某些应用不强调必须收到每个数据报文，例如，借助 SNMP 采集网络流量趋势信息时，即便丢失某些 SNMP 报文，也不会影响应用的正常运行。因为如果发送端请求或者应答丢失，会导致客户端超时，则可以再次重试。这时，采用无连接的 UDP 可以节约网络带宽和数据开销。

由于对网络可靠性的要求有所降低，UDP 用户数据报文的结构相对于 TCP 报文简化很多。除端口外，仅对长度和检验和做了定义，精简了数据开销，并且由于传输时基于无连接的方式，省略了标志位和确认应答过程，节省了大量等待时间，提高了带宽的利用率。

UDP 用户数据报文格式如图 6.6 所示。

图 6.6　UDP 用户数据报文格式

4．TCP 传输连接的建立、拆除和管理工作过程

TCP 服务通过 3 次握手建立连接，释放连接需要 4 次握手。在 TCP 建立连接状态时，需要交换彼此的序列号，序列号同时也是应用层的数据字节计数值的整数。TCP 报文发送端将自己的字节编号作为序号，而将接收端的字节编号作为确认号，序号是 32 位的无符号数，范围为 $0\sim 2^{32}$。为了保证传输的可靠性，发送时采用定时器进行计时。如果在定时器溢出前收到确认号，则关闭该定时器；否则重传。

定时器的初始值一般采用 Jacobson 的动态算法，其原理是，对每个 TCP 连接设置一个往返延时（Round Trip Time，RTT），如果在超时前收到确认，则记录所需时间；将各个报文段的 RTT 样本加权平均，计算出报文段的平均 RTT。每得到一个新的 RTT 样本，就重新计算一次平均 RTT，通过测量一系列的 RTT 值，TCP 可以估算出报文段重发前需要等待的时间。

TCP 建立连接和释放连接的过程如图 6.7 所示，具体说明如下。

① 确认序号 ack：期待收到对方下一个报文段的第一个数据字节的序号。

② 序列号 seq：TCP 报文的序列号。

③ 确认 ACK：当 ACK=1 时，确认号有效；当 ACK=0 时，确认号无效。

④ 同步 SYN：连接建立时用来同步序列号。当 SYN=1 且 ACK=0 时，表示这是一个连接请求报文段，若同意连接，则在响应报文段中使 SYN=1，ACK=1。因此，SYN=1 表示这是一个连接请求，或连接接收报文。

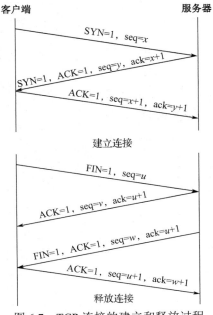

图 6.7　TCP 连接的建立和释放过程

⑤ 终止 FIN：用来释放一个连接。FIN=1 表示此报文段发送方的数据已经发送完毕，并要求释放连接。

TCP 传输时在服务中维持一个状态表，应用 Netstat 命令可以查看 TCP 连接状态信息。如图 6.8 所示，192.168.1.102:56971 和 221.130.179.166:http 处于 CLOSE_WAIT 状态，192.168.1.102:57072 和 hx-in-f103:http 处于 ESTABLISHED 状态。

图 6.8 TCP 连接状态信息

TCP 状态转换如图 6.9 所示。

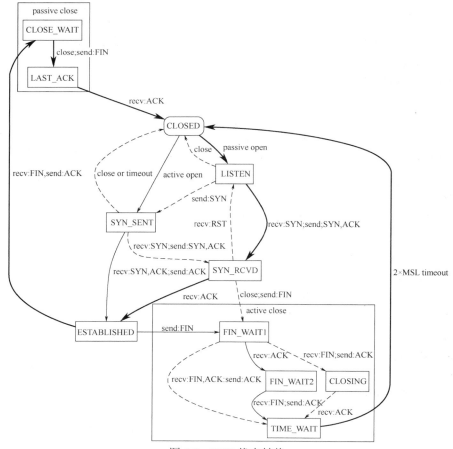

图 6.9 TCP 状态转换

TCP 状态转换说明见表 6.3。

表 6.3 TCP 状态转换说明

状　　态	说　　明
CLOSED	无活动的连接，或正在进行连接
LISTEN	一个应用层协议发布了一个被动打开（passive open），并且可以接收 TCP 连接
SYN_SENT	一个应用层协议发送了一个主动打开（active open），并且发送了一个 SYN 字段
SYN_RCVD	一个 SYN 字段被接收，并且发送一个 SYN-ACK
ESTABLISHED	针对 TCP 连接建立进程的 ACK 被发送并被接收，现在可以进行数据双向传输
FIN_WAIT1	初始关闭的连接端 FIN-ACK 被发送
FIN_WAIT2	接收到响应初始 FIN-ACK 的 ACK
CLOSING	接收到一个 FIN-ACK，但 ACK 不是针对已发送 FIN-ACK 的。这是两个 TCP 对等端在相同时刻发送的 FIN-ACK
TIME_WAIT	FIN-ACK 被发送且得到两个 TCP 对等端确认，并且 TCP 连接终止进程完成。一旦到 TIME_WAIT 状态，在连接的 TCP 端口数能被重新使用之前，TCP 必须等待的时间是最大段生存时间（MSL）的两倍。MSL 的推荐值是 240s，以防止一个使用相同端口号的新连接的 TCP 段与旧连接的 TCP 段的副本相混淆
CLOSE_WAIT	一个 FIN-ACK 被接收，且发送一个 FIN-ACK
LAST_ACK	响应 FIN-ACK 的 ACK 已被接收

5. 滑动窗口和拥塞控制

TCP 报文首部的窗口大小字段的值就是当前给对方设置的发送窗口大小的上限。发送窗口大小在连接建立时由双方商定，但在通信的过程中，接收端可根据自己的情况，随时动态地调整对方的发送窗口大小上限，因此称为滑动窗口。

TCP 采用大小可变的滑动窗口进行流量控制，窗口大小的单位是字节（B），很多系统默认的最大窗口大小为 8KB，这在无形中就限定了理论上的最大吞吐量，当然具体还要结合延时来计算。

拥塞控制是 TCP 服务中用于控制 TCP 连接单次发送量的机制，也称拥塞窗口（Congestion Window，CWND）。拥塞窗口的大小根据网络的拥塞程度动态调整。它通过增减单次发送量逐步进行调整，可以最大限度地使用网络实际带宽，如图 6.10 所示。

拥塞控制主要有三种方式，分别对应以下三种不同情况。

① 收到一条正常 ACK 确认分组，表示当前的单次发送量小于网络的承载量。此时可以增大单次发送量。若当前单次发送量小于慢启动阈值（Ssthresh），则单次发送量加倍（乘 2），进行指数级增长；否则，单次发送量加 1，进行线性增长。

② 当发送端收到连续三个重复的 ACK 时，例如，发送序号为 0、20、40、60、80 的 5 条长度为 20 字节的分组，其中序号 40 的分组丢了，则返回的确认号是 20、40、40、40。有三个重复的 40 需要确认。此时就需要重新设置 Ssthresh，使其等于单次发送量，而单次发送量则减半。

③ 如果对某一条分组的确认号迟迟未到，则发生超时。超时可能是由于多条分组或确认号丢失引起的，这往往意味着网络质量比较恶劣。此时将 Ssthresh 设为单次发送量减半（除以 2），单次发送量为 1。

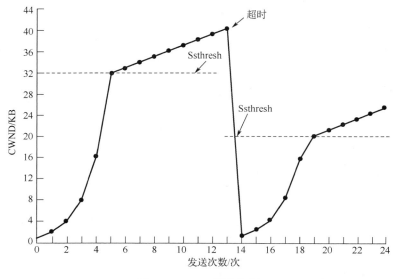

图 6.10　TCP 拥塞控制

6.2　传输层故障分类

传输层的错误或故障将导致网络服务不可用或服务性能下降，并且网络传输设备如路由器、交换机等一般不会保留传输层信息，需要借助特定方法获得传输层的信息。

6.2.1　端口服务没有应答

传输层以端口区分服务类型。在网络测试中，网络环境结构千差万别，交换机、防火墙、流量控制设备或者路由器等都可以对端口进行限制和管理。例如，Ping 一台服务器的结果是可以访问的，但是业务却不能运行，其可能的原因是，端口在路径中被禁用，或者服务器有故障导致端口不可用。

在端到端业务中，如果遇到端口不能访问的情况，需要对途经节点进行测试，排除策略配置问题导致的传输层故障。

特别要注意的是，在连通性测试中，ICMP 是使用非常普遍的测试方法。例如，采用 Ping 发送 ICMP 请求和响应进行测试以判断连通情况。但在实际网络中，ICMP 很可能被禁用。所以 TCP 端口测试更有优势，借助 SYN-ACK 分组的发送和确认，可以获得主机的连通情况。但测试时需要注意，为了避免被主机误判为 SYN-FLOOD 攻击行为，需要向主机发送带有 RST 标志的报文释放连接。

6.2.2　传输层的错误

在传输层报文格式中包含了检验和字段。虽然数据链路层也会进行 CRC 检验，但传输层检验和与二层的不同。二层设备如路由器、交换机对传输层中的检验和不做计算，仅做底层 CRC 检验。故此类传输层故障包在网络层上可以传送，但由于传输层存在错误，在接收端进行检验时，会检测出 CRC 错误，并将其丢弃。如图 6.11 所示，MAC 层中的 CheckSum（检验和）是正确的（第 11 行），但是传输层中的 CheckSum 却是错误的。

图 6.11　TCP 检验和错误

6.2.3　延迟问题

在网络测试时，很容易将网络访问缓慢与带宽不够联想到一起。但有时在监测端口带宽时，会发现此时带宽并非处于满负荷状态。如果一条 2Mb/s 的线路在最大 64KB 的窗口条件下，同时延时小于 40ms，则线路能达到其允许的最高吞吐量；但当延时逐渐增大，线路传输效率明显下降时，实际的吞吐量可能低于带宽允许的最高数据吞吐量的 10%。如果换成 100Mb/s 的线路，窗口大小与之前相同，则测试结果显示，在延时大于 40ms 时，100Mb/s 线路的吞吐量下降到几乎和 2Mb/s 线路同样的水平。从而可以看出，当延时比较大或者 TCP 窗口大小不合适时，100Mb/s 线路的数据传输能力并不比 2Mb/s 线路的数据传输能力强多少。

TCP 是一个可靠的协议，其利用滑动窗口机制在任何时间都限制吞吐量。如果窗口已满，在收到新的确认前，发送者停止发送。例如，在长距离和高延时网络条件下，在确认返回缓慢时，TCP 窗口大小往往对最大吞吐量进行硬限制。如果链路存在较长时间的延迟，差错率高，带宽不对称，或非常高的带宽，TCP 会将传输降级。

理论上，最大吞吐量和延时可以有以下的对应关系：

$$最小窗口大小=速率×往返延时$$

$$最大吞吐量=窗口大小÷延时$$

虽然 RFC 1323 修改了 TCP 以支持高带宽、高延时的网络，去除了最大 8KB 窗口大小的限制，但现今的网络中还存在操作系统或 TCP 堆栈不支持 RFC 1323，或默认窗口大小还是 8KB。这样，延时还是 TCP 传输中的一个大问题。

8KB 窗口大小在 2ms 局域网延时下的最大吞吐量为 32Mb/s。

8KB 窗口大小在 100ms 局域网延时下的最大吞吐量为 640Kb/s。

8KB 窗口大小在 200ms 局域网延时下的最大吞吐量为 320Kb/s。

延时会导致以下结果：① 降低网络吞吐量；② 建立连接变慢；③ 吞吐量稳定性差；④ 重传率高。

UDP 通信双方对等，没有建立连接关系，延时和丢包可以通过上层应用进行处理，借助上层应用的缓冲允许更大的延时，或降低上层应用性能来适应掉包。

在测试单向延时时，首先要对收发两端进行时间同步（如 GPS 时间同步），然后在测试报头加入时间戳信息，在发送端计为时间戳 T1，而接收端接收到该报文后计为时间戳 T2，两者的差值为单向延时值。

测试往返延时时，在发送端加入时间戳 T1，接收端接收到该报文后，不做处理，返回一个回应报文，发送端接收到该回应报文后，加入时间戳 T3，T3 与 T1 的差值为往返延时值。

6.2.4 丢包问题

TCP 传输时的序列号用于为应用层提供可靠的传输服务，所以当发生丢包时，TCP 服务将检测到这种错误并进行重传。TCP 服务并不能立即检测到丢包，而是在定时器超时后进行重传。考虑到定时器所耗时间以及网络延时的存在，丢包率需要控制在一定范围内，不然即便有重传的机制，也可能造成网络传输效率呈指数级下降，进而迫使应用不得不在更低速率的情况下运行。

丢包率对应用服务的影响非常大，在测试上对丢包率有严格的要求。一般，链路利用率不大于 70%时，要求丢包率小于 0.1%。

6.2.5 并发连接数

并发连接数是指能够同时处理的点对点连接的最大数目。它反映了网络设备对多个连接的访问控制能力和连接状态跟踪能力，这个值的大小和设备的处理能力相关。并发连接数又分为 TCP 并发连接数和 UDP 并发连接数。基于 TCP 的应用在数据交互前必须先建立 TCP 连接，完成连接后，具备网络 4 层以上处理能力的设备将记录连接，而网络设备对其业务信息流的处理能力是有上限的。

UDP 是基于无连接的，采用队列方式，将要发送的报文放到发送队列的末尾，设备或系统按照队列的顺序发送报文。由于队列有长度限制，超过会溢出丢包，所以也会设置并发连接数。

6.3 传输层的测试和故障诊断

传输层分析的重点是端到端连接的建立和管理以及通信的可靠性。按照不同测试环境，所选择的测试方法和工具不尽相同。本节介绍传输层的三类应用场景：① 故障分析和排除，适用于网络出现连通性故障，服务应用不能访问的情形；② 监控网络运行，对网络整体运行进行 7×24 小时的监控，并且对异常现象进行记录，甚至做出告警；③ 性能评估，在跨多个网络的新应用上线前对现有系统进行性能评估。

传输层的监控与应用层的监控很难完全隔离开，通常，传输层中的端口对应某一种应用，因此将监控网络运行状况的部署方式和测试方法合并在第 7 章中进行讲解，本章不再展开。

6.3.1 故障分析和排除环境中的测试

1. 端口连通性测试

（1）端口连通性测试部署方式

在传输层中最典型的故障是端口不能访问，发生端口故障时，需要快速找出故障原因。

首先需要对设备进行端口扫描，在网络测试中可以采用多种扫描方式。传输层扫描包括 TCP 扫描和 UDP 扫描。端口扫描的部署方式非常简单，在局域网内可以任意部署一台 PC 机，安装相关扫描软件，并进行扫描端口的配置，如图 6.12 所示。

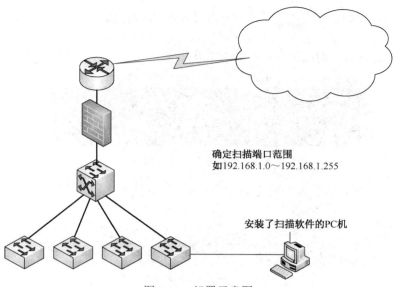

确定扫描端口范围
如192.168.1.0～192.168.1.255

安装了扫描软件的PC机

图 6.12　部署示意图

（2）端口连通性测试方法

部署后就可以进行测试分析了。

1）TCP 扫描方式

① TCP connect 扫描。这种扫描方式最为常用，通过连接到对端主机的目标端口来完成一个完整的 3 次握手过程（SYN、SYN-ACK 和 ACK）。如果目标端口处于侦听状态，则可以连接成功。

② TCP SYN 扫描。这种扫描方式也被称为"半开扫描"（half-open scanning）。所谓半开，就是它并没有像 TCP 正常的 3 次握手那样建立一个完整的 TCP 连接，而是仅仅进行 3 次握手中的第一步，是一个半连接。它向对端主机目标端口发送一个只有 SYN 标志的 TCP 报文，如果对端主机反馈一个 SYN-ACK 包，则说明端口可用；如果接收到的是 RST 包，则说明端口不可用或服务没有打开。

③ TCP FIN 扫描。这种扫描方式由本地设备向对端主机目标端口发送一个只有 FIN 标志的 TCP 报文，其目的是关闭一个不存在的 TCP 连接。按 RFC 793 的标准规定，对于所有关闭的端口，对端主机应该返回 RST 标志，如果没有回应，则说明该主机存在，并且该端口可用。

④ TCP ACK 扫描。这种扫描方式由本地设备向对端主机目标端口发送一个只有 ACK 标志的 TCP 报文，如果对端主机反馈一个 TCP RST 数据报文，那么该主机是存在的。

⑤ TCP NULL 扫描（turn off all flags）。这种扫描方式由本地设备向对端主机目标端口发送一个不含任何标志的分组，如果端口是关闭的，那么对端主机返回 RST 标志，说明端口没有开放。

⑥ TCP Xmas Tree 扫描（set all flags）。这种扫描方式由本地设备向对端主机目标端口发送一个含有 FIN、URG 和 PUSH 标志的报文，如果端口关闭，对端主机会返回一个 RST 标志，那么说明端口没有开放。

2）UDP 扫描方式

由本地设备向对端主机目标端口发送一个内容为空的 UDP 报文，如果目标端口回应的是 ICMP 端口不可达消息，则说明该端口是关闭的。反之，如果收到一个表示错误的消息，那么说明目标端口已存在服务，端口是开放的。特别要注意：由于 UDP 是无连接的协议，在网络上进行 UDP 扫描时，其数据能否被传达或接收依赖于网络和设备系统的繁忙程度，因此测试结果并不可靠。

最为常用的检查端口状态的工具是 Telnet 命令，可以通过该命令登录远程服务器的端口，从而判断端口是否处于打开状态。如图 6.13 所示，登录到 mail.langkun.××× 25 邮件服务器上。如果端口处于打开状态，则在 Telnet 界面中显示。

图 6.13　Telnet 命令检查端口状态

Wireshark 的分析结果如图 6.14 所示，Telnet 命令运用 TCP 扫描方式中的 TCP connect 来完成端口的访问。在进入 Telnet 界面后，可以发送相关指令。

4 2.595624	192.168.1.102	202.96.209.5	DNS	76 Standard query A mail.langkun.com
5 2.619227	202.96.209.5	192.168.1.102	DNS	92 Standard query response A 222.73.161.154
6 2.623042	192.168.1.102	222.73.161.154	TCP	66 51314 > smtp [SYN] Seq=0 Win=8192 Len=0 MSS=1460
7 2.629293	222.73.161.154	192.168.1.102	TCP	66 smtp > 51314 [SYN, ACK] Seq=0 Ack=1 Win=5840 Len
8 2.629385	192.168.1.102	222.73.161.154	TCP	54 51314 > smtp [ACK] Seq=1 Ack=1 Win=17280 Len=0

图 6.14　Wireshark 的分析结果

免费软件 IP Inspector 也是常用的端口测试软件（在互联网上可以下载各类端口扫描工具）。软件使用方法简要说明如下。

① 设置扫描网段范围与扫描端口。如图 6.15 所示，输入需要扫描的网段信息，如 192.168.1.0～192.168.1.255，单击"OK"按钮。在端口列表内输入需要扫描的端口，如 http[80]、pop3[110]和 snmp[161]，如图 6.16 所示。

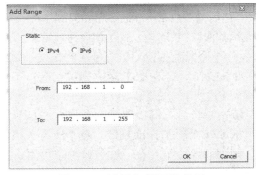

图 6.15　设置扫描网段范围

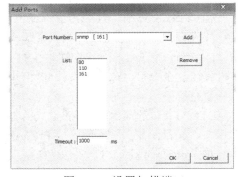

图 6.16　设置扫描端口

图 6.17　确认主机是否存在

② 扫描并查看结果。软件运行后，根据所设置的网段扫描 IP 地址，确定主机是否存在。该软件采用 ICMP 回应方式进行确认，如图 6.17 所示。在确认有效 IP 地址列表后，会显示 Responding 状态表示设备存在。

然后，按顺序进行端口扫描，如图 6.18 所示为从 IP 地址分别为 192.168.1.1、192.168.1.2、192.168.1.3 和 192.168.1.5 的设备上扫描 TCP 端口 80 的情况，可以看到，扫描方式是 TCP connect 扫描。

扫描结束后，显示当前网段中开放了 80 端口的设备列表，如图 6.19 所示。

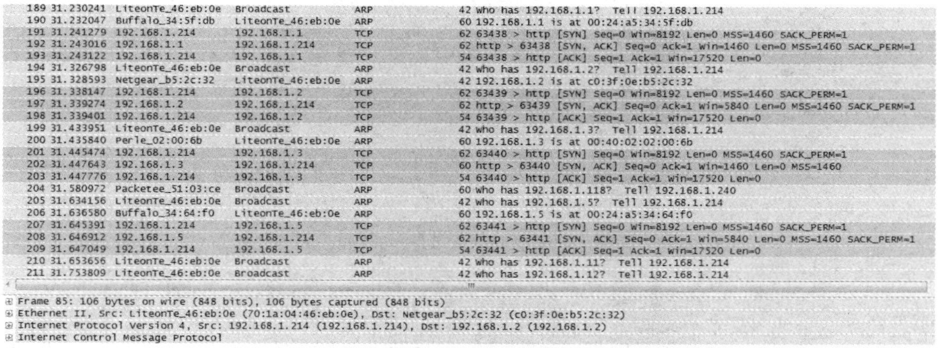

图 6.18 扫描端口过程的捕包解码界面

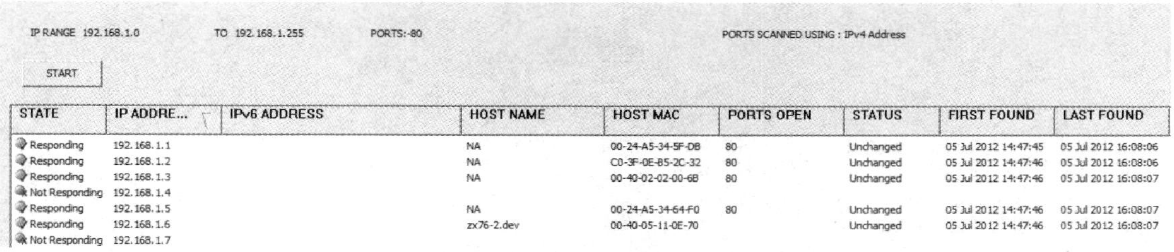

图 6.19 开放了 80 端口的设备列表

借助端口扫描可以知道设备开放的服务情况，同时在进行漏洞测试时，也可以借助端口扫描来检查是否有存在隐患的端口处于开放状态。

2．网络延时测试

（1）网络延时测试部署方式

网络延时是传输层测试的重点。网络延时的测量比较复杂，其通常作为网络性能测试评估的重要参数。延时包括固定延时和可变延时，固定延时是指传输系统固有的延时，如电缆和光缆传输所用的延时；可变延时是指由传输系统路径上的节点（如网络设备）处理包引起的延时，如交换机的延时（通常取决于转发性能和交换机的繁忙状态）和路由器的延时（通常取决于路由效率和端口的繁忙状态）。不论固定延时还是可变延时，测试都分为单向延时和往返延时两种方式。

往返延时测试方式的部署比较简单，只需要在一端进行测试即可。往返延时测试时，给源设备发送的数据包打上起始时间戳，目标设备接收该数据包，并给出响应包，通过计算得到延时。常用的工具是 Ping，通过向目标设备发送 ICMP echo 报文，得到目标设备的回应，通过回应包来确认往返延时的大小。

通过 Ping 工具可以快速了解往返延时的大小，但这对于传输层分析来说还远远不够。传输层的上层对应的是业务应用，确定延时发生位置（客户端、服务器端或网络传输中）对判断网络访问缓慢原因具有重要意义，可以大大加速故障的诊断过程。为了判断延时的位置，需要进行分段测试，测试网络中不同段的延时情况，从而快速定位端到端延时问题的源头。

单向延时测试原理简单，但需要源设备和目标设备的时间同步，在部署时需要由专用硬件来实现，在同步上可以采用系统同步（GPS 或 NTP）或设备自身提供同步方式。设备部署如图 6.20 所示。

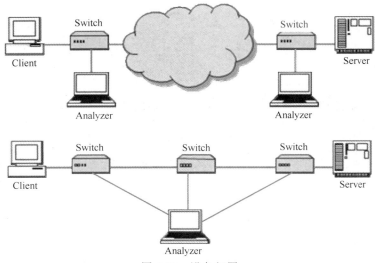

图 6.20　设备部署

采用多点部署方式，可以获得不同采集点的时间信息，从而比对出数据包经过不同网络节点的延时情况。

利用原福禄克品牌的 NTM 测试工具可以进行精确的延时测试。NTM 测试工具有 4 个测试端口，支持数据合并功能，合并后可精确计算多种与时间相关的统计数据。其测试架构如图 6.21 所示，其 4 个端口分别连接（镜像或 TAP 方式三通接入）：防火墙和路由器、路由器和核心交换机、核心交换机和楼层交换机、楼层交换机和服务器（图中圆圈标记处）。

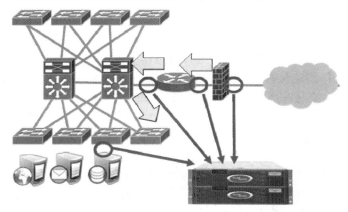

图 6.21　测试架构

（2）单向延时多点部署测试方法

在完成 NTM 部署后，需要配置时间同步，让 NTM 为每个数据包打上精确的时间戳，可选方式有 GPS 和 NTP。这可以让 NTM 正确地关联通过每对 Agent 的数据，以计算连接这些 Agent 之间的网络延时。

使用测试软件中的多段分析功能仅需要确认数据包属于测试部署位置中的哪一端，就可以得到延时数据，如图 6.22 所示。可以清晰地了解数据包的接力传送情况，并且在右侧可以观察到每个数据包到达的绝对时间（捕包开始为时间基点，即 0s，以后每收到一个数据包，就记录下相应的时间）和它们上下帧之间的时间差。

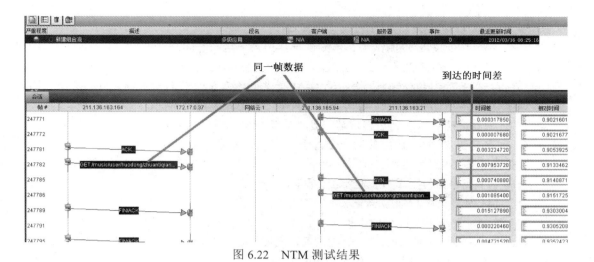

图 6.22　NTM 测试结果

（3）单向延时单点部署测试方法

由于测试点在物理距离上可能比较远，而测试工具通常放置在通信双方之间的链路上，在这个位置上要想获取延时大小很困难。此时借助 TCP 方式可以比较精确地测试延时大小。将测试工具借助 TAP 串行接入服务器和客户端的通信路径中，利用如图 6.23 所示的交互方式在一次 TCP 通信过程中测试延时大小。

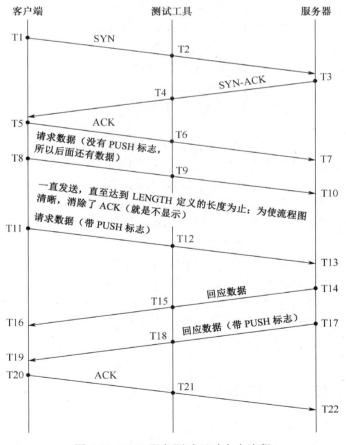

图 6.23　TCP 服务测试延时大小流程

① 客户端（Client）在 T1 时刻发出一个 SYN。

② 该请求在 T2 时刻经过测试工具，测试工具记录下这个时间。

③ SYN 在 T3 时刻到达服务器。处理 SYN 的过程没有数据交换，所以速度非常快。近似认为，服务器收到 SYN 与发出确认报文 SYN-ACK 之间没有延时（测试工具靠近服务器一侧）。

④ 该确认报文在 T4 时刻到达测试工具，测试工具记录下这个时间。

⑤ T5 时刻，该确认报文到达客户端。处理确认报文的时间与处理 SYN 的时间基本相同。近似认为，客户端在 T5 时刻送出最后一个握手（ACK）信号。

⑥ 该报文于 T6 时刻到达测试工具，测试工具记录下这个时间。

⑦ 最后一个握手信号于 T7 时刻到达服务器。

⑧ T8～T11 时刻，客户端发送请求。

⑨ T11 时刻，发出最后一个请求报文。

⑩ 该请求在 T12 时刻到达测试工具，测试工具记录下这个时间。该请求在 T13 时刻到达服务器。

⑪ T14 时刻，服务器发出第一个回应报文。

⑫ T15 时刻，回应报文到达测试工具，测试工具记录下这个时间……

⑬ T21 时刻，最后一个 ACK 到达测试工具。

测试工具通过计算 T4-T2 的值（因为 SYN 的处理延时非常小）得到 STD（Server Transit Delay），表示测试工具与服务器间的传输延时。

测试工具通过计算 T6-T4 的值（因为 SYN 的处理延时非常小）得到 CTD（Client Transit Delay），表示测试工具与客户端间的传输延时。

客户端到服务器的总传输延时称为环回时间 RTT（Round-Trip Time），RTT=STD+CTD。

服务器延时（响应延时）：

$$Server\_Delay=T15-T12-STD-\Delta1$$

$\Delta1$ 表示服务器在 T14 时刻发送第一个回应报文时，将大量比特流处理成数据报的延时。这个延时在握手阶段是没有的，所以在 STD 和 CTD 的计算中不计入。

数据传输的总延时：

$$Total\_Delay=T21-T9+\Delta2$$

$\Delta2$ 表示 T8 时刻发送第一个请求时，客户端将大量比特流处理成数据报的延时。

网络延时：
$$Network\_Delay=Total\_Delay-Server\_Delay$$

必须强调的是，测试工具获得的值始终是近似的。例如，STD 和 CTD 的精确值还需要考虑 SYN 的处理延时，尽管这个值非常小；$\Delta1$ 不仅与数据报大小有关，还与计算机的处理能力及当时计算机的负载有关，所以$\Delta1$ 始终有误差。

事实上，将测试工具安装于不同位置，其测试的精确性也有所不同。例如，将协议分析软件分别安装在客户端或服务器上，进行分析时得到的结果会有所不同。

理论上，由客户端来计算 RTT 和 Total_Delay，由服务器来计算 Server_Delay，这样会更精确，但需要专用的通信协议来让测试工具获得这些值，这样所有客户端和服务器都必须重新进行配置。TAP 接入测试工具获得延时的方法虽然麻烦，但仍然比较精确，而且无须对当前网络提出太多的要求。

6.3.2　性能评估场景中的测试

1．部署方式

传输层的性能测试可分为以下两种。

一种为双侧测试，即测试工具位于被测网络的两侧，采用端到端方式设置测试工具，可模拟并发情形，对 IP 网络承载业务的能力进行监控。这是一种主动测试方式，测试结果包括吞吐量、最大并发连接数、最大事务处理速率和最大带宽等。

另一种为单侧测试，即测试工具位于被测网络的一侧。单侧测试常用于实验室或设备组网调试场景，也适用于测试地点固定的场合。

TCP 和 UDP 进行测试时，测试配置一般需要填写相应服务、IP 地址和端口，并设置用于压力测试的最大并发连接数和发送的相关数据。测试有两种方式：应答方式和间隔方式。应答方式是，当发送请求得到服务器回应后立即发送下一次请求。间隔方式是，每隔一段时间向服务器发送一个请求。

2．分析方法

（1）双侧测试

测试时测试设备位于被测系统两侧，用于评估网络端到端的性能。这种部署更接近于真实网络系统。我们以 NetAlly 网络公司的 AirMagnet Survey Pro 勘测软件和 Etherscope nXG 分析测试仪配合 iPerf 免费软件分别进行性能测试并给出说明。测试时，iPerf 服务器可采用 TCP 或 UDP 两种方式进行网络性能评估。

不论介质为有线网络还是 Wi-Fi 网络，均可以采用这种方式进行测试，因为测试工作于传输层，而 IEEE 802.3 和 IEEE 802.11 协议的差别在物理层和数据链路层。

iPerf 是专门的压力测试工具，一般使用的为 iPerf2 或 iPerf3 版本。其可以测量吞吐量和最大带宽，非常适合有线或无线环境下的性能评估测试。该工具本身为绿色软件，部署简单。

要使用 iPerf，需要完成两个部分的设置：iPerf 服务器的设置（用于监听和统计测试请求）和 iPerf 客户端的设置（用于发起测试会话）。在 AirMagnet Survey Pro 中，已将 iPerf 客户端集成在系统内，如图 6.24 所示。使用内嵌的 iPerf 客户端，可以获得上下行的吞吐量。Etherscope nXG 也内嵌了 iPerf 客户端。

iPerf 服务器由若干个免安装文件组成，只需复制到任意目录下，即可以管理员模式运行 Command 程序。如果要测试本地网络设备性能，可以把 iPerf 服务器与交换机、路由器或 AP 等放置在同一网段中。也可以将 iPerf 服务器与实际的应用服务器放置在等同位置，用于评估网络路径中性能问题，因为此时访问应用服务器和 iPerf 服务器有着相同的网络路径。

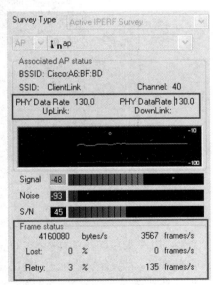

图 6.24 内嵌 iPerf 客户端（图片来自 AirMagnet Survey Pro）

在完成 iPerf 服务器和客户端的部署后，就可以进行性能评估了。在默认的情况下，iPerf 默认端口为 5201，可以在 iPerf 服务器中建立一个 TCP 会话。例如，在命令提示符下执行 iperf3-s 命令，如图 6.25 所示。

接下来对客户端进行配置。

① 用于无线网络的 TCP 和 UDP 性能评估。无线勘测通常基于平面的打点测试加模型预测，以测试覆盖区域内的上下行速率热图为目的，主要用于盲区或低速率区域的分析。如图 6.26 所示，左上角是速率比较低的区域。

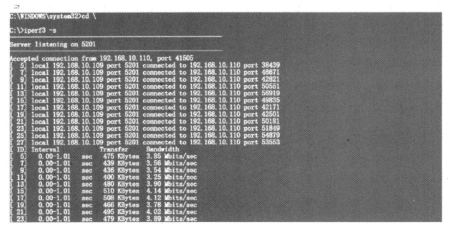

图 6.25　执行 iperf3 -s 命令

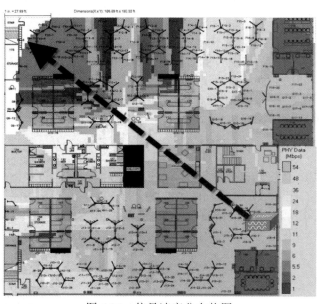

图 6.26　信号速率分布热图

② 用于有线网络的 TCP 和 UDP 性能评估。这种方法可以获得吞吐量趋势，适用于网络节点性能评估，测试结果为当前测试点上下行的最大吞吐能力。图 6.27（a）给出了上下行吞吐量设置的通过阈值，图 6.27（b）为实测结果，iPerf 服务器到 Etherscope nXG 以及 Etherscope nXG 到 iPerf 服务器的吞吐量情况，上行吞吐量为 145.8Mb/s，测试时间段内都小于虚线处 200Mb/s 的吞吐量阈值，下行吞吐量为 413.2Mb/s，满足 200Mb/s 的测试评定吞吐量阈值要求。

（2）单侧测试

单侧测试常用于评估网络设备或被测系统性能。测试时，测试工具位于网络设备或被测系统一侧，如图 6.28 所示。可以借助 Keysight（是德科技）的 IxLoad 工具进行测试。它可测试 TCP 最大并发连接数，测试 DUT（Device Under Test）能够维持的最大活跃 TCP Session 的数量。其过程是：首先通过 SYN、SYN-ACK 和 ACK 的 3 次握手建立 TCP 连接，然后执行数据交互过程，最后拆除 TCP 连接。一般设备的最大并发连接数与存储空间有关，该值越大，能够维持的连接数就越多。

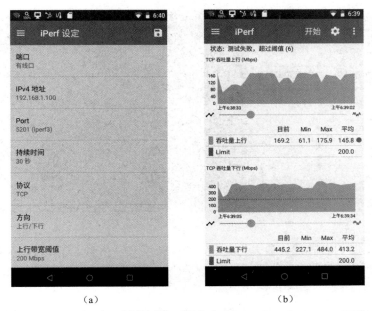

(a)　　　　　　　　　　　　　　　(b)

图 6.27　TCP 和 UDP 性能评估（图片来自 NetAlly Etherscope nXG）

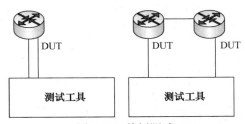

图 6.28　单侧测试

将测试工具的两个端口分别连接到路由器的两个不同端口或者两个不同路由器的端口。打开 IxLoad 软件，按照如图 6.29 所示流程进行设置。

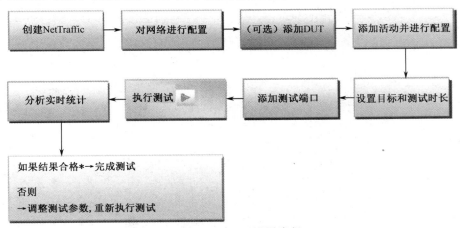

图 6.29　IxLoad 设置流程

　　配置两个端口，分配给客户端和服务器，并配置用户数和并发连接数，然后开始测试，获得测试结果。如图 6.30 所示为获得的并发连接数结果，本例中有 4400 多个。

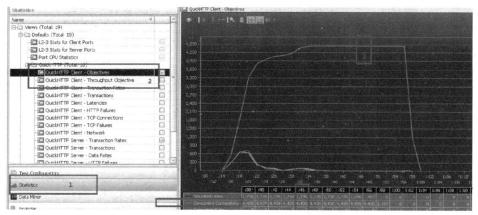

图 6.30　并发连接数测试结果

综上所述，如果对传输层性能尤为关注，建议采用双侧测试。而当分段测试单个系统或单个设备时，建议采用单侧测试。如果需要定位故障，则需要结合下三层的性能测试方法来排除问题。

习题 6

1. 简述 TCP 和 UDP 的区别。
2. 试画出 TCP 报文的格式。
3. 试画出 UDP 报文的格式。
4. 简述传输层端口号分类和范围。
5. 列举常见的 TCP 与 UDP 应用端口号（各 10 种）。
6. 简述 TCP 连接的 3 次握手过程。
7. 简述延迟问题对 TCP 应用的影响。
8. 简述丢包问题对 TCP 应用的影响。
9. 当通过 PAT（Port Address Translation，端口地址转换）进行互联网接入时，为何 P2P 应用会导致网络连接中断，无法上网？

第7章 应用层测试和故障诊断

应用层位于 OSI 参考模型的第 7 层、TCP/IP 模型中的第 4 层。应用层直接与应用程序接口，提供网络应用服务。常见的应用，如 Telnet、HTTP、FTP、WWW、NFS 和 SMTP 等，借助应用层为各种进程提供的服务，实现多个系统应用进程之间的通信，完成一系列业务处理所需的服务。服务元素分为两类：公共应用服务元素（CASE）和特定应用服务元素（SASE）。CASE 提供各种应用所共有的一些常用服务，如应用实体间的连接与释放；SASE 完成某一方面特定的应用，如文件传送、访问和管理。应用层的内容取决于用户的需要，每个用户可以自行决定运行什么程序和使用什么协议。

7.1 应用层测试相关知识

1. 数据格式

应用层测试时，为了对数据进行更细致的分析，往往需要进行后期数据的统计，这就要求数据分组必须存储于分析设备中。一般来说，数据存储主要采用两种格式。

（1）原始数据

原始数据即通过测试工具捕获的网络中实际传送的数据分组，并存储成专用的文件格式，如 pcap 或 cap 格式。不同协议分析软件的存储方式有所不同，但通常都会加入时间戳信息和长度信息。此外，在捕获数据时，为了尽可能多地存储原始数据，通常还会采用捕包切片的方式，可以选择 32B、64B、128B 或全帧长捕获。不同协议分析软件的捕包文件可以互相调用，如 Wireshark 可以打开 Sniffer 捕获的数据包文件。

（2）流格式数据

采用原始数据存储格式存在一定的局限性，现有网络中往往需要进行多点数据采集；在实际网络测试时，部署数量巨大的数据采集点也是不现实的；另外，捕获数据包通常将占用大量的存储空间，存储所有的数据既不可能，也无必要，况且很多数据可能涉及信息安全问题。

鉴于以上多种原因，引出了另一种数据存储格式——流。借助于网络设备，将数据分组形成流记录，每条流记录包含源地址或目标地址、源端口号或目标端口号、端口标签或时间标签等信息。网络设备将流数据发送至专用分析测试平台进行数据存储。流存储节省了大量数据内容信息，大大压缩了原始数据量。在进行应用情况分析时，流的方式得到大量运用。

流在应用层中对应一次交互，例如，通过 Web 浏览器打开百度官网网址。采用 Wireshark 进行捕包，会发现客户端和服务器之间存在多次 Get 请求。而每次 Get 请求后的数据交互，从开始到结束的所有数据分组就构成了一个流，如图 7.1 所示。可以想象，在实际的网络主干链路中，多种应用的流是交织在一起的，并且同时在网络链路中进行传输。不同流对应着不同的应用，通过流的归类和汇总，既节省了大量的存储空间，同时也为后续分析、管理乃至计费等都提供了技术支撑。

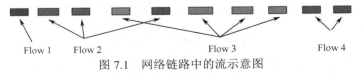

Flow 1　　Flow 2　　　　　　　　Flow 3　　　　　　Flow 4
图 7.1　网络链路中的流示意图

目前广泛使用的流技术当属思科公司的 NetFlow，在每个统计的流（Flow）信息中，包括

IPsrc、IPdst、SrcPort、DstPort、Protocol、ToS 和 Ifindex 等字段。流是网络中数据对象,为了避免采用额外的测试仪或探针来获得统计流量,于是就借助现成的路由器进行统计。而路由器统计时,将会查看其中的关键字段,如 Src If、Src IP、Src Port、Dst If、Dst IP、Dst Port、Proto 和 ToS 等。当路由器端口收到一个数据包后,会扫描这些字段,以判断当前数据包是否属于一个已经存在的 Flow,如图 7.2 所示。如果是相应 Flow 记录内的数据包,则整个 Flow 记录中的字节大小会相应增大;否则新增一条流信息。每个 NetFlow 流最多可以包含 30 个 Flow 记录。记录包括源 IP 地址、目标 IP 地址、下一跳路由的 IP 地址、输入接口的 SNMP 索引、输出接口的 SNMP 索引、流中的数据包数、字节数、流开始时间、流结束时间、TCP/UDP 源端口号和 TCP/UDP 目标端口号等信息。在新的 Flow 记录不断生成的同时,Flow Cache(缓存)内过期的 Flow 记录不断被导出。

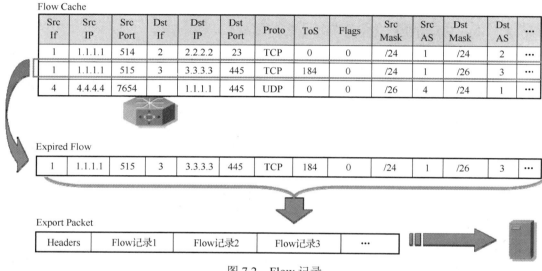

图 7.2　Flow 记录

NetFlow 有三种主要输出方式。

① UDP 传输,缺点是数据传输可靠性无法得到保证。

② SNMP MIB 方式,通过 SNMP 访问网络设备 NetFlow 的 MIB 库中相关信息。

③ SCTP 方式,支持拥塞识别,确保 NetFlow 统计信息被正确地发送给收集分析设备。

NetFlow 系统主要由三部分组成:NetFlow 源设备、NetFlow 采集器和 NetFlow 分析器。NetFlow 源设备负责数据抓取、导出和聚合,NetFlow 采集器负责数据采集、过滤、聚合和存储,NetFlow 分析器则负责数据分析和终端显示等工作,如图 7.3 所示。

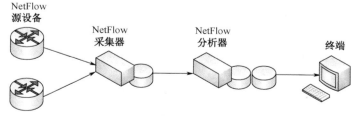

图 7.3　NetFlow 系统结构

流的应用给网络测试与分析带来了极大的便利,改变了原来网络管理系统中常见的 SNMP 或加装 RMON I/II 探针进行数据采集统计的架构,实现了对网络上层协议流量的监控。流一般采用网络设备输出方式，替换 SNMP 中的轮询机制，提高了主干链路分析的采样率。

除了 NetFlow，目前主要的流技术还有 J-Flow、NetStream、sFlow 和 FDR。

J-Flow 是 Juniper 支持的流技术，类似于思科的 NetFlow。

NetStream 技术是华为支持的流技术。

sFlow 是 Alcatel 和 Foundry 等厂家产品中的标准。

FDR 是 Bluecoat 采用的流技术，支持除一般 NetFlow 字段外的数据，如 Class Ids、Traffic Class 和 Applications Recognition。

不同厂商产品支持不同的流技术，为了消除各大设备厂商彼此不兼容的局面，IETF 提交了 IPFIX（Internet Protocol Flow Information Export）作为流技术的信息标准。在 IPFIX 中，主要以 NetFlow v9 协议作为规范制定的基础。

2．应用协议分析中的关键技术

对于应用层原始数据的分析，往往需要进行最高层的解码分析，为了有效、准确地进行分析，有必要了解一些测试中的关键技术与设备。

（1）捕包

通常，借助软件进行测试分析时，捕包的性能取决于网卡的性能。而随着网络流量越来越大，数据传输速率越来越高，通过传统 PC 机加载协议分析软件的方式已经不足以满足网络测试与分析的要求。基于软件的过滤方式已无法适应高速海量数据过滤的要求，因此在测试时需要采用硬件测试卡。硬件测试卡在进行数据采集时采用专用芯片实现数据流过滤、特征提取和数据统计等工作。硬件测试卡一般工作在物理层，不占用总线和 CPU 资源，且自动加入时间戳信息，为后续分析提供准确的时间信息，减轻存储和后续分析的压力。

（2）线速存储

目前，众多协议分析软件基本安装在 PC 机或服务器中，对捕包接口的物理速率限制已经越来越小，而线速存储的瓶颈现象却越来越严重。捕获的数据可能涉及一个网段中的多个关键设备，在极端情况下，瞬时的峰值流量可能高达数千兆级别或者数万兆级别。因此，对总线速率的要求非常高，同时必须达到线速存储的要求。

如果无法达到线速存储的要求，则会发生部分数据包的丢失问题，对后续的工作造成很大的麻烦。对于 VoIP 流量，如果没有完全捕包，分析设备将报告一个低的 MoS 评分，而真正的原因可能是不能达到线速存储而造成丢包；对于 TCP 流量，分析软件会报告有丢包现象，但事实上并没有发生丢包情况。

（3）海量存储

在协议分析中，存储采集卡捕获的数据包有两种方式。一种方式是将数据包存储在专用 Buffer 中，当 Buffer 存满后停止存储，将数据转换到硬盘中或者采用先进先出的方式进行处理；另一种方式是实时存储，采用特殊的 Cache-to-Disk 技术，通过硬件能力直接将采集卡捕获的数据记录到硬盘中，如图 7.4 所示。为了实现海量存储记录，越来越多的高层应用分析采用实时存储方式。因为专用 Buffer 方式有很大的局限性，不可能无限扩展，而实时存储方式则突破了限制，可以实现长期的海量存储。

（4）流量分类

在应用层分析中必须对流量进行分类，因为网络中存在着各种各样的数据流。目前，主要按端口的应用进行分类。端口分析方式可能造成分析结果有较大偏差。例如，一些协议在运行时可能会进行端口动态分配，导致端口号和应用之间无法很好地进行关联。很多新兴的应用在 IANA 中没有统一的端口号，应用开发厂商往往自定义端口号。不同的应用，其端口号不同，给高层协议解码分析带来很大问题。并且，网络流量还存在归一化趋势，即很多服务应用可以运行在同一协议上。例如，HTTP 流量既可以运行流文件也可以运行图片传输等，这造成不同类型的流量运行于同一端口上，给故障分析和流量测试引入了新的难题。

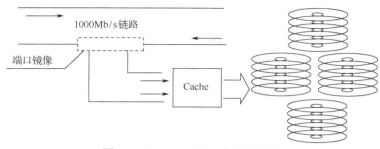

图 7.4　Cache-to-Disk 存储示意图

不同的应用往往会具有各自的特征，可以借助应用特有的有效载荷模式，通过设置过滤器的方式，将所需要的应用数据流从海量数据中提取出来。

（5）协议和应用

在实际分析时，协议和应用的概念是不同的。从应用的角度来说，单个应用可能对应多个协议。例如，使用迅雷下载时，既有迅雷本身的流量，也会有 HTTP 的流量或者 FTP 的流量。在分析客户端的应用时，需要建立工作协议流程进行分析。

单个客户端应用可能使用多个不同的应用层协议服务。针对某一应用的请求，实际上是许多个单独的请求，需要为每个请求启用多个进程。

相反的情形是，多个客户端同时向服务器提出请求，例如，多个客户端向同一台 Web 服务器请求连接，在这种情形下，应用层进程和服务需要管理多个会话。

（6）异常事件的可视性

当前针对网络运行中的一些异常事件和故障的工作重点往往停留在应急处理与排除上，通常较难追溯事件发生的根本原因，导致无法复原故障发生时的状况和原始数据。虽然很多已建网络中已部署有 IDS、防病毒软件或防火墙，但这类设备更偏重于检测已知的异常行为。现行 IP 网络的特点是，端到端采用分组传输，在设计上转发设备并不保留数据传输的有关信息，当分组被破坏、丢失、错序或延迟等情况发生时，可视性成为故障排查的重要条件。

异常事件可视性的基本流程：数据获取→建模→分析。其中，数据获取和建模是关键。数据获取需要获得大量的原始数据，要求分析系统具备原始数据全抓取和全存储的能力，同时具备持续的分析、处理和统计能力。建模需要结合业务和工作流程，从获取的数据中提取当前对象事件的行为特征，并把这类特征与已构建的模型进行比较，若超出既定范围则判定为异常；如果没有超出既定范围，则需要与定义的正常模型进行比对分析，并进行模型重构，以便于以后进行分析。

当出现关键应用服务缓慢时，不仅需要捕包分析，还需要分析数据延时变化和分布情况。例如，视频和语音等流媒体信息，除了需要统计相关的特性参数（如 MoS 值、V-Factor 等），还需要有直观的回放机制，以 EoS 用户体验的视角直观地感受网络的服务质量。

（7）多级架构

除了典型的 C/S 架构分析，在进行应用层分析时，还需要考虑多级架构问题。例如，客户端访问 Web 服务器进行数据交互时，Web 服务器还需要同后台的数据库服务器进行交互。典型多级架构如图 7.5 所示。

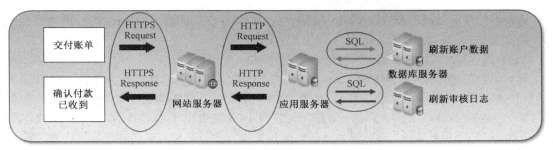

图 7.5　典型多级架构示意图

例如，应用 Clearsight NTM 获取的多级架构中的数据流如图 7.6 所示。

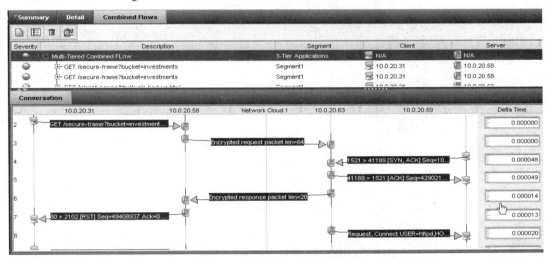

图 7.6　Clearsight NTM 获取的多级架构中的数据流

（8）点对点方式

点对点（P2P）模型有两种不同形式：点对点网络和点对点应用，在分析时有很大不同。

3．常用应用介绍

在应用层分析时，如果想更好地完成测试与分析，需要了解不同应用的工作方式和流程。现今互联网上应用的种类繁多，应用层的故障诊断更依赖于对应用指令流的熟悉程度。与传输层有 3 次握手的机制类似，在应用层的协议中也会有类似的流程。下面以两个典型应用对其加以说明。

（1）电子邮件

电子邮件是典型应用之一，电子邮件通常使用 SMTP（Simple Mail Transfer Protocol，简单邮件传输协议）和 POP3（Post Office Protocol 3，邮局协议第 3 版）进行传输。

1）SMTP

SMTP 是电子邮件的互联网标准，其工作于应用层，使用 TCP 端口 25。

一般邮件服务器中运行两个独立的进程：邮件传输代理和邮件投递代理，如图 7.7 所示。通常，一封邮件从发送到对端接收，需要有三个基本路径。

① MUA（Mail User Agent，邮件用户代理）通过 SMTP 将邮件发送给本地 MTA（Mail Transfer Agent，邮件传输代理）（位于邮件服务器中）。

② 本地 MTA 查询所需投递域名的 MX（Mail Exchanger）记录，如果位于本地服务器中，

则传递给本邮件服务器的 MDA(Mail Delivery Agent,邮件投递代理);如果在异地,则通过 SMTP 将邮件发送到对端 MTA。

③ 对端 MUA 通过 POP3 将邮件接收到本地 MUA。

针对用户的邮件请求,SMTP 发送方和 SMTP 接收方之间会建立一个 TCP 流,SMTP 可发生于 MUA 和 MTA 之间,也可以是 MTA 和 MTA 之间。一旦传送通道建立,SMTP 发送方就会发送相关 MAIL 命令给对端。如果 SMTP 接收方可以接收邮件,则返回 OK 应答,SMTP 发送方再发出 RCPT(Recipient)命令以确认邮件是否接收到。如果 SMTP 接收方能接收到,则返回 OK 应答;如果不能接收到,则发出拒绝接收应答(但不中止整个邮件操作)。双方将如此重复多次。当接收方收到全部邮件后会接收到一个特别的序列,如果接收方成功处理了邮件,则返回 OK 应答。

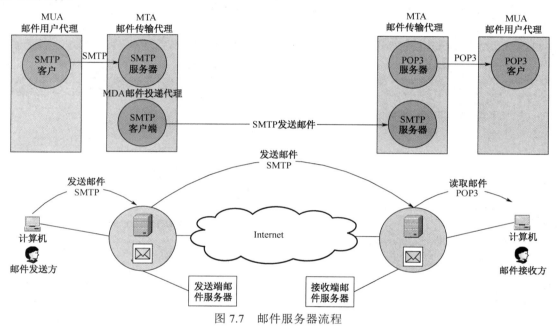

图 7.7　邮件服务器流程

表 7.1　常用的 SMTP 命令

命　　令	描　　　　　述
HELO	向接收方标记发送方
MAIL	初始化邮件传输
RCPT	标记邮件接收方
DATA	声明邮件数据开始(消息的主体)
RSET	中止当前的传输
VRFY	用于确认接收用户
NOOP	无操作
QUIT	关闭连接
SEND	使接收主机知道消息必须送到另一个终端

SMTP 的一个重要特点是,可以在邮件传送中进行接力传送,接力传送可以包括一个网络、几个网络或一个网络的子网,邮件可以通过不同网络上的主机进行接力传送。

常用的 SMTP 命令见表 7.1。

ESMTP(Extended SMTP,扩展 SMTP)是对标准 SMTP 进行的扩展,与 SMTP 服务的主要区别如下。

① 使用 SMTP 发送邮件时不需要验证用户身份,给垃圾邮件发送方或病毒邮件制造者提供了便利,使邮件系统存在极大的安全隐患。

② 采用 ESMTP 发送邮件时,服务器会要求用户提供用户名和密码以便验证身份,验证之后的邮件发送过程与 SMTP 方式相同。

常用的 ESMTP 命令见表 7.2。

在分析邮件应用时，必须注意连接和会话并不是在发信人和收信人之间建立的，连接是在发送主机的 SMTP 客户端和接收主机的 SMTP 服务器之间建立的。

2）POP3

POP（Post Office Protocol，邮局协议）是适用于客户–服务器结构的脱机模型的电子邮件协议，目前已发展到第 3 版（POP3）。

表 7.2　常用的 ESMTP 命令

命　　令	描　　述
EHLO	HELO 的扩展
8BITMIME	指明 8 位 MIME 传输
SIZE	限制消息的长度

POP3 的工作过程如下。

① 服务器通过侦听 TCP 端口 110 开始 POP3 服务，当客户端主机需要使用服务时，与服务器主机建立 TCP 连接。

② 连接建立后，POP3 发送确认消息。

③ 客户端和 POP3 服务器相互交换命令和响应，此过程持续到连接终止。

POP3 响应由一个状态码和一个可能有附加信息的命令组成，所有响应均以 CRLF 对结束，有两种状态码："确定"（OK）和"失败"（ERR）。POP3 命令见表 7.3。

表 7.3　POP3 命令

命　　令	描　　述
USER	输入用户名
PASS	此命令若成功，将导致状态转换
APOP	Digest 是 MD5 消息摘要
STAT	请求服务器发回关于邮箱的统计资料
UIDL	返回邮件的唯一标识符
LIST	返回邮件数量和每个邮件的大小
RETR	返回由参数标识的邮件的全部文本
DELE	服务器将由参数标识的邮件标记为删除
RSET	服务器将重置所有标记为删除的邮件
TOP	服务器将返回由参数标识的邮件前 n 行内容
NOOP	服务器返回一个肯定的响应
QUIT	删除标记的邮件

（2）超文本传输协议

目前使用的最为广泛的应用层协议是 HTTP（超文本传输协议），其将 HTML（超文本置标语言）文档从 Web 服务器传送到 Web 浏览器，是一种基于客户–服务器模式、面向事务的应用层协议，可以传送任意类型的数据对象。

典型的 HTTP 事务处理过程如下：

① 客户端和服务器建立连接；

② 客户端向服务器提出请求；

③ 服务器接受请求，并根据请求返回相应的文件作为应答；

④ 客户端与服务器关闭连接。

HTTP 定义了 7 种请求方法，每种请求方法规定了客户端和服务器之间不同的信息交换方式，常用的请求方法是 Get 和 Post。服务器将根据客户端请求完成相应操作，最后关闭连接。

Get 是一种客户端数据请求方法，借助 Web 浏览器可以发送请求页面的 Get 请求，而当 Web 服务器接收到 Get 请求后，会反馈一条状态行和一条消息，消息内容可以是被请求的文件、报错消息或其他信息。

Post 和 Put 请求用于向 Web 服务器发送和上传数据。当用户在 Web 页面的表单中输入数据时，一条包含数据的 Post 请求将被发送到服务器上。Put 请求用于向 Web 服务器上传数据。

例如，输入网址 http://www.×××.com，则 DNS 域名服务器将 www.×××.com 转换成 IP 地址后连接到该服务器。根据 HTTP 的要求，浏览器向该服务器发送 Get 请求，要求访问首页文件。被请求的服务器随即将被请求网页的 HTML 代码发送给浏览器。浏览器解读 HTML 代码并将网页内容显示到浏览器窗口中。通过协议分析软件可以查看访问 www.×××.com 服务器的情况，协议解码描述信息如图 7.8 所示。应用程序依次传输每个请求文件，例如，body-bg.png 和 20120220051757241.jpg 文件。

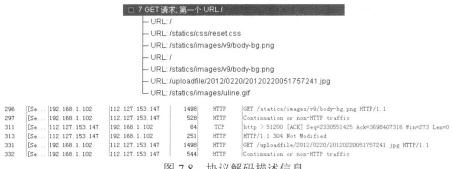

图 7.8　协议解码描述信息

7.2　应用层故障分类

应用层故障的原因非常复杂，甚至有下层传递给应用层的故障。如图 7.9 所示，应用层故障大致可分为两类：① 可用性类故障，即不能访问特定的服务；② 性能类故障，如访问缓慢、时断时续等现象。

可用性类故障总体上可占到应用层故障的 40%左右，其中从发生概率来说，主要故障依次为 3 次握手和 Finish 阶段问题、网络传输问题（如重传过多、防火墙 TCP 检测阻断、路由问题、SSL 认证、MTU 问题）和传输效率问题。

性能类故障总体上可占到应用层故障的 60%左右，其中从发生概率来说，主要故障依次为代码效率问题、资源用尽问题和病毒攻击等。

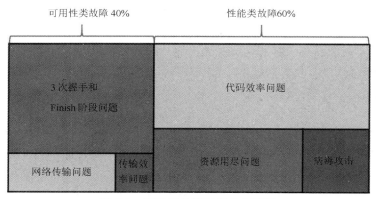

图 7.9　应用层故障类型分布情况

7.2.1 应用层可用性类故障举例

各类应用都有特定的指令集，指令中涉及认证和加密等。任何一个指令环节出现问题都可能导致出现服务故障。不同的应用，其可用性故障表现形式各不相同。

例如，SMTP 应用不能正常使用的原因可能是加密错、应用进程出错或应用所需服务无法启动等。测试和故障诊断可以作为验证应用配置，以及检测服务器或客户端是否做出应答的必要手段。

此类故障诊断时一般按以下步骤进行：

① 检查应用的配置；

② 检查进程是否异常（如处于高负荷状态导致无法及时响应）；

③ 检查应用所需相关服务是否正常启用。

1. 网络基本服务 DNS 故障

DHCP 和 DNS 是网络基本服务，当 DNS 出现故障时，会导致网络无法访问。借助于 Windows 操作系统中自带的 Nslookup 工具可以查询主机名、MX 记录和 NS 记录等。

在 Windows 操作系统 Command 模式下运行 Nslookup 命令会显示当前的 DNS 服务器情况，如图 7.10 所示。可以通过 Server 202.96.199.133 重新进行设置以测试不同的 DNS 服务器。在查询时，可设置查询的类型（set type=a，表示查询 a 记录；set type=MX，表示查询邮件交换记录）。通过 DNS 的记录查询可以发现 DNS 的配置错误或信息错误引起的网络故障。

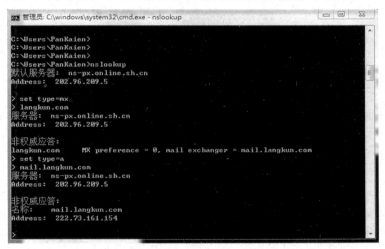

图 7.10　Nslookup 命令结果

也可以从协议分析软件捕获的 DNS 相关数据包中查看 DNS 查询结果是否出现异常，辅助判断 DNS 设备或配置是否出现问题。

2. 邮件认证故障

SMTP 在发送邮件时经常遇到不能通过认证的情况，除了密码错误，主要原因是认证方式配置错误。ESMTP 有三个认证方式：CRAM-MD5、PLAIN 和 LOGIN。不同的邮件服务器要求的认证方式可能不同，如果配置错误结果就会导致认证不通过。

借助协议分析软件可以分析认证是否通过，对应用层进行协议分析可以快速了解这一类问题。

如图 7.11 所示，图（a）为利用 Wireshark 的 TCP 流功能还原邮件指令流，图（b）为成功认证的情形，图（c）为口令错误的情形。

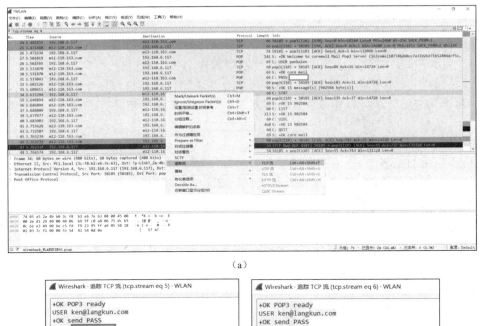

图 7.11　利用 Wireshark 的 TCP 流功能还原邮件指令流

7.2.2　应用层性能类故障举例

客户端可以访问服务器应用，但是速度非常缓慢，这就是典型的应用层性能类故障。这类故障可能与客户端或服务器的性能相关，也可能与服务器应用代码优化程度有关。

此类故障诊断时，需要查看应用的分布情况、会话数、服务器延时和客户端延时等应用层的参数。

流量快速分析一般针对应用的访问特点来建立分析模型，判断是否出现异常。

一般协议和应用（如 TCP 的应用）存在突发的特点，即正常的应用一般只在有需要时才产生流量，不会长期占用带宽。

一般主机，除非 P2P 应用，否则，通常只会和有限的站点进行通信，不会在短时间内与大量 PC 机产生通信。

以下列举 5 种常见的应用层性能类故障。

1. 代码效率问题

HTTP、FTP、POP3、SMTP 等称为网络应用，对应于网络业务服务。HTTP 故障是网络业务服务中非常普遍的故障之一。例如，在网页设计时没有很好地优化代码，大量调用了外部链接地址，且外部服务器位于异地，那么在客户端访问过程中就会同时打开众多的 TCP 会话，并且由于链接的是异地的服务器，最终将导致打开网页速度非常缓慢。在测试和分析时，需要查看不同 Transaction 会话流，以判断是否代码设计上存在问题。

某证券公司的股票交易软件升级后，很多用户投诉反应迟钝。因为这个软件操作时需要先下载客户端插件，在软件设计上原先采用下载整个文件块的方式，但实际使用时由于链路原因容易导致文件块传输缓慢，系统一直在重复下载整个文件块，如图 7.12 所示。经过优化后，采用小文件块的方式传送插件。当某个小文件块出现问题时，只需要重新传送该小文件块。由于小文件块容量较小，对链路稳定度要求不高，从而改善了用户的实际感受，如图 7.13 所示。

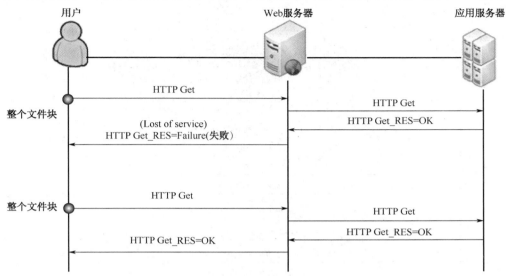

图 7.12　软件修改前的传输过程

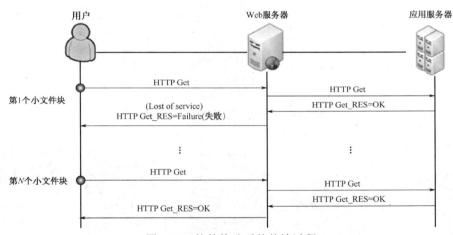

图 7.13　软件修改后的传输过程

如果网络中存在大量丢包情况，则导致重传频繁发生，将降低用户的体验度，如图 7.14 所示。丢包问题从根源上说不是应用层的问题，但是最终表象会在应用层上体现。协议分析软件是判断此类问题的主要技术手段。

2．分层服务环境中的访问故障

网络应用系统中为了避免交换机拥塞而导致服务响应时间变长、服务不能访问或者无法建立连接等问题，通常将基于服务器的应用分配到不同的 VLAN 或网段中，建立不同的广播域，或者采用负载均衡设备来平衡高并发、高流量时的服务器压力，在减少拥塞发生概率的同时提高系统的安全性。

对采用分层架构的网络进行故障排查是极其困难的，除非对所有服务器的流量进行监控。用户访问如图 7.15 所示的分层架构网络，发现访问速度慢且服务不稳定。因为这个架构网络中的数据需要经过很多环节：防火墙（包括与之相关的硬件和网络设备）、网站（包括与之相关的硬件、网络设备和 Web 服务器软件）、应用（包括与之相关的硬件、网络设备和应用服务器软件）和数据库服务（包括与之相关的硬件、网络设备和数据库服务器软件）。任何一个环节出现故障，都将导致用户访问出现问题。

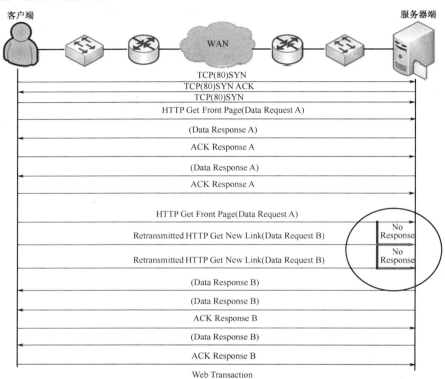

图 7.14　过度重传严重影响应用速度

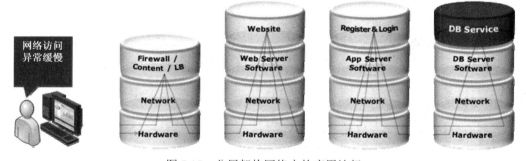

图 7.15　分层架构网络中的应用访问

　　如果在分层架构网络中出现某个特定服务器被多个服务器或多个应用所共享的情况，而该服务器由于先前的大量访问或操作一直处在繁忙状态，必然会影响后续访问，导致访问变慢。并且该服务器和其他后续流程中的服务器没有出现新的流量，通常容易被忽视，被认为没有问题。如图 7.16 所示的分层架构网络和特定服务器共享环境中，仅仅给出了用户访问的一次操作，但是访问过程异常复杂。

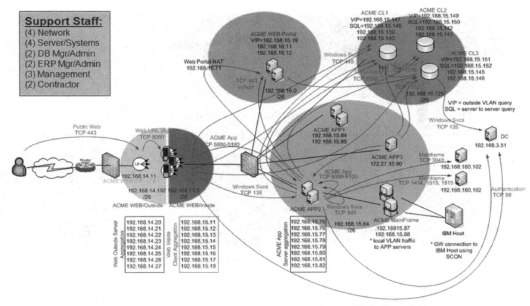

图 7.16 分层架构网络和特定服务器共享环境中的访问过程

分层架构网络和特定服务器共享故障定位需要部署功能强大的分析系统才能实现全局应用性能分析。如图 7.17 所示为神州灵云公司的 NetSensor NPM+APM+BPM 一体化方案，NPM 为 Network Performance Management（网络性能管理），APM 为 Application Performance Management（应用性能管理），BPM 为 Business Performance Management（业务性能管理）。NPM、APM 和 BPM 是三种不完全相同的应用分析方式。APM 采用 Agent 技术，可以覆盖应用节点；NPM 采用探针部署，可以覆盖网络节点；而 BPM 并不是前两者相加，因为它采取的方式是，以包的层面分析业务数据，覆盖应用节点和网络节点，实现网络与应用的关联，以业务为导向实现对全链路性能的监控。不同的分析方式获得的视图也不同，如图 7.18、图 7.19、图 7.20 和图 7.21 分别为业务应用拓扑结构、负载量分析、延时和重传分析，以及网上银行详单等分析界面。

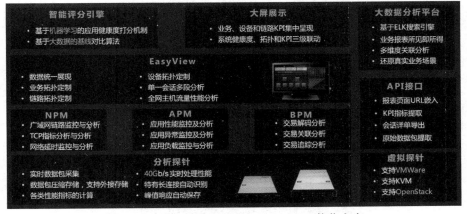

图 7.17 NetSensor NPM+APM+BPM 一体化方案

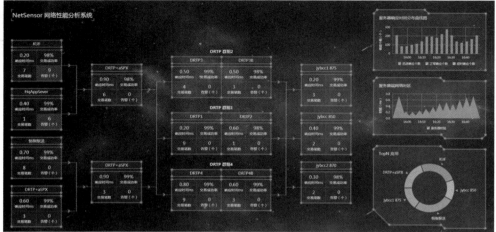

图 7.18　NetSensor 业务应用拓扑结构

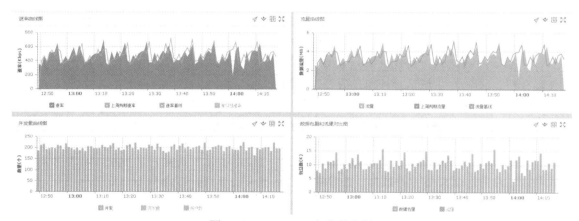

图 7.19　NetSensor 负载量分析

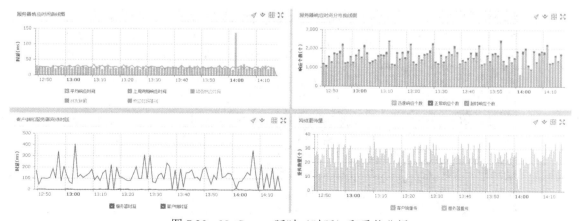

图 7.20　NetSensor 延时（时延）和重传分析

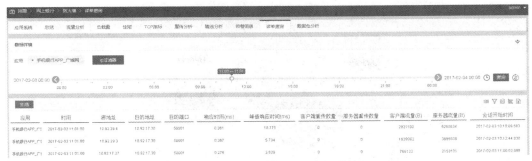

图 7.21　NetSensor 网上银行详单

3．资源用尽或匮乏导致访问缓慢

服务器资源不足会导致访问性能下降，这类情况也可以借助 NetFlow 协议软件采集的数据和统计信息进行应用层分析，如图 7.22 所示。通过统计数据可以观察到，在 2008 年 10 月 15 日 3 点 10 分到 3 点 40 分这段时间内，IP 地址为 10.2.4.137 的 HTTP 服务器应用中有 321 对会话（从杀毒服务器中下载更新库的流量），并且流量比较大，每台设备有 14MB 以上的流量。由于杀毒服务器位于远端，此时访问杀毒服务器的速度明显变慢。这种情况在策略上是可以控制的，可以将更新站点平均分布于某段时间内，而不是让其突发耗尽服务器的资源。

Address Pairs
Time range: 2008-10-15, 3:10 CST - 3:40 CST
Source device: 10.192.1.16
Traffic class: /Inbound/HTTP

Results 1 to 25 of 321

Source Address	Dest. Address	Traffic	% of Total Traffic	Packets	% of Total Packets
10.2.4.137	10.192.32.152	90.5 kbps (19.42 MB)	7%	7.86 /s (13.78 k)	6%
10.2.4.137	10.192.14.192	67.24 kbps (14.43 MB)	5%	5.63 /s (10.13 k)	4%
10.2.4.137	10.192.21.101	67.18 kbps (14.42 MB)	5%	5.84 /s (10.15 k)	4%
10.2.4.137	10.192.33.100	66.84 kbps (14.34 MB)	5%	5.7 /s (10.25 k)	4%
10.2.4.137	10.192.13.118	66.78 kbps (14.33 MB)	5%	5.69 /s (10.23 k)	4%
10.2.4.137	10.192.32.106	66.77 kbps (14.33 MB)	5%	5.59 /s (10.06 k)	4%
10.2.4.137	10.192.12.119	66.77 kbps (14.33 MB)	5%	5.61 /s (10.1 k)	4%
10.2.4.137	10.192.21.89	66.72 kbps (14.32 MB)	5%	5.63 /s (10.14 k)	4%
10.2.4.137	10.192.22.93	66.69 kbps (14.31 MB)	5%	5.6 /s (10.08 k)	4%
10.2.4.137	10.192.21.68	66.62 kbps (14.29 MB)	5%	5.58 /s (10.05 k)	4%
10.2.4.137	10.192.21.116	66.62 kbps (14.29 MB)	5%	5.87 /s (10.2 k)	4%
10.2.4.137	10.192.21.154	66.58 kbps (14.29 MB)	5%	5.6 /s (10.07 k)	4%
10.2.4.137	10.192.14.127	66.58 kbps (14.29 MB)	5%	5.58 /s (10.04 k)	4%
10.2.4.137	10.192.22.110	66.56 kbps (14.28 MB)	5%	5.6 /s (10.08 k)	4%
10.2.4.137	10.192.23.183	66.55 kbps (14.28 MB)	5%	5.59 /s (10.06 k)	4%
10.2.4.137	10.192.32.166	66.55 kbps (14.28 MB)	5%	5.59 /s (10.06 k)	4%
10.2.4.137	10.192.21.123	57.08 kbps (12.25 MB)	4%	4.79 /s (8.63 k)	4%
10.2.4.137	10.192.21.204	39.83 kbps (8.55 MB)	3%	3.4 /s (6.12 k)	3%
10.2.4.137	10.192.32.186	2.72 kbps (597.11 kB)	<1%	0.2 /s (462)	<1%
10.2.4.137	10.192.22.69	1.89 kbps (415.11 kB)	<1%	0.2 /s (356)	<1%
10.2.4.137	10.192.22.190	1.39 kbps (306.34 kB)	<1%	0.15 /s (267)	<1%
10.2.4.117	10.192.32.169	1.35 kbps (295.6 kB)	<1%	0.24 /s (430)	<1%
10.2.4.137	10.192.22.95	1.3 kbps (284.79 kB)	<1%	0.15 /s (273)	<1%
10.2.4.137	10.192.22.153	1.27 kbps (280.01 kB)	<1%	0.13 /s (241)	<1%
10.2.4.117	10.192.31.211	1.27 kbps (278.17 kB)	<1%	0.23 /s (422)	<1%
		1.38 Mbps (296.91 MB)		134.58 /s (242.25 k)	

图 7.22　流量统计结果

4．网络设计缺陷导致服务器访问缓慢

兼顾应用服务安全和对外服务的网络一般会建立 DMZ 区（非军事区），并把服务器搬到 DMZ 区中，如图 7.23 所示。DMZ 区不仅提供了公共服务器的安全区域，同时解决了内、外网访问服务器策略上相互矛盾的问题。随着业务的发展，DMZ 区中的服务器会越来越多，防火墙和 DMZ 区之间的带宽限制可能是访问缓慢的主要原因。随着服务器的增多，向服务器发送请求的用户量和数据量会越来越多，此时防火墙的性能和端口的性能就会成为访问的瓶颈。由于防火墙将安全、病毒防御和攻击防护集于一身，用户和应用的增长必将带来并发连接数和端口吞吐能力的增长。

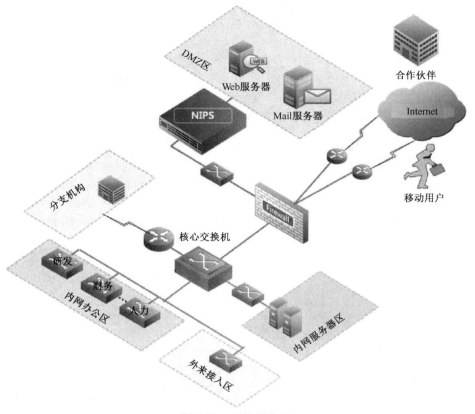

图 7.23 网络拓扑图

在此类网络中，网管人员需要监控不同区域内网络的流量，监控每个 VLAN 内的流量和协议分布，必要时在防火墙上添加策略，限制某些网段或某些应用的访问，还必须监测上行链路。

5．病毒攻击导致整个网络应用变慢

在网络主干链路（特别是与外部相连的广域链路）中，流量的组成情况异常复杂，需要进行高粒度分析，而 NetFlow 软件非常适合此类故障中的分析应用。

如图 7.24 和图 7.25 所示，测试期间，Inbound Symantec 流量维持在 210kb/s 左右，观察排名前几位的 IP 地址，发现每个 IP 地址的平均利用率都很低，第一名的 10.192.66.50 平均利用率只有 1.32b/s。但如果观察全部 IP 地址列表，发现这样的 IP 地址有 5 万多个，而实际工作用的 PC 机数量远小于这个数量，已明显偏离实际情况，可以怀疑存在病毒攻击，其流量非常小但连接数惊人。

从 Outbound Symantec 流量观察，测试期间，流量也是维持在 210kb/s 左右，但使用者只有一个 IP 地址（10.192.14.191），而该地址没有分配给服务器，故判断该机器有可能中毒了。进行隔离处理后发现，流量消失了，且 Inbound Symantec 流量也消失了，验证了 IP 地址为 10.192.14.191 的机器受到病毒攻击这一情况。由于病毒流量占用不大，且该机器冒用 Symantec 流量，与企业当前杀毒系统一致，问题可能被隐藏。由于类似机器的存在，可以在瞬间发起大量的连接数，而路径上的设备无法在瞬间同时承载如此众多的应用连接会话，导致访问整个外网速度变慢，而实际流量并非很高，因此依靠最大流量排名时很容易忽略此类流量，进而无法发现该类故障。

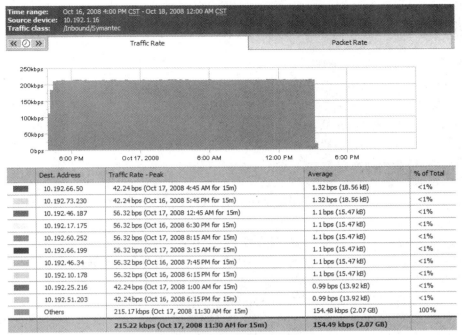

图 7.24　运行 Symantec 的主机

The figure contains a traffic chart and table:

	Dest. Address	Traffic Rate - Peak	Average	% of Total
	10.192.66.50	42.24 bps (Oct 17, 2008 4:45 AM for 15m)	1.32 bps (18.56 kB)	<1%
	10.192.73.230	42.24 bps (Oct 16, 2008 5:45 PM for 15m)	1.32 bps (18.56 kB)	<1%
	10.192.46.187	56.32 bps (Oct 17, 2008 12:45 AM for 15m)	1.1 bps (15.47 kB)	<1%
	10.192.17.175	56.32 bps (Oct 16, 2008 6:30 PM for 15m)	1.1 bps (15.47 kB)	<1%
	10.192.60.252	56.32 bps (Oct 17, 2008 8:15 AM for 15m)	1.1 bps (15.47 kB)	<1%
	10.192.66.199	56.32 bps (Oct 17, 2008 3:15 AM for 15m)	1.1 bps (15.47 kB)	<1%
	10.192.46.34	56.32 bps (Oct 16, 2008 7:45 PM for 15m)	1.1 bps (15.47 kB)	<1%
	10.192.10.178	56.32 bps (Oct 16, 2008 6:15 PM for 15m)	1.1 bps (15.47 kB)	<1%
	10.192.25.216	42.24 bps (Oct 17, 2008 1:00 AM for 15m)	0.99 bps (13.92 kB)	<1%
	10.192.51.203	42.24 bps (Oct 16, 2008 6:15 PM for 15m)	0.99 bps (13.92 kB)	<1%
	Others	215.17 kbps (Oct 17, 2008 11:30 AM for 15m)	154.48 kbps (2.07 GB)	100%
		215.22 kbps (Oct 17, 2008 11:30 AM for 15m)	154.49 kbps (2.07 GB)	

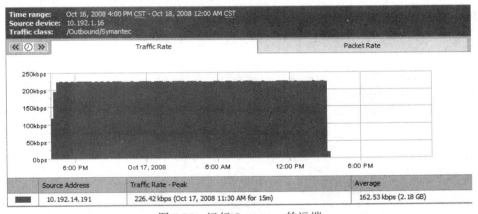

图 7.25　运行 Symantec 的远端

	Source Address	Traffic Rate - Peak	Average
	10.192.14.191	226.42 kbps (Oct 17, 2008 11:30 AM for 15m)	162.53 kbps (2.18 GB)

7.3　应用层的测试和故障诊断

对于应用层，需要从多角度进行测试和故障诊断，主要是分析应用的特点（包括突发性、带宽占用和工作流程等）、下层承载协议的特点（基于连接的 TCP、基于流的 UDP、组播发布等）和应用架构（C/S 架构、对等网络架构）。

应用层的特点是，信息复杂和海量数据。分析不能采用全部捕获方式，需要根据应用协议特点、监控内容和监控位置进行建模，确定获得后续分析所需要的足够的数据。

本节介绍应用层测试的三类应用场景：① 故障分析和排除，适用于应用不可访问，业务访问缓慢的情形；② 监控网络运行，对网络整体运行进行 7×24 小时监控，并且对异常现象进行记录，甚至做出告警；③ 性能评估，在跨多个网络的新应用上线前对现有系统进行性能评估。

7.3.1 故障分析和排除环境中的测试

1. 部署方式

进行分析前需要了解被测系统的大致情况，以确定如何部署测试工具和以何种方式进行分析。例如，在 HTTP 的不同版本中，访问特点会有所区别：在 HTTP1.0 中，客户端每次请求都会建立一次连接；在 HTTP1.1 中增加了持久的连接，可以响应多个请求，以减少带宽消耗和提升访问速度。Web 传输的内容可能包括文本、图像、文件、音频、视频等，不同的传输内容将直接影响客户端的使用体验。

一般的 Web 访问可分为以下 4 个步骤。

① DNS 查找解析：客户端首先查找 DNS 服务器，然后通过 DNS 获取访问网站的 IP 地址信息，DNS 将信息返回给客户端。

② TCP 连接建立：客户端和 Web 服务器建立连接。

③ 服务器响应：服务器在接收到客户端请求后，通常会先运行处理后再传送数据。

④ 数据传送：服务器将数据传送给客户端。

对于客户端来说，如果上述 4 个步骤中的任何一个存在问题，都会导致用户觉得应用运行缓慢。

在进行 Web 应用类故障分析时，要特别注意服务群的访问流程（又称为分层应用），如果采用的是多级架构的模式，由于 Web 应用是前端应用，后端还有其他服务器（如认证服务器或数据库服务器等），因此在进行分析时，需要同时捕获其他服务器的流量，合并后进行协同分析。

另外，需要注意 Web 应用路径中相关设备的配置，如采用 Cache（缓存）技术、镜像服务器技术和 CDN（内容分发网络）技术等。在这类环境中测试时，需要在多个网络路径上部署探针以捕获数据。

综上所述，在应用层故障分析环境中，部署时需要注意协议分析软件的解码能力（深度分析应用的能力）、应用工作时所经过的各个网络节点以及记录每个数据包的时间轨迹。

如图 7.26 所示的 4 个分析位置，对应 4 种不同的情形。

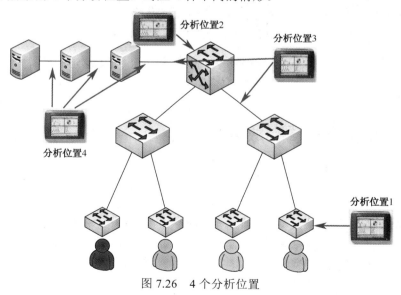

图 7.26　4 个分析位置

① 分析位置 1：分析重点是客户端是否存在问题，如 DNS 响应请求慢、客户端延时是否合理等。

② 分析位置 2：分析重点是服务器是否存在问题，区分问题出在服务器还是网络中。

③ 分析位置 3：分析重点是数据包途经设备后是否存在内容变化或者延时变化。

④ 分析位置 4：分析重点是多级架构服务器中的数据流访问是否有异常。

2．分析方法

遇到局域网中发生 Web 应用类故障时，首先需要排除本地网络问题。可以通过访问局域网内其他 Web 服务器的方法排除客户端本身的问题。

一般协议分析过程包括三个阶段：实时监控、捕获数据和事后分析。设备接入被测系统后，开始进行实时监控；在需要时进行捕包；捕包完成后，启用数据分析显示功能。

分析 Web 应用类故障需要对网页的加载过程逐步进行详细分析。在 DNS 查询并返回结果后，客户端和服务器会进行 3 次握手建立 TCP 连接。在连接建立后，客户端会向服务器请求数据，一般 HTTP 服务器会向客户端回应其相应的 HTTP 报头和数据，当数据传输完毕后，客户端发送 FIN 关闭连接。

测试仪处在分析位置 1 时，3 次握手中前两个数据包的间隔时间可近似认为是网络中的往返延时，将延时除以 2 即可得到单向延时。测试仪连接分析位置 2 时，3 次握手中后两个数据包的间隔时间可近似认为网络中的往返延时，将延时除以 2 即可得到单向延时。

在获得单向延时数据后，可以对服务器延时或者客户端延时进行分析。在图 7.27 中，假设测试仪接在客户端（分析位置 1），网络延时近似为 74ms（147ms/2）；从第 194598 帧到第 194675 帧减去环回延时（147ms）近似得到服务器的处理时间为 23ms（0.170558s−0.147184s）。接收到第 194675 帧后到回应第 194720 帧之间耗时为 0.132855s，减去网络延时，客户端处理时间约为 133ms（0.464026s−0.331171s）。网络延时源自 3 次握手，由于路由或者网络可用带宽可能存在变化，每个会话实际的网络延时是变化的，因此上述分析结果是定性分析而非定量分析。

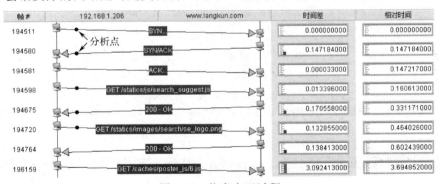

图 7.27　信息交互过程

通过在分析位置 1 和分析位置 2 部署测试仪，可以分析 Web 应用访问缓慢的原因。

① 如果客户端与服务器距离太远，将导致 3 次握手的时间过长，两者之间的路由器增多，数据包经过的路径增长会导致访问速度慢。

② 服务器响应时间过长。某些操作（如请求）中存在过多的页面脚本或图片等，会造成响应时间的增加，导致访问速度变慢。

在访问一个网站时，往往会同时打开 Web 服务器上的多个 TCP 连接，例如，每张图片都单独使用一个 TCP 连接进行传输。

在某些协议分析软件中，采用时间占比来区分是网络延迟问题还是服务器问题。如图 7.28 所示，将所有数据包的耗用时间统计后，得出总时间约为 32.848s，而网络（传输）时间占比为 5.50%，可以排除网络延时故障。

图 7.28　整体耗时统计

如图 7.29 所示，对比常态和故障时服务器的耗时比例，可以判断是否由于服务器问题而导致故障。

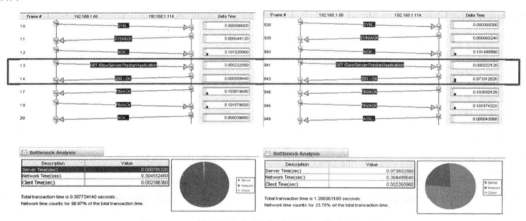

图 7.29　对比常态和故障时服务器的耗时比例

如果测试仪处在分析位置 3（相当于在网络传输路径上设置监控点），则可以监控经过测试仪后的数据包有关信息，如图 7.30 所示。在合并后的视图中显示了同一个数据帧经过不同网络设备传输后的情况，通过对比可以获知数据包有没有被改变和延时等信息。

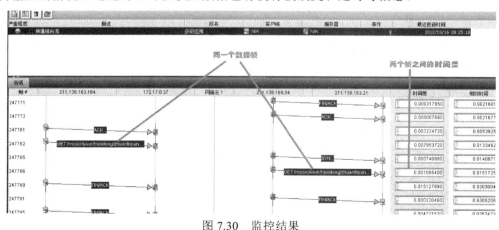

图 7.30　监控结果

如果测试仪处在分析位置 4（相当于在网络服务群中的传输路径上设置监控点），则可以监控经过不同服务器后的数据包变化情况。在分析时可以进行分层查看，如图 7.31 所示，将用户访问分为三层，每层实现不同的功能，并记录时间信息。这样，多级架构网络中的应用访问就变得可视了，可以清楚地了解每层中所消耗的时间。

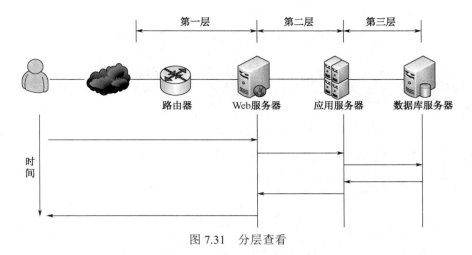

图 7.31　分层查看

通常，导致服务器变慢的因素可能包括：① 服务器资源不够，导致性能下降；② 服务器在等待后续服务器的响应；③ 服务器处于其他基础应用服务等待中，如 DNS 查询或用户认证通过信息等。

图 7.32 至图 7.34 分别表示延时发生的三种情形。

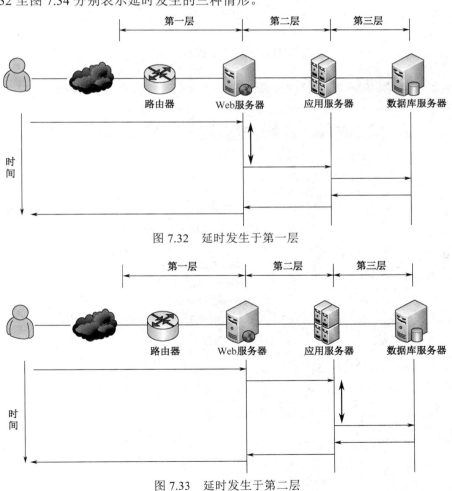

图 7.32　延时发生于第一层

图 7.33　延时发生于第二层

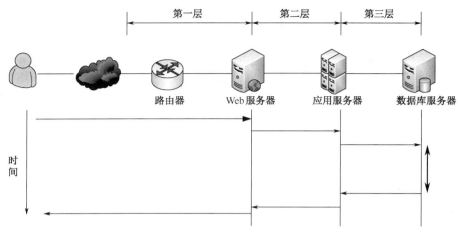

图 7.34　延时发生于第三层

区别于测试仪处在分析位置 3 的情况，采用多级架构服务器时，数据包的对应关系不复存在。如果客户端请求 Web 服务器，而 Web 服务器继而访问数据库服务器，那么客户端同 Web 服务器之间的数据以及 Web 服务器和数据库服务器之间的数据通常只有时间上的关联，内容上的关联性可能很小。分析时需要将流程相关服务器进行手动关联，指定时间点后展现在同一视图中，如图 7.35 所示。

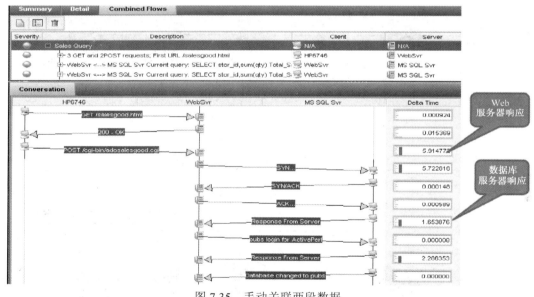

图 7.35　手动关联两段数据

在故障定位时，如果已经获得了引起延时的位置，可以分析具体的访问流程。如果是因为某条数据库查询语句导致的，则有以下典型的可能性：

① 数据库检索对象为全局而非某一字段；

② 被查询内容没有建立索引；

③ 数据库系统优化不够，如重复提交等。

如图 7.36 所示，在获得具体语句后，数据库管理开发人员就可以采取相应的补救措施。

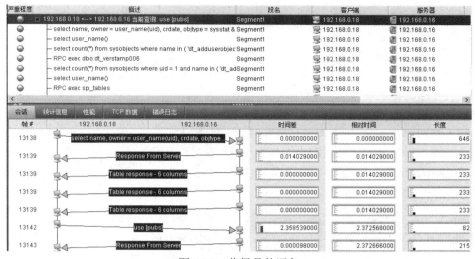

严重程度	描述	段名	客户端	服务器
◐	▫ 192.168.0.18 <--> 192.168.0.16 当前查询: use [pubs]	Segment1	🖥 192.168.0.18	💾 192.168.0.16
◐	— select name, owner = user_name(uid), crdate, objtype = sysstat = Segment1		🖥 192.168.0.18	💾 192.168.0.16
◐	— select user_name()	Segment1	🖥 192.168.0.18	💾 192.168.0.16
◐	— select count(*) from sysobjects where name in ('dt_adduserobjec Segment1		🖥 192.168.0.18	💾 192.168.0.16
◐	— RPC exec dbo.dt_verstamp006	Segment1	🖥 192.168.0.18	💾 192.168.0.16
◐	— select count(*) from sysobjects where uid = 1 and name in ('dt_adSegment1		🖥 192.168.0.18	💾 192.168.0.16
◐	— select user_name()	Segment1	🖥 192.168.0.18	💾 192.168.0.16
◐	— RPC exec sp_tables	Segment1	🖥 192.168.0.18	💾 192.168.0.16

会话	统计信息	性能	TCP数据	错误日志

帧 #	192.168.0.18	192.168.0.16	时间差	相对时间	长度
13138	select name, owner = user_name(uid), crdate, objtype..		0.000000000	0.000000000	646
13139		Response From Server	0.014029000	0.014029000	233
13139		Table response - 6 columns	0.000000000	0.014029000	233
13139		Table response - 6 columns	0.000000000	0.014029000	233
13139		Table response - 6 columns	0.000000000	0.014029000	233
13142		use [pubs]	2.358539000	2.372568000	82
13143		Response From Server	0.000098000	2.372666000	215

图 7.36　获得具体语句

7.3.2　监控网络运行场景中的测试

1．部署方式

应用层的流量监控比网络层的要复杂得多，其主要目的如下。

① 分析指定应用的响应时间和趋势，以及应用的组成和分布。

② 分析指定的事务过程，可能涉及不同的应用协议并同时进行分析。

③ 分析行为和过程，评估访问效率。

在现代网络中基于 Ping 和 SNMP 的轮询机制提供的测试数据已不能满足监控需要，因为这两类测试注重的是应用服务器设备本身的运行，而不是应用是否在运行。大部分应用层流量监控关注的是系统是否处于正常状态，其判断依据是与基线数据进行比较。由于基线来自历史备案，因此需要测试工具具备相当大的存储空间，以实现长期的数据和趋势记录。更复杂的测试工具还会内置规则库，它会自动结合基线和当前测试数据生成新的门限和基线。相对于通用的网络测试工具，这些工具针对的是少部分企业和用户，需要非常强的定制深度，仅针对特殊应用或专用协议。

常用的应用层流量监控基于以下三种方式。

① SNMP 分析（基于 RMON、RMONII 提供应用层的相关信息）：是端口级的分析。

② NetFlow 分析（基于流）：是 FDR 和 IP 级分析。

③ 探针分析（基于原始数据）：是应用协议和应用级分析。

本节主要讨论应用层流量监控中普遍采用的 NetFlow 分析和探针分析。

（1）NetFlow 分析

NetFlow 架构如图 7.37 所示。其中，NetFlow 分析器和 NetFlow 源设备是 NetFlow 架构中的两个关键因素。Flow 记录在 NetFlow 分析器中进行缓存，可以通过算法判断一个报文是否属于已存在的 Flow 记录，还是产生一条新的 Flow 记录。在 Flow 记录到期时，决定哪些 Flow 记录到期终止。NetFlow 输出描述 Flow 记录如何输

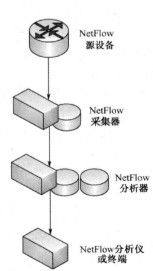

图 7.37　NetFlow 架构

出，缓存中的 Flow 记录到期后，将产生一个 Flow 的输出动作。Flow 记录以报文的方式输出，报文包含 30 条以上的 IP Flow 信息。

判断 Flow 记录是否到期的 4 个原则如下。

① 当 TCP 连接完成（FIN）或被重置（RST）时，Flow 记录将终止。

② 当缓存满时，删除多余的 Flow 记录。

③ 如果 Flow 记录在一段时间内均为 Idle 状态，则认为该 Flow 超时，并将其从缓存中移除。

④ 将长时间存在的 Flow 记录从缓存中移除。在默认情况下，Flow 记录的生存时间不允许超过 30min。路由器每秒检查一次缓存，若 Flow 记录的不活动时间超过 15s 或者 Flow 记录的活动时间超过 30min，都将造成 Flow 记录在缓存中超时。具体时间可以根据需要进行配置。

举例如下：

```
#(config)#ip flow-cache Timeout active  <1-60>
//配置 Flow 记录的活动时间定时器，单位为 min，默认值为 30min

#(config)#ip flow-cache Timeout inactive <10-600>
//配置 Flow 记录的非活动时间定时器，单位为 s，默认值为 15s
```

NetFlow 报文包含报头和一系列 Flow 记录。报头包含版本号、流记录数和系统时间等。Flow 记录包含流信息，如 IP 地址、端口和路由信息等。不同版本的 NetFlow 报文格式有所不同。

配置网络设备输出 NetFlow 举例如下：

```
router#configure terminal
router(config)#interface fastethernet 0/0
router(config-if)#ip route-cache flow
router(config-if)#exit
router(config)#ip flow-export destination 192.168.1.220 2055
router(config)#ip flow-export source loopback 0
router(config)#ip flow-export version 5
router(config)#ip flow-cache timeout active 1
router(config)#snmp-server ifindex persist
```

NetFlow 分析器采集 NetFlow 源设备输出的 IP Flow 流，进行存储、统计和处理，最后通过终端进行显示。NetFlow 分析器完成 NetFlow 数据处理后，可以生成各类分析用统计数据表格，便于对大型网络应用流量进行分析和监控。

NetFlow 分析器获取网络中不同节点处的流信息，如图 7.38 所示。

（2）探针分析

监控整个网络不仅需要了解流信息，还需要了解延时信息和原始数据信息。NetFlow 仅可提供应用层的流量信息。为了从更深层次上了解网络，通常采用将探针部署在网络不同位置的方式，以获得原始数据。探针是泛指的概念，有 Box 架构或 Server 架构之分，有基于广域网和局域网之分，有基于本地存储数据和异地存储数据之分，有基于串行接入和基于旁路接入之分。

采用合理的探针部署方式，可以了解整个网络的性能，从应用性能的角度出发，把传统的设备管理或拓扑管理提升到业务管理层面和性能管理层面，从而提高管理效率并实现数据信息可视化。

如图 7.39 所示，不同位置的探针通过旁路、串入和镜像等方式获取网络中的原始数据。通常，在网络中心设置集中控制台系统，它负责将各探针采集的数据进行汇总，形成统一数据和报表。

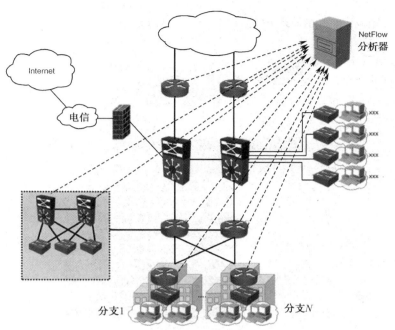

图 7.38　NetFlow 分析器获取网络中不同节点处的流信息

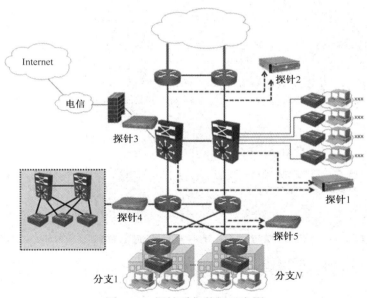

图 7.39　探针采集数据示意图

2．分析方法

（1）NetFlow 分析

常见的基于 NetFlow 分析的平台有 Solarwind 的 NetFlow Traffic Analyzer、ManageEngine 的 NetFlow Analyzer 等，它们的测试分析原理相似，但界面和分析效果各有特点。以下以原福禄克网络公司的 VPM 分析系统为例进行说明，在完成 NetFlow 数据源配置后，VPM 系统就可以接收各数据源的流信息。流数据由采集器采集后汇总到 NetFlow 服务器中，通过分析平台或查看器进行分析。在汇总 NetFlow 服务器界面上，可以提供网络流量监控的关键信息，包括设备信息、端口信息、端口流量大小、源 IP 地址和目标 IP 地址以及应用类型。分析时可以按照不同的分析方法进行。

① 基于端口的网络流量监控

应用层测试的典型应用是对故障链路进行快速分析处理。例如，某个端口出现流量拥塞现象，需要进行流量分布和组成分析，此时关注的是端口。VPM 可以统计网络内最繁忙的端口排名，如图 7.40 所示。

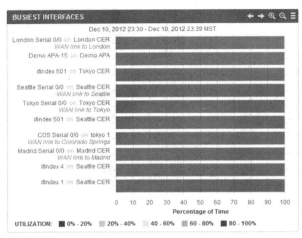

图 7.40　最繁忙的端口排名（端口 on 设备名）

VPM 可以显示整个网络范围内每个关键端口的流量情况，并采用不同颜色标识其利用率。选中某个端口，可以查看详细情况。在图 7.40 中，选择 London CER 设备的 Serial 0/0 端口，详细信息如图 7.41 所示。从图中可以获得更详细的应用排名信息、主机排名信息和 CoS 等级信息，例如，VNS-ERP Web 应用的平均利用率最大达到 50.66%，SMTP 应用的平均利用率最大达到 40.29%。

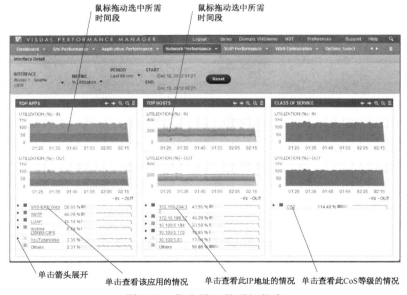

图 7.41　指定端口的详细信息

如果选择 SMTP 应用，则可以查看主机排名信息，选择相关主机可以进一步查看流量分布情况。如图 7.42 所示的是一台邮件服务器的流量分布图。

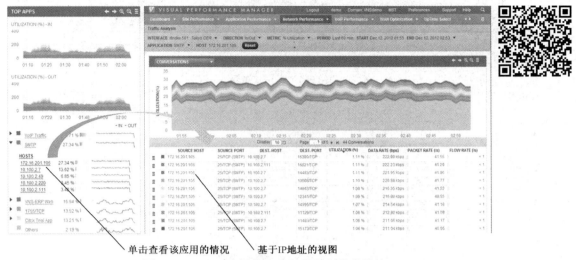

图 7.42　SMTP 应用指定主机的详细信息统计

② 基于应用的网络流量监控

应用分析经常需要对整个网络中的应用情况进行评估和汇总。VPM 会列出完整的应用分布情况，包括流量最高的应用以及每种应用流量的来源，如图 7.43 所示。这种显示方式有助于快速判断每种应用占用的网络资源情况，是决策部门提交数据规划建议和升级改造的数据基础。

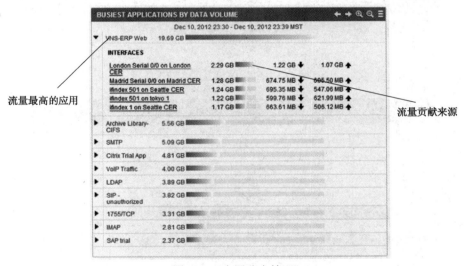

图 7.43　应用分布情况

对于重要的服务器或站点，需要长期进行监测，目的是建立数据分析基线，可以按时段查询服务器和应用的流量分布情况，如图 7.44 和图 7.45 所示。

通过定期报告可以建立重要应用的趋势基线，趋势分析图如图 7.46 所示。一旦出现故障，可以快速分析故障发生时间以及故障发生时刻应用的流量来源，为下一步排障积累必要信息。

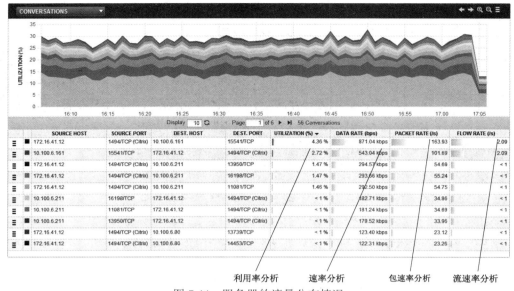

图 7.44　服务器的流量分布情况

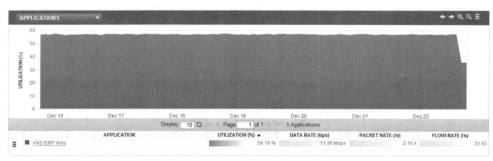

图 7.45　应用的流量分布情况

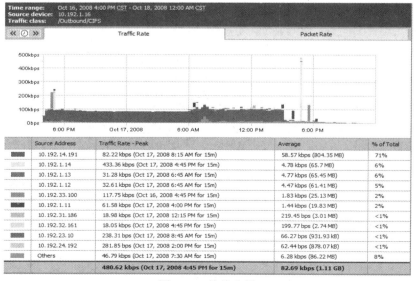

图 7.46　趋势分析

从趋势分析图中可以快速观察到 IP 地址为 10.192.14.191 的主机长期占用网络带宽，此时可以借助日常基线判断是否属于异常结果。

根据基线设置趋势警报器，如图 7.47 所示。网络监控配合趋势警报器，可以进行流量故障预警，将应用问题暴露在事发前，提高系统维护效率。

（2）探针分析

在网络监控场景中，还可以采用硬件探针方式传送相关测试数据。探针可以部署在网络的不同位置。通常，把监控网络中的所有探针划成一个监控域，监控域可以分成多个监控区，每个监控区又可按功能或地理位置再度进行细分。如图 7.48 所示，在 VPM 系统监控域 VNSdemo 下有多个监控区。

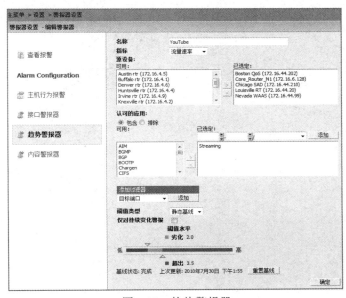

图 7.47　趋势警报器

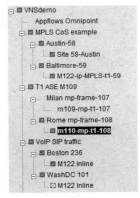

图 7.48　监控域

探针主要部署在网络的关键位置，如网络出口、关键链路和关键节点处。与 SNMP 及 NetFlow 数据源方式不同，基于探针的监控系统的统计信息直接来自被测链路，可以最为精确地反映当前流量的实际状况。但其缺点也非常明显，就是探针本身的成本相当昂贵，因为它可以获得从物理层到网络层全面的网络数据。目前来说，业界一般采取折中方案，兼顾数据完整性和成本可控性，主要目的是支持不同协议层面。如图 7.49 所示，神州灵云系统一般通过 TAP 方式将流量汇聚到网络探针处，以及借助内嵌于虚拟服务器群的 VM（虚拟机）探针，实现整网的应用数据监控。

同 NetFlow 分析类似，探针分析也分为基于端口的网络流量监控和基于应用的网络流量监控。硬件探针为测试提供了更多的手段和方法，借助探针不同的功能模块，可在进行以探针架构为主体的应用分析时提供更多的测试数据。

通过部署探针，可以从不同的角度掌握网络核心应用的性能状况和趋势，从分支机构的角度、核心应用的角度和服务器的角度等各类不同的视角观察网络，并以此为依据进行应用部署和系统优化，同时分析和判断应用性能的趋势或者是否存在瓶颈。图 7.50 至图 7.55 为不同协议层面上探针测试网络获得的统计数据。

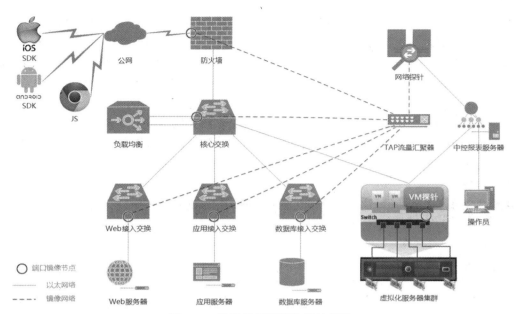

图 7.49 神州灵云系统的探针部署

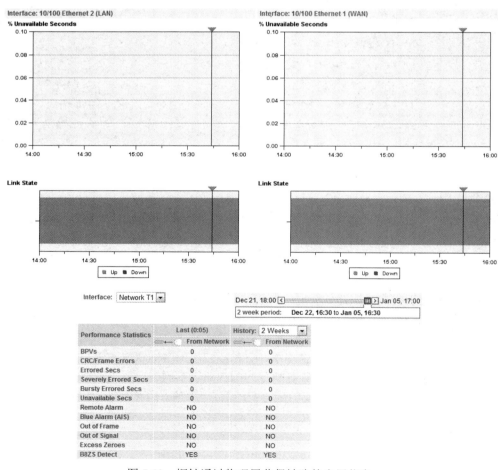

图 7.50 探针通过物理层获得链路的底层信息

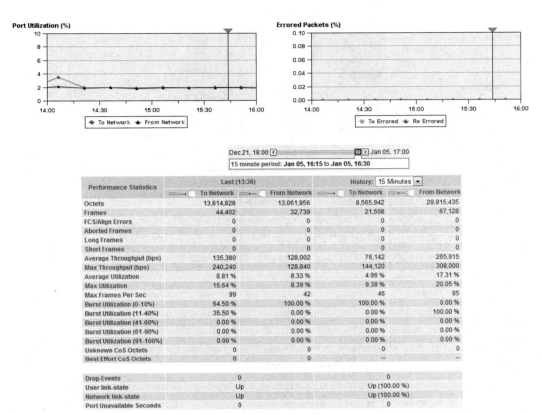

图 7.51　探针通过数据链路层获得链路的相关信息

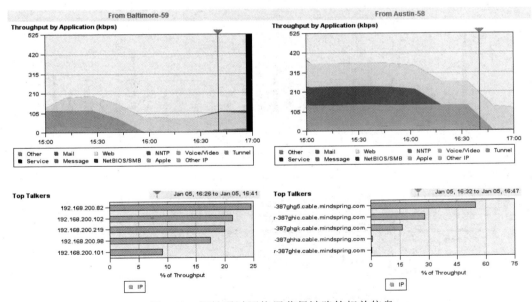

图 7.52　探针通过网络层获得链路的相关信息

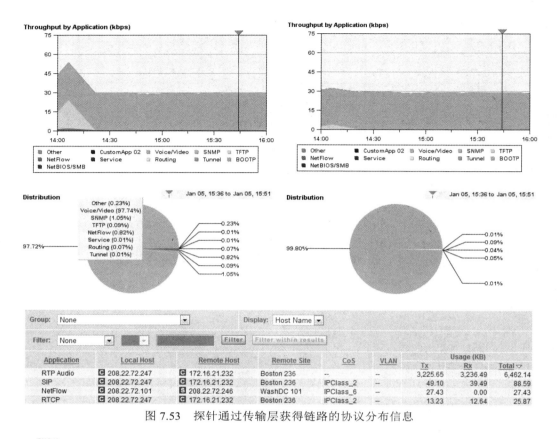

图 7.53 探针通过传输层获得链路的协议分布信息

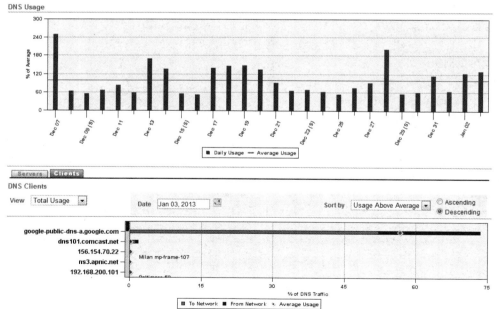

图 7.54 探针通过应用层获得链路的应用信息

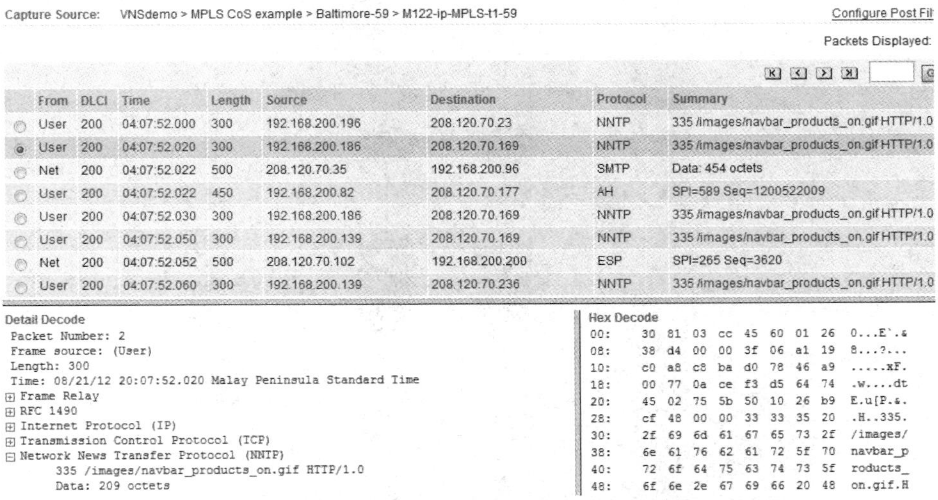

图 7.55　探针通过应用层解码获得链路的应用层详细信息

探针相对于抽样式的选点测试可以提供更为全面的信息，当应用性能出现异常或故障时，借助探针可以了解出现故障的范围以及问题的严重等级，区分是区域性的还是整网的问题。确定故障范围后，通过探针进行协议分析，针对特定访问进行深入分析，可以快速确定造成应用运行缓慢等问题的根本原因。通过关键性能指标，确认是网络的问题、服务器的问题，还是应用本身的问题，以便集中力量快速进行处理。管理系统结合探针构成的监控平台，可以灵活地与主动性能告警结合起来，通过实时监控关键应用的性能参数和基准线进行比较，一旦发现性能下降，及时通知分析人员。

7.3.3　性能评估场景中的测试

1．部署方式

应用层测试中，性能测试是非常重要的测试内容，分为应用性能仿真测试和功能仿真测试。测试采用仿真软件或专用硬件设备仿真实体模拟网络中的应用请求和通信流量，分析和识别应用层中可能存在的问题和故障。应用层的性能测试是主动测试方式，可以根据测试需要定制各类仿真流量。此时，被测网络被视作黑盒，在其中注入不同的应用流，以获得在不同条件下被测网络对于各类激励流量的响应情况。

在测试部署时，通过 Traffic Agent（TA，流量代理）加 Test Center（TC，测试中心）的方式组成测试系统，如图 7.56 所示。TA 可以是网络设备，也可以是 PC 机或者服务器、测试工具等。TA 负责执行测试过程并提交测试数据，TC 负责下发测试要求并统计 TA 提交的数据。复杂的应用仿真系统在 TA 和 TC 的基础上还会扩展出 UI（User Interface，用户接口）、脚本代理（免安装 TA）等。

如图 7.57 所示是电信运营商网络的主动应用性能仿真测试系统示意图，TA 分布在不同的数据中心、分支机构、小型分支、办公室等处，位于总部数据中心的 TC 则负责下发和收集测试数据，并进行汇总，获得全网的主动测试数据。

2．分析方法

应用性能测试主要有三种方法。

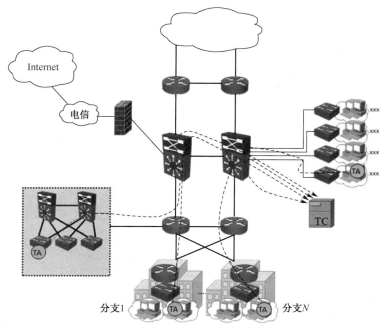

图 7.56　测试系统架构

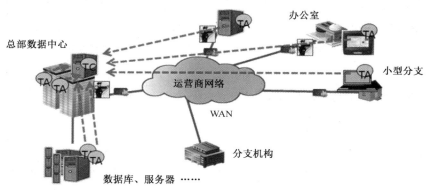

图 7.57　电信运营商网络的主动应用性能仿真测试系统示意图

（1）端到端的 End-to-End 测试

在网络中需要测试用户到用户（End-to-End）之间的应用性能，测试连接示意图如图 7.58 所示。

其主要测试可用性服务等级 SLA（Service-Level Agreement）、网络响应时间、网络和服务器问题。测试项目一般包括：Loss、Delay、Throughput、Jitter、Out of order、QoS、UDP/TCP/RTP、ICMP 和 Application TraceRoute。

（2）端到端的 End-through-End 测试

如图 7.59 所示为用户通过管理设备到用户（End-through-End）的应用性能测试连接示意图。

测试项目一般包括：网络设备参数测量、拓展网络管理能力、SNMP/RMON/Telnet、Loss、Delay、Throughput 和 Jitter。

如图 7.60 所示，管理设备在测试中负责统计，当管理设备统计到 TA1 发往 TA2 的数据有丢包情况时，将提交测试结果，指出问题存在于两个管理设备之间。

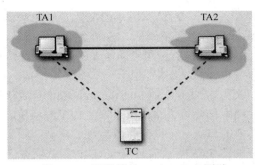

图 7.58　端到端的 End-to-End 测试

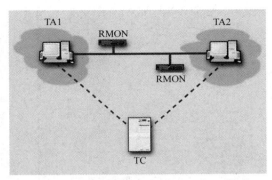

图 7.59　端到端的 End-through-End 测试

（3）端到端的 Client-Server 测试

Client-Server 测试为网络服务可用性测试，TA1 模拟各类应用去访问被测服务器，如 FTP、DNS、HTTP、HTTPS、Cache、SMTP 等。测试项目一般包括评定 SLA、网络响应时间测量和验证网络和服务器。Client-Server 测试连接示意图如图 7.61 所示。

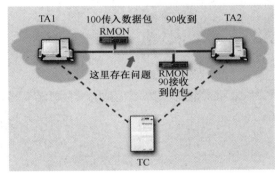

图 7.60　有丢包情况

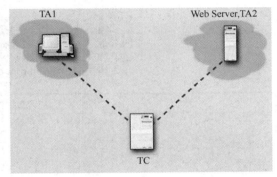

图 7.61　Client-Server 测试

借助以上三种测试方法，能通过 TA 仿真进行多种测试。这种测试需要在 TC 上进行策略配置，并将测试脚本下发到需要执行测试的 TA 上。仿真测试脚本下发选择如图 7.62 所示。

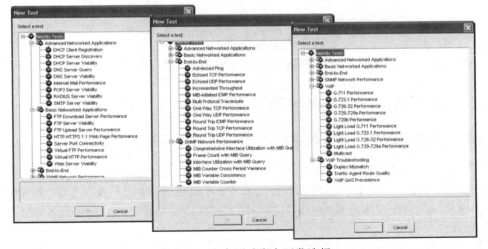

图 7.62　仿真测试脚本下发选择

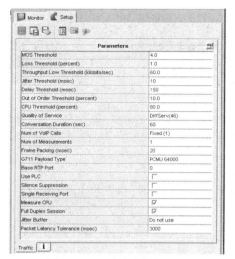

图 7.63　TA 测试脚本配置

每种 TA 测试脚本可以进行相应的配置，如图 7.63 所示。对测试脚本的配置一般包括设置 MOS 阈值、丢包率阈值、抖动、延时阈值等。

TA 将测试的结果汇总给 TC，TC 进行统计后即可获得测试结果。

如图 7.64 所示，End-through-End 测试获得的视图中包含每个路由设备产生的延时情况。选中其中的节点，可以获得其详细信息。

如图 7.65 所示的是单向 UDP 测试获得的延时和抖动趋势图。

如图 7.66 所示的是网络服务测试获得的 Web 服务响应结果。

图 7.64　End-through-End 测试获得的视图

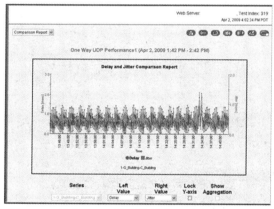

图 7.65　单向 UDP 测试获得的延时和抖动趋势图　　图 7.66　网络服务测试获得的 Web 服务响应结果

7.4　应用层的测试和故障诊断案例

7.4.1　典型案例 1：大型数据中心的网络访问异常状况分析

对于数据中心来说，网络出现访问异常时的故障分析和定位是比较常见的。由于数据中心一般处于流量汇总的地方，每秒会传输数百兆位或上千兆位的数据，使得基于 PC 机架构的应用层分析工具难以应对如此大流量的网络环境，通常需要借助海量存储分析工具对数据包进行捕获和后续分析。

以原福禄克网络公司的 NTM 海量存储分析仪为例，它可以支持多个高速端口汇聚式捕获分析，比较适合复杂数据中心环境下的多种网络分析要求。如果需要长期分析主干出口流量、关键服务器流量和多个网络或 VLAN 的流量分布，交换机中要做一个镜像（Span）端口，如图 7.67 所示。

如果需要对级联线路流量进行分析且交换机不能做镜像，则使用接入 TAP 三通方式，如图 7.68 所示。

如果需要进行多网段协同数据流分析和多级服务器架构（如应用服务器、数据库服务器）分析，则接线方式如图 7.69 所示。

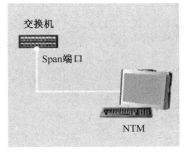

图 7.67　交换机中做镜像端口

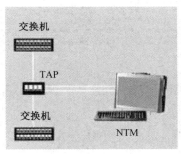

图 7.68　接入 TAP 三通

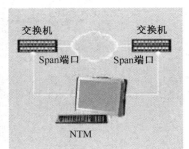

图 7.69　多网段

NTM 捕获的数据如图 7.70 所示，系统分析过程如下。

（1）查看 DLC 低层情况

① 查看广播包：本例中是正常的。

② 查看流量趋势：本例中无明显异常（如流量突发或趋势变大）。

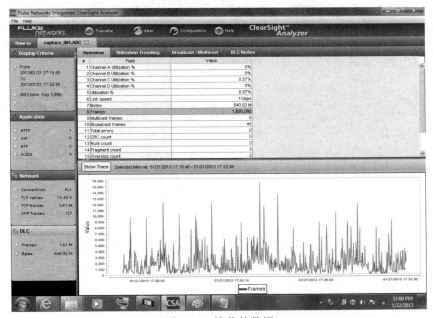

图 7.70　捕获的数据

（2）查看网络层数据

观察流量最大的 188 和 186 服务器的数据流，分别如图 7.71 和图 7.72 所示。如果有以往的数据（如一个月前的相应数据），则可进行时间上的纵向比较。本例中从趋势图无法获得更详细的信息。

・231・

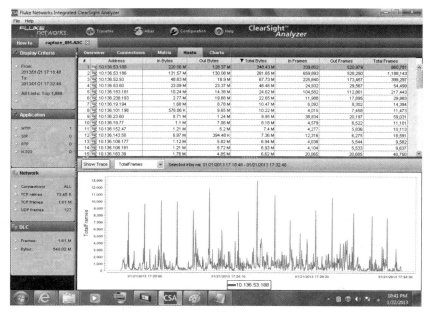

图 7.71　188 服务器的数据流

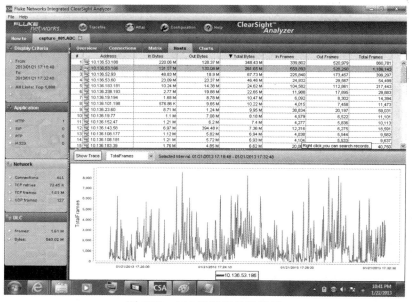

图 7.72　186 服务器的数据流

（3）查看应用层统计

单击进入应用层统计数据显示，如图 7.73 所示，发现存在大量错误，主要是 401 未认证错误。特别要注意的是，这类错误并不一定与网络访问缓慢有直接关系，可能是由于代码效率问题导致的，需要进一步细查，并做出优化。

（4）应用流分析

由于本次故障现象集中表现在访问速度慢或不能提供服务，因此对访问 188 服务器的流量进行分析，如图 7.74 和图 7.75 所示为其中流量最大的 IP 地址为 10.136.238.193 的客户端的过滤分析数据。

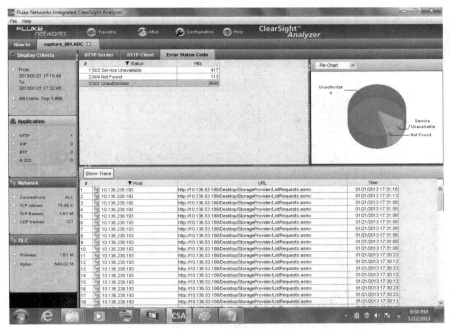

图 7.73　应用层统计数据

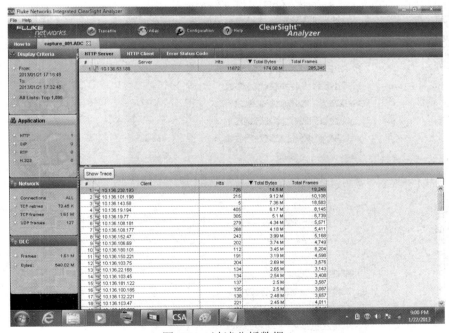

图 7.74　过滤分析数据 1

　　针对 188 服务器，随机观察多组数据，发现对于 ListRequests.asmx 服务器的访问延时非常大，如图 7.76 所示，其中第 26330 帧和第 26346 帧的延时相加达到了 1min。并且可以看到，访问没有进行下去，服务器最终发送了 RST（reset）进行重置。

　　如图 7.77 所示为正常工作时服务器访问延时数据，整个会话延时不超过 1s，并且可以完整访问，结束时有 4 次握手的报文，表示虽然存在 401 错误，但是服务器和客户端的访问是可以正常进行的。

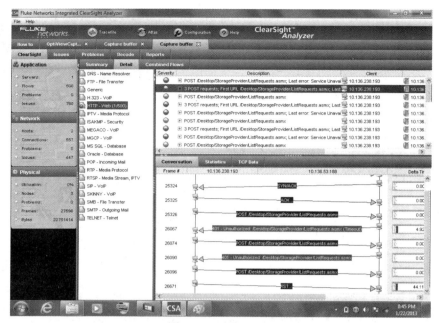

图 7.75　过滤分析数据 2

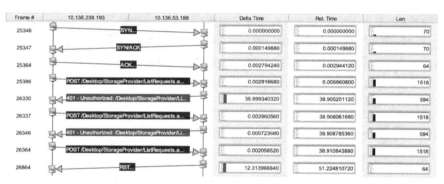

图 7.76　故障状态下服务器访问延时数据

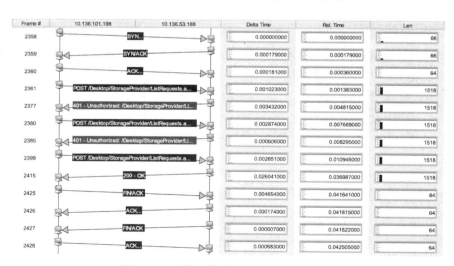

图 7.77　正常工作时服务器访问延时数据

如图 7.78 所示是应用层数据的还原结果，从图中可以看到提示信息：Server Error, Unauthorized: Logon failed due to server configuration 等。

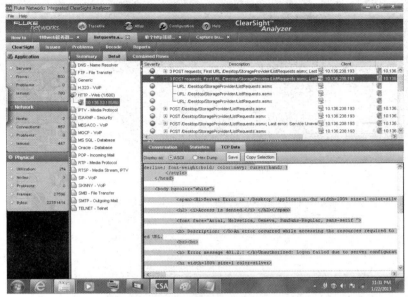

图 7.78　应用层数据的还原结果

在本案例中，由于 NTM 部署于服务器前端，可以认为处于同一位置，从有关数据和解码界面进行分析判断，数据 POST 请求已经到达 NTM，那么可以认为也到达了服务器端口，基本可以判断访问速度慢或服务不可用的主要原因来自服务器。报文到达了服务器端口，但是服务器没有及时做出响应，需要应用服务软件开发人员进一步确认具体原因。

7.4.2　典型案例 2：大型数据中心的网络流量监控和优化

对于大型数据中心，经常需要对网络流量趋势进行分析，以了解网络中的流量成分，从而根据业务进行流量优化。由于数据中心处于核心位置，牵一发而动全身，网络性能升级和改造的难度较大，对设备进行升级改动将耗费大量资金，并且网络问题也未必能够得到解决。当遇到下列情况时，可以借助网络分析工具，更有效地对网络进行优化。

① 网络流量突发严重，需要进行错峰处理，做到削峰填谷。

② 网络流量中存在很大的背景流量，需要给出应用整改建议，同时定位耗用带宽大户。

③ 关键网络设备的 CPU 利用率居高不下，响应时间增加或不响应，需要确认原因。

某金融机构推行某新业务，导致数据量激增。多套系统出现响应慢或不响应等问题。由于金融机构业务系统复杂，系统之间调用关系多，排查时较为复杂，采用上海天旦网络公司的 BPM 业务性能管理产品 BPC（Business Performance Center）作为业务性能分析工具。

如图 7.79 所示，BPC 对存在问题的系统发出告警，并且通过企业微信告警平台给客户发送微信。客户收到告警后，可以进行处理。

通过 BPC 自带的高级分析功能，如图 7.80 所示，我们初步知道，有两台服务器出现了问题（响应率低）。

接下来对告警分析的结果进行验证，从应用层视图中选取当天时间段，查看各项指标的曲线图，如图 7.81 所示，在上午 9 点左右开始因为交易量的激增，导致 10 点前后响应时间变长，响应率下降。

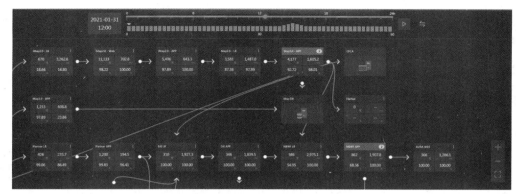

图 7.79　BPC 发出告警

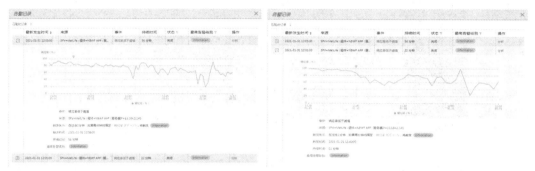

图 7.80　140 和 141 服务器响应率低

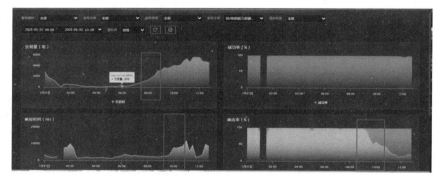

图 7.81　140 和 141 服务器各项指标的曲线图

多维统计分析中，如图 7.82 所示，通过对异常交易类型的层层钻取，验证了 BPC 发出的 141 和 140 服务器异常的告警。

和对应业务负责人沟通得知，140 和 141 服务器上除了运行 NB Server，还运行了该系统的 Web Server 和其他程序，而另外两台正常的服务器上仅运行了 NB Server。

根据 BPC 给出的数据和现象分析，基本可以确定是因为数据量激增，使服务器性能达到瓶颈，瞬间资源耗尽，无法处理更多请求，导致响应时间变长，响应率下降。

遂决定将 140 和 141 服务器上运行的 NB Server 和 Web Server 剥离，分开运行，并且新增服务器来运行该程序，以此来缓解数据量激增造成的性能压力。

在新增服务器之后，从应用层视图明显发现响应时间降低，响应率提高，见图 7.83。多维统计分析中，重要业务类型响应率恢复正常，各台服务器响应时间和响应率也都处于正常值，见图 7.84。

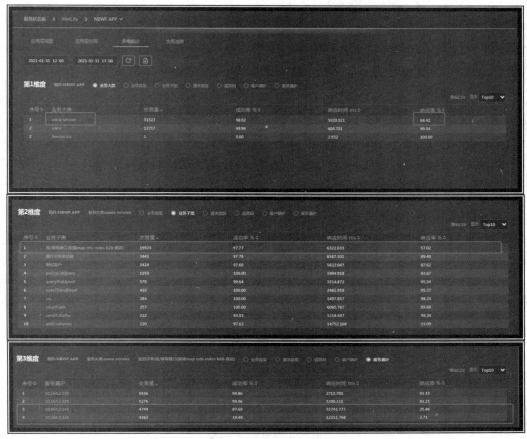

图 7.82 多维统计分析

图 7.83 新增服务器后的成功率和响应率

第3维度	组件:NBWF APP	业务大类:uwca-service	业务子类:投/核保接口(回询)map mts mdes b2b 回询	业务类型	请求类型	返回码	客户端IP	● 服务器IP	
								导出CSV 显示 Top10 ∨	
序号 ◇	服务器IP		交易量 ◇		成功率 % ◇		响应时间 ms ◇		响应率 % ◇
1	10.164.2.238		274		100.00		3660.206		97.08
2	10.164.2.240		263		100.00		3198.276		96.58
3	10.164.2.129		259		100.00		1878.157		98.07
4	10.164.2.130		244		100.00		2008.970		97.54
5	10.164.2.239		241		100.00		1695.779		97.93

图 7.84 多维统计分析

7.4.3 典型案例 3：大型数据中心复杂应用环境下的分析

大型数据中心中经常需要进行多级应用架构的网络分析，特别是当客户端访问缓慢或提交表单数据响应时间长时，基于多级应用架构的分析尤为重要。

本案例中以原福禄克网络公司 Truview 测试仪为工具，将其部署于数据中心，旁路接在交换机上即可。通过镜像口设置将客户端 IP 地址为 10.17.6.199、Web 服务器（IP 地址为 10.18.2.85）、报表服务器（IP 地址为 10.18.2.83）、数据库服务器（IP 地址为 10.18.2.81）等数据导入测试仪。测试仪支持大数据量的应用服务器系统。

在开始分析前，需要明确被测系统的工作流程，本案例工作流程如图 7.85 所示。客户端的访问分成三层，每层实现不同的功能。第一层客户端访问 Web 服务器，第二层 Web 服务器访问报表服务器，第三层报表服务器调用数据库服务器。

将各层的数据包通过镜像口全部导入 Truview 分析系统中，系统会分析所有的数据包并且记录对应的时间信息，这样多级架构的应用访问就变得可视了。我们可以清楚地了解每层中所消耗的时间。

图 7.85 中，纵向箭头分别表示延时发生于不同服务器间的情形，通过分析 3 个位置的延时情况大致可以判断访问速度慢的情况出现在哪些服务器中。

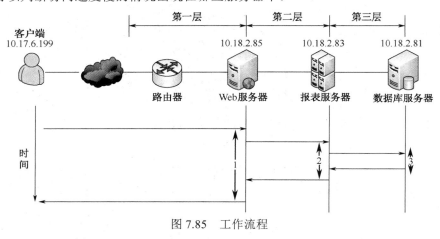

图 7.85　工作流程

如图 7.86 所示为第一层分析结果。由于是多级架构服务器，因此仅以时间为过滤条件查看各层服务器事务响应时间。搜索怀疑有问题的 3 月 3 日 15 点 31 分的情况，发现客户端与 Web 服务器的延时主要是 ART（应用响应时间），而 NRT（网络响应时间）和 DTT（数据传输时间）都较小，说明问题在下一层。继续查看下一层，同一时间，Web 服务器与报表服务器的延时主要也是 ART，而 NRT 和 DTT 都较小，如图 7.87 所示，结论是问题在其下一层。最后查看报表服务器与数据库服务器，发现各事务的 ART 在几十至一百多毫秒之间。从事务数来看，图 7.88 中标出的 1 分钟内报表服务器和数据库服务器之间有 2988 个事务，而图 7.87 中标出的 Web 服务器和报表服务器之间只有 59 个事务。从效率来讲，Web 服务器和报表服务器之间的一次事务要对应多个报表服务器和数据库服务器之间的事务，这意味着等待时间加长和数据库服务器保持连接时间过长。

初步判断客户端访问速度较慢的主要原因是，报表服务器访问数据库服务器时建立的连接被数据库服务器长时间保持并频繁交互数据，一段时间后再释放，导致客户端的等待时间延长。访问速度较慢时，用户端单次事务 Transaction 延时可达到 3 秒以上，但主要延时分布并不在第一层和第二层，大部分延时产生于第三层，深层次原因可能是访问数据库的操作存在一次请求大量数据库操作或者数据库连接保持时间过长。

图 7.86　第一层分析结果：客户端与 Web 服务器

图 7.87　第二层分析结果：Web 服务器与报表服务器

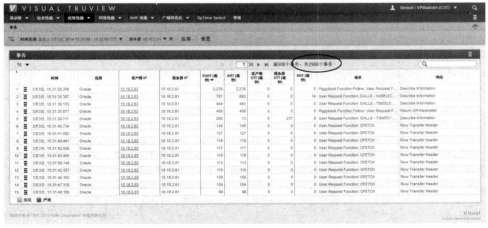

图 7.88　第三层分析结果：报表服务器与数据库服务器

7.4.4 协议分析中的常用技巧

在应用层的故障诊断中，最容易遇见的就是捕包缓存与巨大的网络流量失配问题。网络故障可能稍纵即逝，一般的协议分析仪或协议分析软件无法实现不间断的长期线速捕包，因而在应用分析时，往往需要借助一些小的技巧和方法，如过滤、分片、触发、关联和合并等。

在互联网上可以很容易地获得一些常用的协议分析软件，不同的软件可以实现的功能不一定相同，但原理基本相同。

分片（Slicing）可视作特殊的过滤，为了使捕包缓存能够在捕包时存储更多的数据，仅捕获每个数据帧中指定位数的数据。一般分为每个帧的前 32 字节、64 字节、128 字节或者全段捕获等。由于很多时候不需要分析应用层的全部字节，而仅需要前 128 字节，此时可以设置分片大小为 128 字节。如果网络中存在大量 1518 字节帧的情形，那么分片方式可以使捕包缓存节约大量空间。如果原先只能存储 10 分钟的数据，那么分片后可能可以存 1 小时甚至更久的数据，这在实际协议分析中是非常实用的。

如图 7.89 所示是结合过滤器进行分片的三种方法。

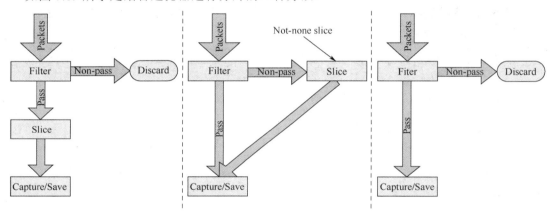

(a) Filter then Slicing   (b) Filter or Slicing   (c) Filter no Slicing

图 7.89 结合过滤器进行分片的三种方法

① Filter then Slicing：将符合过滤条件的过滤后的数据流进行分片存储。

② Filter or Slicing：将符合过滤条件的过滤后的数据流分为两个分支，符合条件的直接存储，反之则分片后存储。

③ Filter no Slicing：直接过滤，不启用分片，将符合过滤条件的数据流直接存储。

过滤器在协议分析中是必备的工具。对主干链路的分析，面对的是成千上万的数据流，通常借助过滤器提取需要分析的数据。过滤器分为显示过滤和捕包过滤，分别对应捕包后的数据过滤和捕包前的数据过滤。

过滤器在使用上非常灵活，可以在显示时使用一组或者多组过滤器。而在过滤器定义上也可以采用多种"与"和"或"的逻辑关系。

如图 7.90 所示的过滤器，其设置目的是过滤网段 192.168.1.0 和网段 172.16.1.0 的 HTTP 流量，并且 URL 是 www.langkun.×××的主机；另外，还包括网段 192.168.2.0 和网段 172.16.1.0 的 SMTP 流量，并且发件人是 ken@langkun.×××。

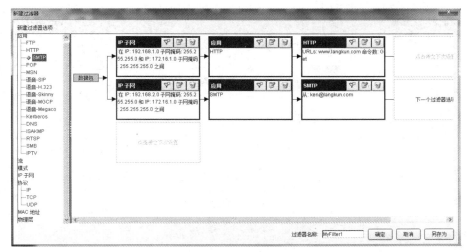

图 7.90　过滤器设置

在一些特殊的场合，通常由于路由和设备经过多层转换，已经无法知晓源 IP 地址和目标 IP 地址了，通信双方的信息都存在于数据包的应用层报文段中，那么此时也可以运用 Pattern（模式）过滤器进行过滤。如果设置固定偏移，那么对捕获的每个帧，过滤器将判断特定偏移量（即从帧的首字节开始多少字节），本例中包含"langkun"字符的数据帧将被存储下来。如果设置自由偏移，那么将全帧扫描，本例中只要包含"langkun"字符的数据帧就会被存储下来。这一特点可用于在 IP 地址无法识别情况下的过滤应用，例如，电信移动业务查找手机通信流量时，可以将每个手机独有的 IMSI 号设置成 Pattern 过滤器，实现业务流的跟踪和捕获分析。

对于网络中的多级架构服务形式，分析中需要引入关联的流量。在软件跟踪文件视图中找到组合流界面，新建一个组合流。合并后的信息流视图会显示多级架构的分析视图，并给出各层的流量。这在特殊应用中非常实用。如图 7.91 所示的语音分析关联图，通过关联可以将指令认证过程和流媒体通信过程展现在同一视图上，将复杂的语音服务诊断变得可视化。其中，第 1、2、5 和 74 帧为指令传送，而第 3、4 和 6 帧为流媒体通信过程。

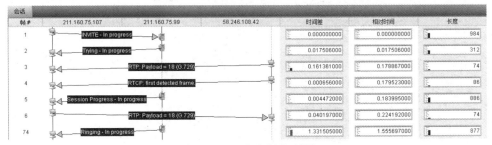

图 7.91　语音分析关联图

对于越来越多的多级架构网络，分析时往往需要进行比对，如经过防火墙或网络设备前、后，网络传输延时的变化，这通常需要借助文件合并来实现，当然这也涉及时间同步问题。时间同步可以采用时间服务器实现。将从网络不同位置得到的捕包数据合并到一个文件中，有助于了解网络在传输过程中到底发生了何种变化，如帧内容的变化、产生的错误或者产生的延时等。合并后，可以生成新的视图，如图 7.92 所示。在新视图中可以观察数据包是否存在丢包的现象，同时还可以观察延时情况，为延时类网络故障诊断提供数据依据。

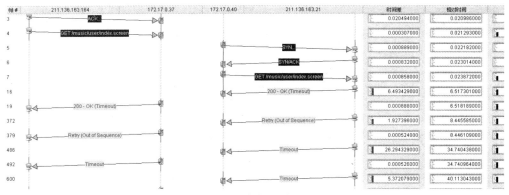

图 7.92　合并后的视图

习题 7

1. 应用层数据分析时，有哪两种数据格式？
2. 简述 NetFlow 系统的组成。
3. 简述应用多级架构。
4. 简述线速存储和线速捕包的区别。
5. 简述邮件从发送到接收的三个主要过程。
6. ESMTP 的三种认证方式是什么？
7. 简述典型的 HTTP 事务处理过程。
8. 简述 Web 分析时的 4 种部署方式。
9. 如何配置网络设备输出 NetFlow 流？请给出具体命令。
10. 简述结合过滤器进行分片的三种方法。

第8章 网络测试和故障诊断综合应用

在前面章节中，已经学习了针对不同网络环境中各层的测试方法或标准，也了解了不同测试工具的测试原理和部署方式。而在实际工作中，即便已经系统地学习了网络基础知识以及网络测试和故障诊断知识，还是避免不了过分依赖直觉和经验的局限性。对于工作多年的网络工程师，也会出于个人习惯和职业惰性，而使自己的工作带有主观臆断的部分。事实上，目前来说，没有也不可能有100%行之有效的方法，但应该至少建立系统的、有层次的网络测试和故障诊断基础知识架构，从而提高工作效率，通过系统化、层次化、流程化的方式，使得这项工作变得更为可靠有效。

前面章节所讨论的内容多以单层展开，但网络测试和故障诊断在实际工作中更像一个不可分割的完整主体，需要将所学的不同方式和方法嵌入实际的应用场合中，形成一个综合的科目。

8.1 应用场景分类

简单来说，常见的应用场景可分为以下三类。

1. 工程中的应用

在工程中，应特别重视网络测试设备，它关系到工程最终能否通过验收。验收前，施工方通常需要提前对工程进行自测试的工作，此阶段的测试包括随工测试或后期评估测试。而当工程正式完工后，委托方通常会要求施工方提供测试验收报告或委托第三方进行测试验收。

测试时，基于不同的网络规模和特点，会选择全部测试或者抽样测试。抽样测试的要求通常略高于全部测试的要求。测试验收时，为避免工程各方的分歧，需要事先约定测试验收标准，一般依次以国际标准、国内标准、行业标准或企业标准作为约定条件。而验收标准又会以综合的方式出现，例如，同一工程中会出现多个验收标准，可能包括物理介质的验收标准、无线局域网的验收标准和局域网性能的验收标准等。

工程测试或故障诊断前，对测试工具本身有严格的要求。测试工具需要在测试前进行校准，确保仪器处于合格状态。校准仪器一般由部下属计量中心或省、直辖市级计量单位完成，一般又分为溯源和比对两种方式。溯源需要用更高精度的仪器来对测试工具标称的各类指标进行验证，而比对是指对同类型的测试工具进行同等测试，比较测试精度偏差，以判定是否在精度许可范围以内。

2. 日常维护中的应用

在日常维护中，网络正常运行是工作的重中之重，而各个工作部门也需要各司其职，例如，一个大型网络的维护团队可能包括线路维护人员、桌面维护人员、网络设备管理人员和应用服务器管理人员。不同的部门，人员分工不同，可用的维护资源也不同，在维护中需要各个部门的人员相互配合、支持，同时兼顾系统的稳定运行。不仅需要明确各方职责，更需要明确工作流程。例如，网络应用升级时，需要在内部进行系统确认，对应用升级可能带来的影响进行评估，如新系统可能的访问用户量、由此带来的网络流量、当前网络延时是否满足应用开通要求、物理带宽是否需要扩容等一系列问题。周密的分工和明确的流程可以大大提高工作效率，确保关键业务的运行。

3．研究开发中的应用

同样，系统性的网络测试和故障诊断还被大量运用于科研与开发领域，例如，新产品问世前需要经过各种严格的测试，这需要结合不同层面的测试方法对设计性能加以验证。尤其是系统级产品的研发，如车载网络、生产网络和交通指挥系统等，由于产品系统本身是由各个不同环节构成的，任何一个环节的故障都会影响系统的正常、稳定运行，因此需要以系统化和层次化的方式进行分析和排查。

8.2 企业网络日常维护中的运用

1．测试要素的重定义

不同的企业拥有各自不同的网络结构，测试环境各不相同。同时，人员结构及与之配套的维护工具也大相径庭。所以网络日常维护的要点首先是内部标准化体系的建立，称为测试要素的重定义。标准化体系可能包括运维体系、工作规范、流程标准、操作规程、装备标准、管理制度和考核标准等，因企业自身而异。

标准化体系构建后，必然引出部门和分工，不同岗位对应的职能和技能也不同。

举例来说，如果一个大型企业的网络部门以自身信息系统标准化为目标，分成应用管理部门、设备管理部门、线路传输部门和桌面维护部门，当然有些企业网还可以分出机房运维或者安全运维等部门。信息系统维护部门职能分工和测试工具要求见表8.1，其中对技能的要求由高到低。

表 8.1 信息系统维护部门职能分工和测试工具要求

	技 能 要 求	测试工具要求
应用管理部门	LAN/WAN 的监视和故障诊断能力 熟悉各类应用服务器的部署 熟悉应用协议原理，以及部署和配置 较强的路由协议知识 熟悉防火墙、IPS/IDS 安全设备	数据汇总、阈值设定、事件告警 数据深层解析，支持逐级深入的分析 支持应用、协议、会话等历史趋势的分析 支持应用、协议、会话的实时分析 支持应用数据和应用的回放 文档备案
设备管理部门	熟悉各类网络设备的调试和安装 熟悉网络设备的备案，并建立文档系统 熟悉流量分析 熟悉 SNMP 类网管平台的使用 熟悉网络设备资源的监视和分析 熟悉 LAN/WAN 的设计、安装和维护 熟悉各类情形下的捕包分析	网管平台和系统，全网流量分布和监控 协议流量分析，问题站点或用户定位 文档备案
线路传输部门	熟悉各类传输介质和协议转换设备 熟悉铜缆、光缆类故障的解决方法 熟悉二层设备的配置和部署 可能提供最终用户的培训	支持应用、协议、会话的实时分析 支持各类介质的性能测试和故障定位 文档备案
桌面维护部门	熟悉各类操作系统的故障排查 熟悉各类远程协助软件 熟悉桌面网络的配置 监视用户的网络行为 提供各类诊断数据并上报 提供最终用户的培训	电缆故障检查 链路连通性检查 Ping 和 Traceroute 服务验证工具

在表 8.1 给出的网络部门架构中，日常维护的测试和故障诊断工作被细分，于是测试要素得到了重定义。不同部门的人员面对的是不同的测试环境。直接面对着众多用户的桌面维护人员往往数量最多，面对应用服务器环境的应用管理人员数量最少。测试工具也进行了再分配，当然可能存在不同程度的共享交集。

2．测试工具的选择

测试工具的选择因使用者及工作职责不同而变化，使用人员的技术水平存在差异，对测试方法和标准的理解存在差异，这对最终的测试分析结果有很大影响。

在采购测试工具前，需要结合使用人员进行考虑，考虑的因素包括：① 使用人员的技能水平；② 所处的部门或所执行的工作；③ 使用人员的管理权限。

借助事前的评估，可以避免测试工具和使用人员失配的现象，例如，有的测试工具提供的测试结果对于应用分析人员来说过于简单，而有的网络协议分析工具对一线维护人员来说又过于复杂。

同时，通过系统评估，还可以了解不同子部门的真实需求。如上所述，应用管理部门和设备管理部门的人员，可能经常因为网络性能问题，如访问速度缓慢，而互相指责。此时，两个部门的相关人员可能因为对各自维护的内容过分自信，对某些网络问题做出错误假设，从而断定问题不属于自己一方。而高级管理人员的工作重心通常在高层的维护上，极有可能因为不了解底层相关技术的发展，做出此类的错误判定。

选择测试工具时还容易忽略的问题是，主管或上级对于底层网络维护的重视程度往往不够，或长期关注业务应用层面而对底层维护弱化，因此，比较好的方式是按照网络的层次进行评估，同时听取不同部门人员的意见和建议，最终决定选择何种测试工具。

目前测试工具的划分见表 8.2，针对应用层次及应用场景（如验收、监视、排障和优化等）有着不同的选择。

表 8.2　测试工具的划分

OSI 参考模型	常用模型		验收	监视	排障	优化
应用层	应用层		应用压力测试	监测系统	协议分析工具	优化软件
表示层						
会话层						
传输层	网络层		流量压力测试	SNMP 设备监控 丢包\抖动\延时	网络测试仪	评估软件
网络层						
数据链路层	物理层	无线	信号路测	无线监控系统	频谱分析 无线接口分析	路测仪 安装工具
物理层		有线	线缆测试	电缆管理系统	线路诊断工具	资源清查 重新设计 安装工具

3．测试内容的制度化、规范化

（1）标准的重定义

目前，不同国家、不同地区的信息化程度差异巨大，这不仅仅体现在人员的技能水平上，还体现在信息化的投入水平上。虽然目前针对网络的不同领域有不同的操作标准和规范，但很显然对于不同的企业网来说，测试标准不可能被完全充分执行。更多时候，需要根据实际情况对测试标准进行重定义，以适合企业自身信息化建设的要求。而且，在网络高层的测试和分析中，更需要借助企业自身建立的标准加以运行，并在此基础上进行优化调整。

与国际标准、国家标准以及行业标准不同，企业标准不论是强制标准、推荐标准还是草案标准，其背后都有相关组织和机构定期在进行标准的修改与更新。而从企业内部标准来看，要实现测试标准的重定义需要做很多工作。

标准重定义中最重要的工作就是文档备案，这是一项非常困难的工作，因为需要定期更新文档，并且保证它的完整性和准确性，以利于日后维护中基线的建立和标准的建立。这个过程是一个循环往复的过程，基线和内部标准会随着网络的变化而变动。

测试人员在工作时需要了解以下 5 类基本信息。

① Why：测试的目的是什么？

② When：在何时进行测试？

③ Where：在什么位置进行测试？

④ What：测试什么内容？

⑤ How：怎样测试和评估？

具体到实际问题，可能是：核心交换机 2/6 端口 in 方向的利用率是否正常？路由器 out 流量被哪些应用占用了，是否正常？Ping 总部某应用服务器的延时是 20ms，是否正常？无线网络中有 135 个用户，这些都是合法用户吗？

这些问题有赖于基线的建立，而定期的文档备案无疑是最好的基线建立方式。建立基线的具体工作内容见表 8.3，这是建议，不代表建立这些文档以及在此基础上建立基线后，就可以解决企业网络日常维护中遇到的所有问题和故障。

表 8.3 建立基线的具体工作内容

基线建立项目	内 容
网络物理连接图	平面图位置、物理路由方向、物理连接标志
网络逻辑结构图	逻辑图位置、逻辑路由方向
网络设备列表	网络中设备的清单和分类信息
关键网段各类趋势数据	流量分布、协议分布
关键链路各类趋势数据	帧分布、流量利用率、协议分布、最高流量占用者
关键服务各类趋势数据	响应延时，并发连接数
网络设备日志	设备操作的日志
网络设备配置库	主要网络设备的配置信息

当然，标准重定义还会涉及其他内容，当测试环境和测试工具发生变化时，需要设计新的测试流程和方法，包括建立新的网络维护策略。例如，原先采用 SNMP 架构的网管系统实现对网络流量的日常监控，当网络升级并支持分布式探针部署后，企业内部的测试标准就需要重定义，而原先的判断基线和标准不一定适用于新的测试环境。

（2）日常巡检项目的建立

网络测试和故障诊断不仅作为事后的分析排障工具，同时也是问题预防和早期发现工作流程中必不可少的部分。

问题发现得越早，造成的影响就越小。并且在故障发生前，应制订策略或者更正计划以避免故障发生或扩大。

定期的巡检可以说是问题预防和早期发现的最有效手段，而很多测试工具和系统在设计时也开始加入此类分析功能，如借助 SNMP 网管工具定期轮询采集特定 OID 数据，就是非常典型的巡检方式。由机器代替人工，自动化巡检必将作为一种趋势，被越来越多地应用于网络日常维护中。表 8.4 是某企业一份简单的机房巡检项目表，其中，服务器运行情况、网络运行情况可以通过不同的测试方式来完成。

表 8.4　机房巡检项目表

1	UPS 运行情况	1. 负载不大于 85%	☐	
		2. 查看运行日志是否有异常	☐	
		3. 三相输入、输出电压是否正常	☐	
2	空调运行情况	1. 机房温/湿度是否正常	☐	
		2. 查看运行日志是否有异常	☐	
3	配电系统情况	1. 电压范围是否正常	☐	
		2. 配电柜状态是否正常	☐	
		3. 环境监控采样数据是否正常	☐	
4	消防系统情况	1. 系统是否有告警日志	☐	
		2. 机房温感、烟感状态是否正常	☐	
5	服务器运行情况	1. CPU 运行状态是否正常	☐	
		2. 内存占用情况是否正常	☐	
		3. 硬盘空间是否足够	☐	
		4. 指示灯状态是否正常	☐	
		5. 网络连接是否正常	☐	
6	网络运行情况	1. 指示灯状态是否正常	☐	
		2. 部件状态是否正常	☐	
		3. 系统日志是否正常	☐	
		4. 系统连通性是否正常	☐	
7	存储运行情况	1. 系统日志是否正常	☐	
		2. 指示灯状态是否正常	☐	
维护人员确认签字				

需要指出的是，表 8.4 仅仅是一个示例，在大型企业的网络巡检中应包括更多的内容。巡检结果可能长达几十页甚至更多，巡检项目也各不相同，对应的测试方式也不同。

巡检结果中可能包括以下内容。

① 巡检范围。

② 网络设备巡检单（防火墙、路由器、交换机、服务器），包括设备品牌、序列号、设备名称、设备型号、管理地址、运行时间、软件版本、放置位置、端口数量、端口状态、基本配置、CPU 利用率、内存利用率、日志信息等。

③ 一般设备的检查项目可以包括时钟、登录日志、环境参数、版本信息、CPU 信息、内存信息、路由信息、VLAN 信息和端口信息等。

④ 设备关键链路利用率一天内的趋势图。

（3）时间安排，错峰测试

在测试和故障诊断时，经常会遇到需要向网络注入流量或者断开网络节点和链路的情况，在开展工作前需要提交申请，安排好时间进行测试，必要时应发布通知，以免引起不必要的麻烦，或发生严重问题进而引起业务停顿的情况。

如果无法避免正常工作时间对业务网络的影响，则建议错峰测试，即避开流量和业务高峰期（如上午 8 点到 9 点，下午 1 点到 2 点），可以选择中午午休时间或下班后进行测试。

（4）仿真测试

在企业网络日常维护中，首要保证的是业务的正常运行。在进行一些网络测试时，可以选择搭建仿真网络的方式进行。例如，在网络中需要引入流量控制设备，但该设备需要接入主干网络，这对业务正常运行无疑存在巨大风险，此时可以考虑搭建模拟仿真环境，在模拟环境中仿真各类网络测试情况，获得实验测试数据，然后再迁移到实际网络中，这样可以大大减小测试风险，也符合日常维护流程。

4．流程和预案

（1）故障等级：重要性、急切性

在企业网络日常维护中，需要对故障进行等级划分，以决定后续的处理流程。故障等级划分可进行多重定义。如图 8.1 所示，将故障分为 4 个等级：① 重要，紧急；② 重要，不紧急；③ 不重要，紧急；④ 不重要，不紧急。

这种划分方式仅作为示意，并非强制要求，故障等级划分也可采用其他方式，以适合企业自身情况为准。

图 8.1　故障等级划分

对于需要紧急处理的故障，处理流程要非常明确，例如，病毒在某个网段爆发，那么此时流程上需要先对该网段进行及时隔离，然后处理重要的事情，待空闲时再分析原因，最后排除故障。

针对不同等级的故障，按照故障处理流程进行，可参考图 8.2。首先，记录并定义故障类型，同时收集各种信息，确定可能导致故障的原因；然后，确定故障排除方案，并执行方案，观察结果；最后，当故障排除后，进行故障总结备案，作为日后参考的标准和基线。

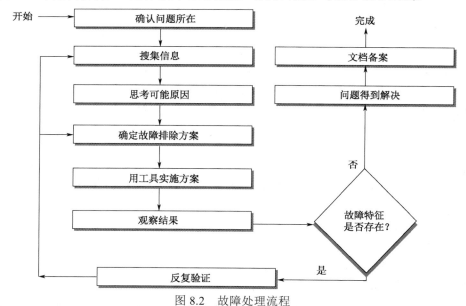

图 8.2　故障处理流程

（2）故障处理、登记、备案

在实际故障处理过程中，除了流程，还需要考虑效率因素。在确定故障排除方案时，不仅需要考虑方法，还需要考虑团队能力等因素。故障排除方案的确定可以参照不同的方法，常用的方法有二分法、对比法、采样法、短板法和关键指标法。另外，各类方法在由团队实现时的分工和效率也应纳入考虑范围内。

① 二分法

在网络发生大面积故障时，二分法是常用的手段，即在网络中设定分界点，将网络一分为二，测试目标区域中故障是否减少或消失，以此快速定位故障区域。

② 对比法

在测试和排查故障时，设置一个参考物，可能是同一层次的设备或流量，也可能是相邻位置的设备或流量，然后比较参考物的情况和故障点的情况，进行分析和判断。

③ 采样法

在测试点非常规律的情形下，可以考虑使用采样法以避免过多无用的测试过程。一般，采样点的选择方法有两种：a）横向采样，即同层采样；b）纵向采样，即不同层采样，如在交换机、路由器和服务器上设置采集点（交换机一般定义为二层数据链路层设备，路由器一般定义为三层网络层设备，服务器一般定义为七层应用层设备，由此形成纵向采样结构）。

④ 短板法

从系统的角度来看，性能变差的点或区域也是比较容易出问题的地方，如防火墙或加密设备。当网络性能下降时，会针对这些性能短板进行测试分析。

⑤ 关键指标法

统计网络流量时，如何快速从海量数据中过滤出有用信息？这需要用到关键指标法，关键指标可以是并发连接数、每秒并发连接数、最大流量占用者或延时。

以上总结的方法只是投石问路，更多实践方法需要在长期工作过程中总结和提高。

对于故障处理的过程，可以采用故障卡的形式进行记录并备案。而定期展开故障处理的培训和处理流程的培训也是必不可少的。

（3）故障预案的建立

为了提高企业网络日常维护的效率，还可以建立各种故障预案体系和制度。在故障预案中，需要明确以下几点。

① 原则理念。强调制订、执行此预案的重要性和必要性。因为实际执行时可能牵涉其他部门，仅仅依靠本部门的资源或重视是远远不够的，只有各上下级单位或部门彼此之间有一致的指导思想，才能有一致的行动，确保预案顺利实施。

② 组织架构。日常工作中人员各有分工，即便在出现紧急故障时，也需要保留一定的人员处理日常事务。故障预案能将有限的人力资源在紧急情况下进行合理配置，明确分工，只有这样才能在突发情况下，仍然保证部门事务正常运行并将网络影响降到最低。

③ 资源库建设。网络建设与维护涉及众多厂商和建设部门，在紧急情况下，可能需要及时联系设备厂商联系人、技术支持人员、线路维护负责人、专线维护负责人等，这些都是故障快速解决所需的资源。预案不仅要使故障可测试、可定位，还需要包含其他必要的解决故障资源。

④ 任务安排和流程。这两点是预案中不可分割的部分，可以快速地将实际事务化整为零，分工给各个部门及相关人员。

（4）故障预警机制的完善

高效的网络维护不仅需要有预案，也需要有预警制度。除了日常巡检，还可以在此基础上完善预警机制，通过各类监控设备设立阈值进行事件告警。在问题出现前进行预警，可以提前将问题解决于萌芽之中。

5. 能力提高

（1）目标导向：用户体验度

在企业网络日常维护中，除了运用各种测试方法和监控方法完成本职工作，也需要提升服务意识，以用户体验度（EoS，Experience of Service）来评判自己的工作。与用户沟通时，不建议以生硬的专业术语或测试指标作为依据，例如，测试 QoS（Quality of Service，服务质量）指标符合要求，就认为网络没有问题，和自己的工作无关了。

（2）业务导向：使网络和业务更紧密结合，重要性提升

在大型企业中，IT 部门或网络部门是为其他部门服务的，在日常工作过程中，可以通过测试和监测等方式配合其他业务部门工作的开展，如配合行政部门管理员工使用网络的行为，或者配合业务部门改善电子商务建设，亦或配合财务部门实现更高效的账务管理，通过分工协作使得网络得到改善并提高工作的效率。

6. 资源

（1）了解标准的渠道

除了学习技术，还需要经常了解标准的发展情况，可参考工业和信息化部、国家标准化管理委员会、国家市场监督管理总局等官方网站，或通过其下属地区、省市一级部门咨询或了解相关信息，也可以参考美国电信工业协会（TIA）、国际标准化组织（ISO）、电气与电子工程师协会（IEEE）、以太网联盟等组织和机构的官方网站。

（2）培训

各类社会培训或者商业培训也会有涉及网络测试和故障诊断的内容，具体可咨询相关厂商，如福禄克网络公司、NetAlly 公司、是德公司、NetScout 公司、信尔泰公司、思博伦公司、神州灵云、天旦网络等。

习题 8

1. 测试仪器校准一般分为哪两种？
2. 企业网络日常维护中，为何要对测试要素进行重定义？
3. 测试时，标准的重定义中 4W+1H 代表什么？
4. 采购测试工具时，需要考虑的人为因素有哪些？
5. 企业网络日常维护中，建立基线的工作包括哪些内容？
6. 试画出企业网络日常维护中一般的故障处理流程。
7. 故障预案的建立需要明确哪些关键内容？
8. 列举 4 种以上网络故障排除方案。
9. 试设计一张网络设备巡检单（防火墙、路由器、交换机、服务器均可）。

参 考 文 献

[1] 余明辉，尹岗. 综合布线系统的设计施工测试验收与维护. 北京：人民邮电出版社，2010.

[2] 杨家海，吴建平，安常青. 互联网络测量理论与应用. 北京：人民邮电出版社，2009.

[3] 王磊，黎镜锋，庄艳等. 综合布线技术与实践教程. 北京：中国铁道出版社，2014.

[4] 艾伦. 网络工程师维护和故障排除手册. 陈征，等译. 北京：机械工业出版社，2010.

[5] 弗鲁姆，弗雷海姆. CCNP 自学指南：组建 Cisco 多层交换网络（BCMSN）（第三版）. 刘大伟，张芳，译. 北京：人民邮电出版社，2006.

[6] Cisco Systems 公司. CCNP 自学指南：组建 Cisco 远程接入网络（BCRAN）（第二版）. 袁国忠，钱欣，译. 北京：人民邮电出版社，2004.

[7] 帕克特. CCNP 自学指南：组建可扩展的 Cisco 互连网络（BSCI）（第二版）. 袁国忠，译. 北京：人民邮电出版社，2004.

[8] 刘芳. 网络流量监测与控制. 北京：北京邮电大学出版社，2009.

[9] 林川，施晓秋，胡波. 网络性能测试与分析. 北京：高等教育出版社，2009.

[10] 唐红，赵国峰，张毅等. IP 网络测量. 北京：科学出版社，2009.

[11] 高峰，高泽华，文柳等. 无线城市：电信级 Wi-Fi 网络建设与运营. 北京：人民邮电出版社，2011.

[12] 李亚伟. 无线网络渗透测试详解. 北京：清华大学出版社，2016.